RÉSUMÉ

DE

PHYSIOLOGIE.

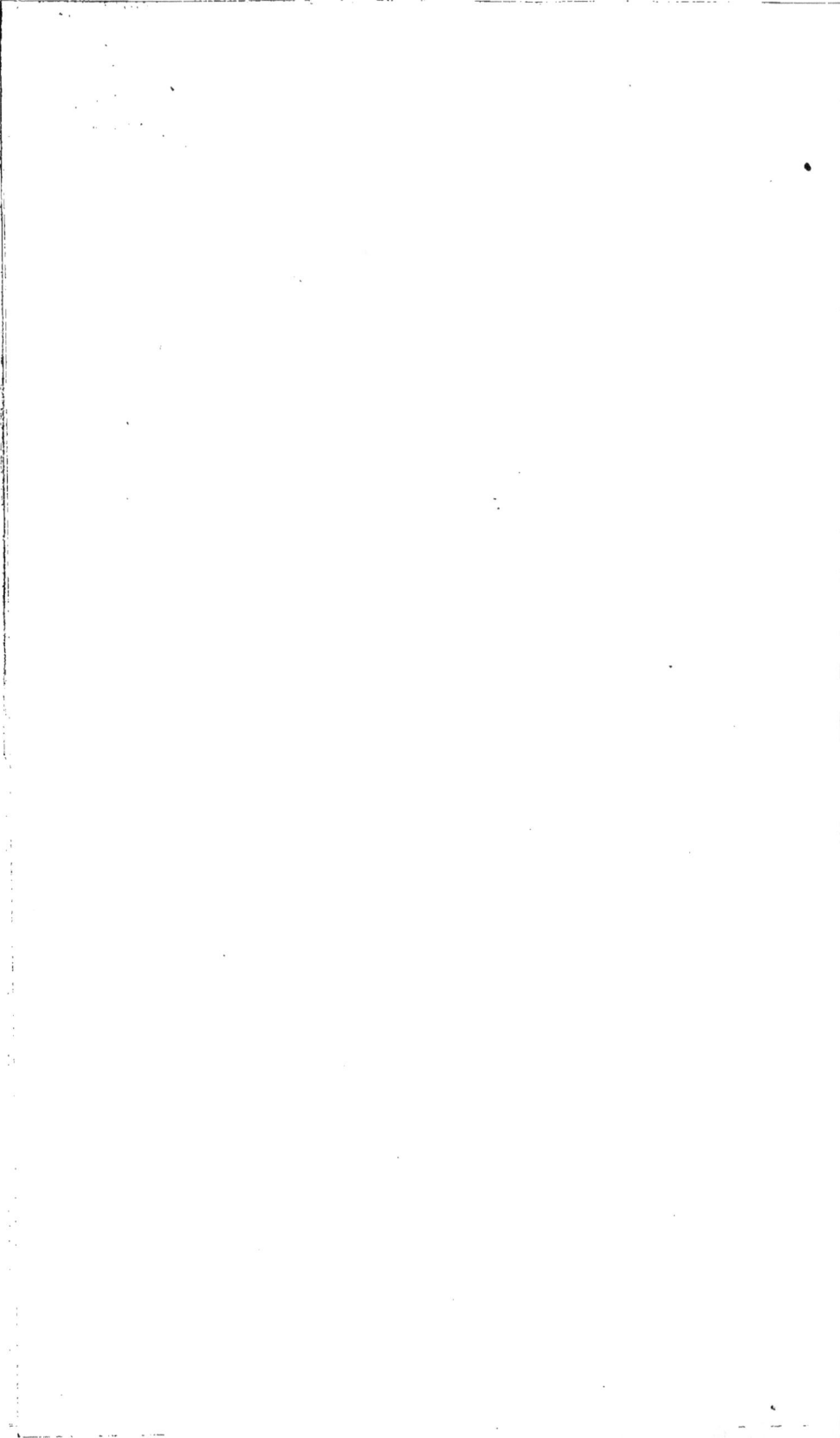

RÉSUMÉ

DE

PHYSIOLOGIE

A L'USAGE

DES GENS DU MONDE ET DES PERSONNES QUI SE DESTINENT
A L'ÉTUDE DE L'ART DE GUÉRIR

SUIVI D'UN

ESSAI

SUR L'APPLICATION DES LOIS NATURELLES OU PHYSIOLOGIQUES
A LA SANTÉ, AUX MOEURS ET A LA LÉGISLATION

PAR

A. PICCIONI D. M.

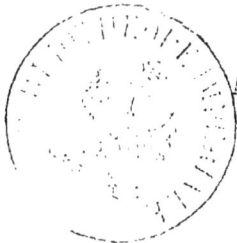

Felix qui potuit rerum cognoscere causas.
VIRG. *Georg.* lib. II.

————⊷⊶◉⊷⊶————

BASTIA

DE L'IMPRIMERIE DE C. FABIANI.

—

1853

À la

Mémoire de mon Père

A. Picciani.

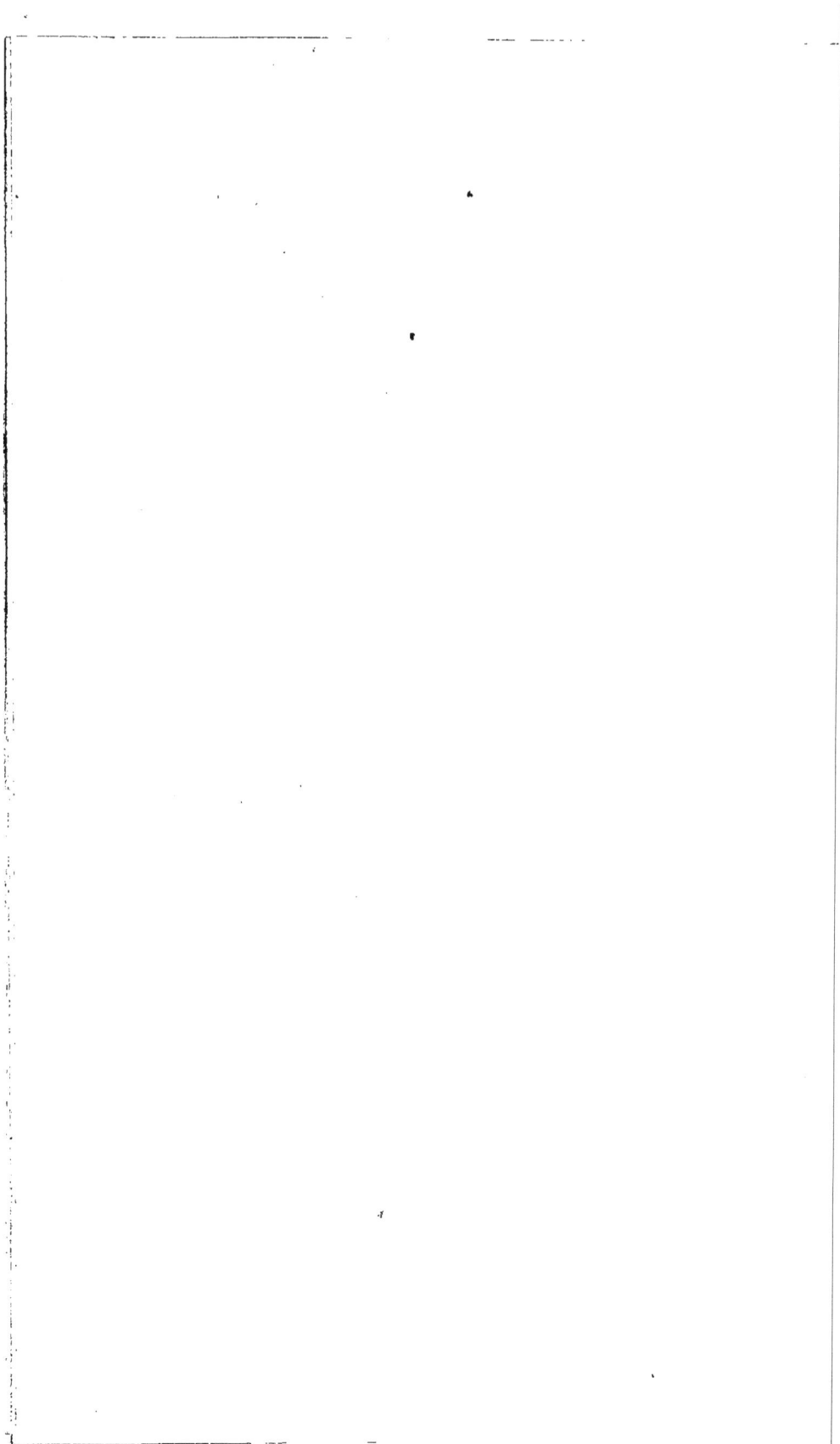

PRÉFACE.

—

La connaissance des premières notions physiologiques est indispensable, quoi qu'on en dise et
quelque imparfaite que soit d'ailleurs la science à
cet égard, non-seulement au médecin chargé du
soin de guérir les maladies, mais à tout homme
qui se propose soit dans un but personnel, soit
dans l'intérêt public de combattre et d'éloigner les
causes meurtrières de ces dernières partout où elles se présentent. C'est surtout cette considération
qui m'a engagé à livrer à la publicité ce résumé
succinct de la physiologie humaine, résumé que
j'avais été obligé de rédiger, en quelque sorte,
pendant le cours de mes études médicales, afin de
mieux graver, d'une part, dans mon esprit les
principes fondamentaux de l'art de guérir, et de

l'autre, afin de m'en faciliter davantage l'étude laborieuse. Puisse cet opuscule, dépouillé de toute érudition, faciliter également aux personnes qui se destinent à l'étude de la médecine, leurs premiers pas dans la connaissance de cet art; puisse-t-il disposer davantage les gens du monde et tous mes semblables, en général, à s'occuper plus sérieusement des études hygiéniques, c'est-à-dire, des moyens de se conserver longtemps en bonne santé (A).

Paris 1842.

RÉSUMÉ

DE

PHYSIOLOGIE.

CONSIDÉRATIONS GÉNÉRALES.

1. Envisagées au point de vue de la vie, les différences qui existent entre les végétaux et les minéraux sont très-grandes; mais celles qui existent entre les végétaux et les animaux disparaissent presque en entier, quand on les considère dans les derniers degrés de l'échelle organique, dans l'éponge, par exemple! (B) De la vie.

2. Cependant la matière *inerte* se transforme peu à peu en matière organique, et les plantes semblent être précisément le laboratoire naturel et primordial de cette admirable transformation.

3. Les éléments organiques des animaux, en général, peuvent se réduire à quatre principaux :

1

savoir : le tissu cellulaire, le tissu fibreux ou musculaire, le tissu nerveux et le tissu muqueux.

4. Les éléments chimiques dont ces tissus se composent essentiellement sont aussi au nombre de quatre : l'oxigène, l'hydrogène, le carbone et l'azote. Deux de ces éléments chimiques forment la base de l'air atmosphérique.

5. Ce dernier semble être, en effet, l'agent essentiel de la vie. On pense qu'il doit surtout cette propriété à son oxigène, qui jouit de l'immense avantage de rendre le sang plus stimulant (c).

6. On a donné de la vie plusieurs définitions; je n'en rapporterai qu'une seule, comme étant celle qui se rapproche le plus des données anatomiques et physiologiques que nous possédons jusqu'à ce jour : « La vie est l'ensemble des phénomènes qui résultent de l'action réciproque du système circulatoire sur le système nerveux et *vice versâ*. »

7. Le système circulatoire a pour centre le cœur, pour source le réseau vasculaire qui tapisse l'appareil digestif, et pour auxiliaire indispensable les nombreuses cellules aériennes qui constituent les poumons.

8. Le système nerveux, au contraire, a pour centre l'encéphale, pour prolongement la moëlle épinière, pour irradiation les nerfs grands sympathiques, et pour expansion externe les papilles muqueuses et cutanées.

9. Si l'on examine bien ces deux systèmes l'on

ne tarde pas à s'apercevoir que la santé, que la vie dépendent presque entièrement de leur parfait accord, de leur parfait équilibre.

10. Après l'air atmosphérique, l'élément terrestre dont dépend le plus immédiatement toute organisation vivante c'est l'eau. C'est, en effet, là le véhicule ordinaire, à l'aide duquel les êtres organisés ou leurs germes s'approprient tous les autres éléments, toutes les autres substances matérielles nécessaires soit au développement, soit à la conservation de leur organisme.

11. Parmi les propriétés vitales il en est deux qui dominent toutes les autres, ce sont : la sensibilité et la contractilité.

Des propriétés vitales.

12. La sensibilité c'est la propriété en vertu de laquelle nous percevons les impressions que l'action des corps extérieurs détermine sur nos organes; c'est pourquoi on l'appelle aussi *perceptibilité*. Il y a deux sortes de sensibilité : la sensibilité perceptible ou volontaire et la sensibilité latente ou involontaire. La première a surtout rapport aux fonctions de relation, la seconde est seulement relative aux fonctions de nutrition.

13. La contractilité est la propriété au moyen de laquelle les organes se contractent ou se distendent et produisent des mouvements, plus ou moins énergiques, selon la force des impressions qui leur a donné lieu. Il y a aussi deux sortes de contractilité, une volontaire, perceptible, immé-

diatement soumise au domaine de la volonté, l'autre latente et involontaire. La première appartient aux organes de relation, la seconde à ceux de nutrition. Il fallait qu'il en fût ainsi, autrement l'existence humaine eût été sous la dépendance du moindre caprice de chaque individu (b).

14. Mais, parmi les phénomènes qui sont le résultat des propriétés vitales, les sympathies et les habitudes sont les plus remarquables.

15. Nous entendons, par sympathies, les rapports qui semblent exister, soit entre les organes qui concourent aux mêmes fonctions, comme la matrice et les mamelles; soit entre des organes qui ont des fonctions tout-à-fait diverses, comme l'œil et l'estomac. Or, il n'est pas inutile de faire remarquer à ce sujet qu'en général, tous les tissus érectiles et toutes les membranes de l'économie peuvent participer aux mêmes altérations morbides par une véritable sympathie, et les muqueuses en offrent le plus frappant exemple (3).

16. Cependant, il faut avouer que jusqu'ici l'on ignore en vertu de quelle liaison secrète les sympathies se manifestent dans des organes tout-à-fait distincts. Ce qu'il y a de certain c'est que, dans l'état de maladie, l'on doit en tenir un compte exact en ce qui concerne le traitement, car le plus habile praticien s'exposerait, sans cela, à rendre une affection incurable et même mortelle, en voulant s'efforcer de la guérir. Les sympathies paraissent,

au reste, être en raison directe de la sensibilité et de la contractilité organique dont elles sont la conséquence (11 et suiv.).

17. Les habitudes sont la répétition fréquente d'un même acte. Ce phénomène, résultant comme le premier des propriétés vitales, exerce, à son tour, une grande influence sur elles, de telle sorte que les fonctions en sont singulièrement modifiées. C'est pourquoi l'on dit avec raison, que l'habitude émousse les sens et perfectionne le jugement. Les habitudes des malades doivent donc, comme les sympathies, éclairer le médecin soit sur le diagnostic, soit sur les moyens curatifs des lésions qu'ils présentent à son examen.

18. Le principe vital n'est autre chose que l'ensemble, que la résultante des lois de l'économie vivante, c'est un être abstrait, comme l'attraction pour les astronomes. Il s'oppose, dit-on, à la destruction que tendraient à nous imprimer les lois physico-chimiques, et, en général, tous les objets extérieurs qui portent atteinte à notre individu. Cette hypothèse n'a rien en elle-même qui répugne à la raison.

Du principe vital.

19. D'après cette manière de voir, ce qu'on appelle inflammation ne serait autre chose que l'augmentation excessive des propriétés ou forces vitales (11 et suiv.) sur un point quelconque de l'économie, état qui se caractérise ordinairement par un ensemble de symptômes spéciaux, tels que:

la rougeur, la chaleur, la tuméfaction, la douleur, etc.

20. Tout dans l'économie semble obéir, en effet,
soit dans l'état de santé, soit dans l'état de maladie, à une seule et même loi qu'on appelle *principe vital*, loi en vertu de laquelle, dans la curation
des lésions organiques, chaque partie de l'économie, ramenée à l'état de santé, contribuerait à la
guérison de l'ensemble.

21. Quoi qu'il en soit de cette théorie, le médecin instruit ne doit jamais perdre de vue ce principe important de pathologie générale, son action
personnelle devant se borner ordinairement à bien
diriger l'influence organique de cette même loi de
l'économie vivante, et à l'exciter ou à la modérer,
dans d'autres circonstances, suivant le besoin ;
bien sûr de guérir quand il saura marcher de con-
cert avec elle. Mais, pour arriver à cet heureux
résultat, il est vrai qu'il faut être en état de saisir
les indications, qu'il faut savoir observer attentivement la marche insidieuse d'un grand nombre
de maladies, qu'il faut être, en un mot, bon médecin.

Des nerfs grands sympathiques 22. Les nerfs grands sympathiques, qui naissent
des nerfs émergents de la moëlle épinière, et dont
ils sont en quelque sorte les parasites, se forment
des deux côtés de la colonne vertébrale, depuis la
région cervicale jusqu'à la région sacrée, des filets
nerveux qui proviennent, ai-je dit, de la moëlle

épinière; ils forment à leur tour, et pendant leur trajet, une infinité de petits ganglions qui deviennent, pour ainsi dire, autant de centres particuliers, autant de systèmes nerveux séparés pour se distribuer à chaque organe.

23. Les nerfs grands sympathiques reçoivent aussi des ramifications de la cinquième et de la sixième paire cervicale. Ils semblent destinés à lier entre eux les divers organes d'assimilation, comme les nerfs cérébraux lient les organes de relation. Le plus important de tous les ganglions auxquels ils donnent naissance est le sémi-lunaire, situé au devant des piliers du diaphragme. La blessure de ces ganglions est, en général, très-dangereuse, et cause des douleurs atroces.

24. Au moyen de ces nerfs parasites les organes d'assimilation sont soustraits à la volonté, excepté pourtant le diaphragme, la vessie et le rectum qui *en* reçoivent directement du cerveau.

25. C'est, sans doute, de cette intime liaison, entre tous les organes intérieurs, que provient la facilité avec laquelle se développent les maladies générales pour cause interne.

LIVRE PREMIER.

DES FONCTIONS DE NUTRITION.

———

CHAPITRE PREMIER.

DE LA DIGESTION.

26. La digestion est la fonction au moyen de laquelle les aliments de nature diverse sont convertis en un aliment unique, comme le dit Hippocrate, et homogène à notre propre substance.

27. Le tube digestif est l'organe principal de cette merveilleuse fonction, et il se trouve précisément en rapport, par ses dimensions et par sa structure, avec le genre d'aliments dont nous faisons habituellement usage; condition sans laquelle nous ne pourrions pas exister, car ce qui est matière essentiellement nutritive pour un animal se trouve, bien souvent, constituer un poison mortel pour l'animal appartenant à une espèce différente.

28. Les aliments, en effet, diffèrent des poisons en ce que les premiers se soumettent à l'action de l'estomac, chargé de les transformer en chyme, tandis que les seconds y résistent. C'est même

De la
digestion
en général

de cette résistance que naissent en grande partie les accidents violents dont nous sommes témoins, toutes les fois qu'une matière réfractaire à cette action a été introduite soit volontairement, soit accidentellement dans notre économie par cette voie. Les médicaments semblent tenir le milieu entre les aliments et les poisons : un certain nombre, au moins, sont dans ce cas.

29. Un principe homogène et unique, le chyle, étant le résultat normal de la digestion des diverses substances alimentaires que nous ingérons dans notre estomac, il est clair que la quantité et le choix de ces dernières devra varier selon l'âge, le climat, les habitudes, les occupations journalières, l'état de santé, de maladie, enfin, suivant les circonstances hygiéniques dans lesquelles chaque individu se trouve habituellement ou accidentellement placé.

30. C'est la faim qui nous invite, après une privation assez prolongée de toute nourriture, à réparer les pertes éprouvées par les parties solides de l'organisme, de même que la soif nous engage à satisfaire à celles que causent ordinairement les excrétions cutanées et urinaires, et qui ont été principalement éprouvées par les parties liquides en général.

De la digestion buccale.

31. La mastication est le premier acte de la fonction digestive, acte si important que je ne crains pas de le désigner sous le nom de *digestion*

buccale. Elle a pour but de broyer, de diviser, de triturer les aliments de manière à rendre toutes leurs parties matérielles extrêmement ténues; elle est aidée par une autre fonction très-importante, je veux parler de l'insalivation. La déglutition vient immédiatement après, elle entraîne au fur et à mesure les aliments parfaitement mêlés et déjà abreuvés de sucs salivaires dans le pharynx et successivement dans l'estomac à travers le canal œsophagien.

32. Les aliments destinés à la nourriture de l'homme, après avoir été préalablement soumis à tous les apprêts culinaires convenables, doivent donc subir, consécutivement à cette préparation, dans la bouche de chaque individu, une élaboration particulière, indispensable, avant qu'ils soient projetés dans l'estomac par la déglutition.

33. La multitude des affaires, les préoccupations ordinaires de l'esprit, les conversations bruyantes et souvent animées, pendant le repas, empêchent la plupart des gens d'accomplir convenablement ce premier acte de la digestion, acte dont dépend en grande partie l'état habituel de leur santé. Aussi, voit-on ordinairement les mauvaises digestions, les flatuosités, les douleurs d'estomac, la céphalalgie, la maigreur, etc., être la conséquence de cette violation flagrante des lois naturelles.

34. La digestion buccale étant complètement sous l'influence de la volonté, pourquoi ne pas y

apporter toute l'attention que l'intérêt de notre
conservation et celui de notre santé nous comman-
dent? Et qui est-ce qui empêche les personnes
chargées de l'éducation d'apprendre aux enfants
des deux sexes à mâcher lentement et pendant assez longtemps les aliments, en général, avant de les
avaler? Car la mastication trop prompte est une
affaire d'habitude, habitude que l'on contracte dans
le jeune âge, et dont on ne peut guère se défaire
une fois qu'on l'a malheureusement contractée. Il
en est de même de tous les mauvais plis (E).

De la
digestion
stomacale.

35. Parvenus enfin dans la cavité stomachique
les aliments dilatent et écartent lentement les parois de cette poche musculo-membraneuse, parois
qu'ils trouvent adossées l'une à l'autre. Par cette
dilatation du ventricule les deux feuillets de l'épiploon gastro-splénique, qui enveloppent la grande
courbure de l'estomac, sont forcés de s'éloigner
l'un de l'autre, afin de loger entre eux la paroi externe du grand cul-de-sac de l'estomac. Les deux
feuillets de l'épiploon gastro-hépatique se comportent de même, dans cette circonstance, en permet-
tant ainsi aux parois de la petite courbure du
ventricule de s'étendre davantage, et de suivre l'impulsion dilatatrice imprimée aux parois de la poche stomacale par l'arrivée successive des aliments. L'on désigne, sous le nom d'*épiploons*,
des replis du *péritoine*, vaste membrane séreuse,
ayant pour but de protéger l'appareil digestif et
d'en faciliter les mouvements (F).

36. Cependant, par leur surface interne, les parois du ventricule s'appliquent sur la masse alimentaire au fur et à mesure que celle-ci s'accumule dans l'estomac. On a désigné ce dernier mouvement sous le nom de péristole.

37. C'est à ce moment que l'acte de la chymification commence. On désigne ainsi les modifications qu'éprouvent les aliments pendant leur séjour normal dans la cavité de l'estomac.

De la chymification

38. Une infinité d'hypothèses, de plus en plus vagues, se sont succédé tour-à-tour pour en expliquer le mécanisme. Aucune d'elles, considérées exclusivement, ne paraît pas devoir mériter la préférence sur les autres. En effet, Hippocrate, le premier, appela la digestion stomacale *coction;* les physiciens l'ont appelée *fermentation;* les mécaniciens, *trituration;* enfin les physiologistes l'ont désignée sous le nom de *macération.*

39. Mais, au milieu de toutes ces hypothèses, il y a un fait d'observation qui paraît constant : c'est que, pour que la digestion stomacale puisse s'effectuer convenablement, il faut jouir de la plus grande tranquillité d'esprit.

40. Éloignez alors, lecteur, la gêne, la contrainte, les idées sombres, les récits affligeants, pour vous abandonner entièrement à des distractions agréables, paisibles et honnêtes. Que si vous osez violer ce précepte hygiénique, attendez-vous à éprouver, dans un temps peu éloigné, les gas-

tralgies, les dyspepsies, l'hypocondrie et tout cet appareil redoutable d'infirmités, toujours prêt à nous frapper, quand nous violons les lois de la nature.

41. Or, il y a deux circonstances qui semblent être hors de doute dans l'acte de la chymification. La première, c'est l'élévation de température qu'éprouve la cavité du ventricule; la seconde, c'est la sécrétion d'un liquide qui suinte de ses parois et que, pour cette raison, on a appelé suc gastrique.

Du suc gastrique.

42. Ce dernier semble sécrété, en grande abondance, par les vaisseaux nombreux qui se rendent à l'estomac, et surtout par une transudation artérielle qui aurait principalement son siége au fond des petites cavités creusées dans l'épaisseur de la membrane interne de l'estomac. Les artères qui fournissent les matériaux de cette sécrétion proviennent, en grande partie, du tronc céliaque.

43. Le suc gastrique a été considéré par un certain nombre de physiologistes comme un dissolvant antiputride. Mais, quoi qu'il en soit de cette opinion, toujours est-il que, pendant la digestion, tout le sang et les forces organiques semblent refluer vers l'estomac. C'est, sans doute, là une des causes de cette espèce de frisson que l'on éprouve dans l'état de santé après le repas, et de l'espèce de mouvement fébrile qui accompagne la digestion, mouvement sensible surtout chez les femmes et les convalescents.

44. C'est pourquoi il faut bien prendre garde à l'administration intempestive des aliments, surtout dans l'état de maladie et de convalescence ; car, alors, administrés d'une manière inopportune chez un sujet prédisposé aux affections aiguës, par exemple, ils peuvent déterminer une révulsion tellement forte que, se portant tantôt sur les poumons, tantôt sur le cerveau, tantôt sur le péritoine, selon les cas, la mort la plus inattendue peut en être le résultat....! (G)

De l'administration intempestive des aliments.

45. Or, c'est ici précisément le lieu de rappeler, à ce sujet, l'efficacité merveilleuse de l'abstinence des aliments au début d'un grand nombre de maladies. C'est ici le cas de dire que : à l'aide de la diète, du repos et de quelques pots de tisane, on peut prévenir le développement des affections morbides les plus graves ou tout au moins en mitiger singulièrement l'action et en abréger la durée. C'est là, au reste, la médecine que j'appellerai volontiers domestique, tant elle me paraît simple, innocente, efficace et conservatrice. C'est elle en effet que les animaux pratiquent d'instinct dans l'intérêt de leur conservation individuelle, et c'est même là, pour le dire en passant, un des traits les plus sublimes de cette Providence qui éclaire toutes ses créatures et veille à leur existence! Les hommes seuls ne savent pas en profiter; aussi ne puis-je pas m'abstenir de dire, à ce sujet, avec Saint-Paul : « Et leur vaine science les a rendus comme fous. »

46. La digestion dure ordinairement de trois à quatre heures; pendant qu'elle s'opère, les deux ouvertures du ventricule restent fermées, et les substances alimentaires se présentent, plus ou moins longtemps après leur ingestion, à celle du pylore suivant leur degré de digestibilité : je dis, selon leur degré de digestibilité, car celles qui sont réfractaires à l'action digestive, ordinairement ne passent pas (28), et, dans les cas les plus heureux, sont expulsées par le vomissement.

Du vomissement.

47. Le vomissement semble n'être que l'effet, presque mécanique, de la contraction simultanée du diaphragme et des autres muscles des parois de l'abdomen. L'expérience a confirmé jusqu'à un certain point cette prévision. Dans le vomissement, en effet, la poche stomacale se trouve refoulée en bas par le diaphragme; en arrière et en haut, par les muscles de l'abdomen et les autres viscères; en avant, enfin, par la résistance que lui présente la colonne vertébrale. Pressés ainsi de tout côté, les aliments qu'elle renferme, ne pouvant pas s'échapper par l'ouverture pylorique, spasmodiquement fermée, sont forcés de remonter par le canal œsophagien et de s'évacuer par la bouche.

48. C'est ce qui a lieu dans les indigestions, alors que, soit par l'administration intempestive des aliments, soit par leur mauvaise qualité, soit par leur mauvaise préparation, l'estomac ne peut pas les digérer.

49. Dans ce cas, loin de contrarier la nature, il faut favoriser ses salutaires efforts. Il meurt, en effet, beaucoup plus de personnes qu'on ne pense des suites d'une indigestion ! (27 et 28.) Cela est d'autant plus fréquent que, par une espèce de mauvaise honte, beaucoup de gens cachent obstinément au médecin la cause véritable de leur mal, c'est-à-dire la nature et la quantité, quelquefois monstrueuse, des aliments dont ils ont fait usage. (II)

50. Aussi, beaucoup de praticiens prennent-ils trop souvent le change, et, trompés par les récits mensongers des malades, ils contrarient la tendance naturelle de l'expulsion des matières indigestes qui se trouvent dans le ventricule, par l'administration inopportune des potions anti-émétiques, de la glace, etc. J'ai été trop souvent témoin de ces erreurs de diagnostic pour garder ici le silence.

51. Eh bien! dans le plus grand nombre des cas de ce genre, il y a une chose bien simple à faire, c'est d'administrer au malade quelques verrées d'eau tiède. Cette eau, en effet, expulse par la bouche les matières les plus réfractaires, tout en facilitant la digestion et l'expulsion, par les selles, des matières qui le sont moins. Combien de personnes de tout âge, de tout rang et de tout sexe doivent leur existence à ce simple moyen de la médecine domestique, médecine que ne rougissait pas de prescrire à ses malades le grand Sydenham!

2

52. Après avoir séjourné suffisamment dans la cavité de l'estomac, la masse alimentaire, ou plutôt la pâte chymeuse qui en résulte passe dans le duodénum en franchissant graduellement l'anneau pylorique.

Du duodénum.

53. Le duodénum qui peut être considéré, à cause de ses importantes fonctions, comme un second estomac, n'est pas cependant comme ce dernier enveloppé par un double feuillet du péritoine. Aussi, sa dilatabilité est-elle comparativement très-grande.

54. Sa cavité, abreuvée de bile et de suc pancréatique, offre sur ses parois une multitude de replis muqueux, désignés sous le nom de *valvules conniventes*, auxquelles aboutissent des milliers de vaisseaux. Cette portion du tube digestif paraît spécialement destinée à séparer le *chyle* de la matière excrémentitielle, dont la masse chymeuse se compose essentiellement ; ou, en termes chimiques, à opérer le *départ* entre ces deux substances.

55. Mais pour que ce départ puisse s'effectuer convenablement, la présence de la bile et du suc pancréatique paraît nécessaire.

De la bile.

56. La bile est un liquide visqueux, jaunâtre, amer, composé en grande partie d'eau et d'albumine ; elle renferme en outre un principe colorant, de la soude, des sels et quelques traces d'oxide de fer.

57. Ce liquide important, de nature alcaline, est

sécrété par le foie, la plus volumineuse des glandes
de l'économie; celui-ci est placé à la partie supérieure de l'abdomen et suspendu au diaphragme, auquel il adhère fortement par son bord postérieur.

58. L'artère hépatique semble spécialement
chargée d'apporter le sang nécessaire à la nutrition de cette glande, tandis que la veine-porte lui
fournirait principalement les matériaux indispensables à la confection de la bile. Cependant tout
est encore hypothétique à cet égard.

59. Mais il n'est pas inutile de faire remarquer,
à cette occasion, que ce dernier vaisseau naît des
veines qui proviennent soit de la rate, soit de
l'estomac, soit des intestins et du pancréas. Après
avoir été formée ainsi de ces vaisseaux de moindre calibre, la veine-porte se divise elle-même, à
son arrivée au foie, en un grand nombre de branches qui pénètrent dans le parenchyme de cette
glande, en se subdivisant à l'infini, pour se distribuer aux granulations dont le foie se compose, et
qui paraissent spécialement chargées de la sécrétion du liquide biliaire.

60. Dans ces différents points du parenchyme du
foie les petits vaisseaux capillaires, qui résultent
des divisions et des subdivisions multipliées de la
veine-porte, semblent communiquer, à leur tour,
avec les racines des canaux biliaires et donner
naissance en même temps aux veines communes
de cette glande : ces derniers vaisseaux sont char-

gés de porter dans la veine cave-inférieure l'excédant du sang qui a servi également et à la nutrition du foie et à la sécrétion de la bile!

61. Il paraîtrait encore évident, d'après les qualités que présente le fluide biliaire à l'observation, que plus le sang, qui est chargé de le fournir, circule lentement dans ses vaisseaux, plus les matériaux qu'il apporte aux organes sécréteurs sont parfaits. C'est même en cela, pour le dire en passant, que le foie différerait essentiellement de toutes les autres glandes de l'économie. Quoi qu'il en soit de cette hypothèse, toujours est-il que le système de la veine-porte est singulièrement propre à produire ce résultat.

62. Les vaisseaux biliaires, qui prennent naissance dans les granulations du parenchyme du foie, après avoir communiqué, à leur origine, et avec le système de la veine-porte et avec celui de l'artère hépatique, se réunissent en un tronc commun pour former le canal hépatique. Ce dernier communique, à son tour, avec le canal cystique et avec le canal cholédoque, lequel n'est en définitive que la continuation, le prolongement des deux premiers canaux, dont je viens de parler, réunis en un seul. Au moyen de cette simple disposition organique la bile peut fluer, suivant le besoin, tantôt vers le duodénum par le canal cholédoque, tantôt vers la vésicule biliaire par le canal cystique proprement dit, vésicule, dans l'intérieur de laquelle ce fluide sem-

ble acquérir, par son séjour, des propriétés utiles
à l'accomplissement de la digestion des aliments.

63. Mais si la présence de la bile est considérée,
avec juste raison, comme indispensable à l'accomplissement normal de cette importante fonction,
la présence du fluide pancréatique est loin d'y être
inutile, à mes yeux.

64. Sécrété par une glande très-allongée, assez
volumineuse, présentant une structure analogue
aux glandes salivaires et logée dans la région duodénale, le fluide pancréatique, de nature alcaline
comme la bile, d'un aspect assez semblable à la
salive, diffère cependant de cette dernière par sa
composition chimique.

*Du fluide
pancréatique.*

65. Ce fluide s'écoule lentement de la glande
qui est chargée de sa sécrétion, par un canal commun et unique, lequel vient s'ouvrir directement,
dans la cavité du duodénum, à six centimètres environ de son extrémité pylorique; et ordinairement
le même pertuis de la muqueuse duodénale livre
passage, à la fois, et au fluide biliaire et au liquide
pancréatique.

66. Il est malheureusement vrai de dire que les
praticiens en général, on ne sait trop pourquoi,
dans l'exploration des malades qui s'offrent à leur
observation, se préoccupent très-peu des maladies
qui peuvent affecter les deux glandes dont il est
question.

*Du peu
d'attention
des praticiens
pour
les maladies
du foie et du
pancréas.*

67. Je crois inutile de signaler ici le préjudice

que cette espèce d'incurie, de la part des médecins, doit occasionner aux malheureux malades confiés à leurs soins. Car, en supposant un instant que la première de ces glandes, le foie par exemple, fût inutile à l'exercice de la digestion, pourrait-on nier, néanmoins, le trouble que doivent nécessairement apporter ses maladies dans la circulation générale, à cause des vaisseaux nombreux qui le pénètrent?

68. Aussi, quel est le premier inconvénient de cette indifférence médicale pour les souffrances auxquelles cet organe est sujet? c'est que les infortunés malades, abusés par la confiance que les assurances des médecins leur inspirent à cet égard, loin d'éviter scrupuleusement les influences morbides qui paraissent retentir plus spécialement sur cette glande, telles que les boissons alcooliques, par exemple; entraînés déjà par des habitudes vicieuses antérieures, s'y livrent encore avec plus de fureur après avoir consulté les hommes de l'art : hâtant ainsi, sans s'en apercevoir, le terme prématuré de leur vie (1).

69. Il arrive ensuite une époque, où le praticien, voyant son client menacé par tous les symptômes d'une maladie grave, s'épuise en efforts inutiles pour en arrêter les progrès. C'est ainsi que l'on épuise vainement toutes les formules du codex et toutes les ressources de la chirurgie, pour combattre une ascite qui n'a d'autre origine

que l'atrophie de l'organe sécréteur de la bile, par exemple!

70. Si le suc pancréatique pouvait être considéré, à son tour, comme également inutile dans l'acte de la digestion, pourrait-on par cela même regarder comme indignes de l'attention sérieuse des médecins les affections morbides qui peuvent avoir leur siége sur la glande qui le sécrète?

71. Mais un tel organe sécréteur n'eût-il aucune importance par lui-même, son voisinage et ses connexions avec le tube digestif suffiraient pour lui faire accorder toute l'importance qu'il mérite quand il s'agit des maladies dont il peut être affecté. Or l'on sait parfaitement que, comme tous les tissus glanduleux, son parenchyme est non-seulement susceptible de s'enflammer, de suppurer, etc., mais qu'il n'est pas du tout rare de l'observer à l'état squirreux, ainsi que je m'en suis assuré sur les cadavres. Et un organe enflammé, squirreux, ulcéré, serait-il peu de chose, au voisinage du duodénum?

72. Je borne là ces considérations, bien persuadé que les vrais médecins se préoccupent d'autant plus des affections dont ces organes peuvent être le siége, qu'elles ont été encore moins bien étudiées.

73. Arrivée donc dans la cavité du duodénum, la matière chymeuse peut être abreuvée, ainsi que je l'ai dit, dans l'état de santé, au moins, par les sucs biliaire et pancréatique, liquides singuliers

qui paraissent doués de la propriété de séparer le
chyle de la portion excrémentitielle, contenus dans
la pâte chymeuse. Mais comment cette séparation,
comment cette espèce de départ chimique s'opè-
rent-ils? — C'est ce que l'on ignore, c'est ce que
l'on ne saura peut-être jamais!

74. Ce que l'on sait jusqu'à présent c'est que, à
partir de ce point, comme l'on peut s'en assurer
sur le cadavre, le chyle se trouve séparé des parties excrémentitielles.

Du chyle.

75. Le chyle est un liquide d'un aspect laiteux,
quelquefois rosé, suivant les animaux et les parties
de l'économie sur lesquels on l'observe. Celui que
j'ai vu sur la muqueuse intestinale d'un homme
mort pendant la digestion, m'a paru lactescent,
mais il était mêlé à une grande quantité de mucus; le chyle recueilli dans le canal thoracique d'un
cheval était d'une teinte rosée, etc. Quoi qu'il en
soit, ce liquide, presque inodore et à peine sapide,
paraît contenir à peu près tous les éléments du
sang, comme ce dernier contient tous les éléments
des liquides et des solides de l'organisme.

76. Ce fluide qui résulte de la digestion des
substances alimentaires, après sa formation dans
le duodénum, est absorbé peu à peu par les vaisseaux chylifères et veineux dont les bouches microscopiques viennent s'ouvrir à la face interne de
la muqueuse intestinale, mais plus particulièrement à la partie supérieure des intestins grêles.

77. On a arbitrairement divisé ces derniers en *jéjunum* et *iléon*. C'est surtout dans la première portion de cette division, qui forme à elle seule les deux cinquièmes environ de la longueur générale du tube digestif, que l'on trouve les valvules conniventes dont j'ai déjà fait mention (54), replis de la membrane muqueuse, qui vont en diminuant à mesure qu'on s'éloigne du duodénum, point sur lequel ils sont justement les plus nombreux.

78. C'est particulièrement dans ces replis, ai-je dit, que l'on observe les bouches béantes des vaisseaux absorbants, qui viennent y aboutir. Or la pâte chymeuse, après avoir été divisée en deux parties dans le duodénum, continue sa marche à travers les intestins grêles qui, par leurs contractions successives dans différents points de leur longueur, la poussent peu à peu vers le gros intestin, tout en exprimant par leurs pressions péristoliques le chyle qu'elle renferme.

79. Les vaisseaux absorbants s'emparent de ce dernier et l'entraînent, par le canal thoracique, dans le torrent de la circulation où il se trouve successivement mêlé d'abord au sang noir, puis au sang artériel, dans les cavités du cœur et dans le réseau capillaire des poumons.

80. La muqueuse intestinale sécrète, pendant ce passage des substances ingérées, un suc muqueux abondant, propre à les humecter constam-

ment et à leur permettre ainsi de glisser avec plus de facilité. Les intestins grêles, peu dilatables de leur nature, se terminent au cœcum qui forme, à son tour, la première partie des gros intestins. Ils sont attachés à la parois postérieure du ventre par un large replis du péritoine (35) désigné sous le nom de mésentère.

De l'importance des intestins grêles.

81. Comme on peut le voir, la portion du tube digestif, dont il vient d'être question, n'est pas la moins importante de l'admirable appareil qui se trouve consacré, dans notre organisme, à l'acte merveilleux de la digestion, à la transformation des aliments en une matière homogène à notre propre substance!

82. Aussi, sa sensibilité est-elle très-vive, et cette partie du tube digestif devient-elle trop souvent le siége des maladies les plus graves et les plus funestes, maladies dont les noms et les résultats peuvent varier, mais dont le siége reste le même.

83. Non-seulement, en effet, la muqueuse intestinale de cette région et surtout les cryptes nombreux qui la pénètrent peuvent s'irriter, s'enflammer, se tuméfier, suppurer et s'ulcérer, comme il est facile de s'en assurer chez les sujets qui ont succombé dans la deuxième et la troisième période du typhus, par exemple; mais elle peut, comme on le voit dans cette dernière maladie et dans une foule d'autres, dégager des gaz malfaisants dont la présence incommode beaucoup les malades.

84. Cette production vicieuse de gaz, quelle qu'en soit d'ailleurs l'origine, a lieu très-souvent chez des personnes qui jouissent d'une assez bonne santé habituellement. Les sujets nerveux, faibles, délicats, ceux qui mènent une vie triste et sédentaire sont de ce nombre (J).

85. Eh bien, il est bon de savoir que cette grande quantité de gaz qui se développe, ordinairement peu de temps après le repas, est presque toujours un signe certain de mauvaise digestion : ce à quoi il faut se hâter, dans tous les cas, d'apporter promptement remède.

86. Ordinairement le meilleur moyen de remédier à un pareil état morbide, c'est de modifier le régime alimentaire des personnes qui en sont affectées et les engager à changer également, au moins pendant un certain temps, les habitudes de la vie.

87. Ainsi, une nourriture choisie dans laquelle on rejettera les sauces, les aliments féculents, les crudités; l'exercice modéré après le repas, celui de la promenade par exemple; l'air de la campagne, etc., suffisent souvent pour remédier à des accidents contre lesquels les meilleurs agents thérapeutiques ont échoué. C'est surtout contre de telles affections, enfin, que l'observation du régime et des lois de l'hygiène peut opérer des miracles! (K)

88. C'est donc au cœcum, comme je viens de le   Du cœcum.

dire, que se terminent les intestins grêles par leur
dernière portion qui porte le nom d'*iléon*. Celle-ci
n'est séparée de la cavité du cœcum que par un
double et large replis de la muqueuse intestinale,
désigné sous le nom de *valvule de Bauhin* ou
d'*Eustache*, anneau musculo-membraneux, placé
dans ce point afin d'empêcher le retour des matières fécales vers les petits intestins.

89. Ces dernières, en effet, après s'être graduellement amassées dans cette vaste poche, re-
montent peu à peu et contre les lois de la pesanteur, par la portion du gros intestin qui se trouve
lui correspondre et qui est situé dans le côté droit
de l'abdomen ; elles parcourent ensuite la portion
horizontale de ce viscère, qui correspond à la région épigastrique, pour descendre, après, par la
portion logée dans le côté gauche du ventre.

90. Comme on le voit, les gros intestins semblent être un réservoir destiné à recueillir les matières alimentaires, déjà élaborées dans la portion
supérieure du tube digestif, et à en rassembler les
parties excrémentitielles au fur et à mesure qu'elles y arrivent, afin que l'on puisse ensuite les
évacuer, une fois par jour, sans inconvénient pour
la santé générale.

91. La structure de ces organes, en effet, et leur
disposition sont éminemment propres à favoriser
ce but ; car non-seulement ils offrent aux matières précitées une grande capacité, mais la petite

Des gros
intestins.

quantité de vaisseaux absorbants, que leur muqueuse présente, les rend moins propres que les
autres parties du tube digestif à favoriser la résorption des matières putrides et malfaisantes
que les excréments contiennent fréquemment (L).

92. L'on a prétendu que le petit nombre de
vaisseaux absorbants que les gros intestins présentent, comparativement à ceux que l'on remarque sur la muqueuse des intestins grêles, était la
cause du peu de succès qu'on obtenait en nour-
rissant les malades par l'anus.

93. Je pense que cette conclusion est forcée, et
voici mes raisons : 1° parce qu'il n'est pas du tout
prouvé que l'absorption soit si lente qu'on le dit,
dans cette portion du tube digestif.— On voit, en
effet, le contraire avoir lieu tous les jours dans
l'administration des substances médicamenteuses
liquides par cette voie, par exemple, substances
qui sont résorbées avec une assez grande rapidité
pour donner souvent lieu à des accidents; 2° parce
que toutes les fois qu'il s'agit de l'action nutritive
des substances alimentaires, portées dans l'économie, il faut tenir compte des modifications que leur
font subir, préalablement à leur absorption, l'estomac et le duodénum (37 et suiv.).

94. Il suffit, effectivement, de la plus légère réflexion pour se convaincre que toutes les
fois que l'action de ces puissants et mystérieux
modificateurs manquera à la nutrition générale.

celle-ci sera toujours imparfaite, quel que soit
d'ailleurs le canal que l'on choisisse pour jeter
dans le torrent circulatoire des substances alimentaires.

95. Bien loin donc de regarder l'action absor-
bante des gros intestins comme si faible, je pense
qu'elle est assez puissante, comme l'expérience au
reste le démontre, pour s'emparer journellement
des parties les plus liquides des matières excrémentitielles et les porter dans le sang.

96. Ce fait d'observation vulgaire ne saurait assez engager chaque individu à aller tous les jours
à la garde-robe, afin de se débarrasser des matières
nuisibles que les parties excrémentitielles, accumulées dans les gros intestins, peuvent contenir
et que les vaisseaux absorbants pourraient, faute
de cette précaution, reporter dans l'économie.

97. On se demande, à cet égard, tous les jours
s'il n'y aurait pas un moyen pour combattre efficacement la constipation, c'est-à-dire, l'impos-
sibilité dans laquelle certains sujets se trouvent
de pouvoir aller à la selle d'une manière régu-
lière.

98. Pour ma part je n'en connais qu'un seul qui
puisse être considéré, à la fois, comme innocent
et général, et qui a en même temps, dans beaucoup de cas, plus d'efficacité que toutes les drogues imaginables! Ce moyen héroïque réside dans
l'heureuse habitude que l'on doit faire contracter

à tous les jeunes sujets et qui consiste à aller une
fois par jour à la garde-robe. L'heure qui me paraît la plus opportune pour cela c'est celle qui suit
le lever du matin.

99. Je sais bien que l'on m'objectera, à ce propos, les affaires, les occupations de la vie, etc.;
je me contenterai de répondre : Si vous avez le
temps d'aller à table, vous devez avoir le loisir
d'aller à la garde-robe; et d'ailleurs, si vous met-
tez un si grand empressement à faire vider régulièrement les fosses de votre maison, je ne puis
pas comprendre que vous consentiez à porter sur
vous, comme une chose indifférente, ce que ces
mêmes fosses en définitive contiennent.

100. Je sais aussi qu'il y a des personnes assez
peu sensées, surtout parmi le beau sexe, pour faire
presque un crime au Créateur de les avoir assujetties à une semblable nécessité! Mais à de telles
extravagances de l'imagination humaine, le silence
me semble la meilleure réponse. S'il m'était permis
cependant de leur donner mon avis à cet égard, je
leur dirais de prendre plus de soin de leur esprit.
C'est encore là un des fruits de l'éducation moderne; il ne faut donc pas s'en étonner, mais il faut
plaindre les cerveaux qui sont malades à ce point.
A Charenton je n'en ai pas vu de plus dérangés!

101. Or, quant à vous, lecteur, qui que vous
soyez, si vous n'en êtes pas encore arrivé à ce
point, allez, croyez-moi, tous les jours faire une

visite au *lieu secret*, allez-y lors même que vous
n'en sentiriez pas le besoin, afin de vous acquitter d'une dette envers votre santé! C'est le meilleur moyen de rendre cette dernière longue et durable.

102. Croyez qu'en agissant ainsi vous ne faites
que remplir un des premiers devoirs que la nature
vous impose et que l'intérêt de votre conservation
vous commande. En rendant, en outre, chaque jour
à la terre une partie de ce qu'elle vous prête, vous
vous soumettez volontairement aux lois de cet ordre universel qu'il est permis à chacun d'admirer,
mais qu'il n'est donné encore à personne d'enfreindre impunément!

De l'excrétion
fécale.

103. La fonction qui nous occupe en ce moment,
désignée sous le nom d'*excrétion fécale*, s'opère
par les contractions du rectum, dernière partie des
gros intestins, par la pression des muscles des
parois de l'abdomen et par l'abaissement du diaphragme. Toutes ces forces réunies surmontent
aisément la résistance que présentent les sphinc-
ters de l'anus, situés à l'ouverture anale, et l'expulsion des matières excrémentitielles a lieu.

104. Des bourrelets hémorrhoïdaux, des abcès,
des fissures et des fistules de la marge de l'anus
peuvent rendre l'expulsion des matières digérées
douloureuse et difficile. Il est essentiel, dans ces
sortes de cas, d'avoir recours le plutôt possible aux
conseils des hommes de l'art, afin de se guider d'a-

près leurs avis, faute de quoi on s'expose inutilement à des dangers et à des incommodités graves.

105. Mais ici ne s'arrête pas, pour moi, ce qui a rapport à la digestion des substances alimentaires; la sécrétion et l'expulsion des urines me semblent s'y rattacher, au moins indirectement : c'est pourquoi j'en traiterai dès ce moment.

106. Liquides, transparentes, d'une saveur désagréable, d'une couleur et d'une pesanteur variables, composées en grande partie d'eau, d'acide urique, de sels de chaux et d'ammoniaque, les urines sont le résultat d'une sécrétion dont les reins sont les organes.

De la sécrétion et de l'excrétion des urines.

107. Elles proviennent, en général, des matières fluides que les vaisseaux absorbants versent dans l'appareil de la circulation, après les avoir recueillies sur les différents points de l'organisme et principalement dans le tube digestif.

108. Chargé de ces matières superflues, le sang arrive aux reins par les artères rénales dont le calibre est le sixième environ de celui de l'aorte. C'est dans la partie centrale de ces organes sécréteurs que le sang se débarrasse, à mesure qu'il y arrive, des substances étrangères qu'il contient, telles que les parties trop animalisées, l'excès d'eau et de matières salines.

109. Les reins se composent, à cet effet, de trois parties principales : 1° la couche corticale, de nature granuleuse, dans laquelle se passe le phéno-

3

mène de la sécrétion urinaire ; 2° la couche ma-
melonnée, amas de petits tubes destinés à charrier
l'urine sécrétée ; 3° enfin, les calices disposés autour de chaque mamelon pour la recevoir, et la
porter, à l'aide de leurs conduits, respectifs dans
le calice commun ou bassinet.

110. Quoique la sensibilité générale des reins
paraisse très-faible dans l'état de santé, elle devient très-vive dans l'état d'inflammation de leur
tissu! et les douleurs de la néphrite peuvent soutenir la comparaison avec les douleurs les plus
déchirantes.

111. L'urine, après sa formation, se rend des
bassinets à la vessie par deux petits canaux fibro-
muqueux qui portent la dénomination d'*uretères*.
La vessie, de nature musculo-membraneuse, constitue à cet effet, à la partie antérieure et inférieure
du bassin, un grand réservoir propre à recueillir
les urines qui s'écoulent, goutte à goutte, par l'extrémité inférieure des deux conduits que je viens
de nommer.

112. Après avoir séjourné un certain temps dans
la vessie, les urines, dont la présence finit par en
distendre et en exciter les parois, sont expulsées
au dehors par les contractions de ces dernières,
et elles s'échappent par un petit canal connu sous
le nom d'*urètre*.

113. Les urines, par leur séjour trop prolongé
dans la vessie, peuvent donner lieu aux plus gra-

ves accidents, non-seulement dans les fièvres graves, mais même dans l'état de santé. Je dirai, à ce sujet, qu'il est déplorable de rencontrer des personnes, surtout parmi les femmes, qui, par une fausse pudeur, se croient autorisées à ne pas satisfaire au besoin pressant d'uriner. Je dis que cela est déplorable, car le moindre des inconvénients de ce maudit préjugé, c'est de déterminer des affections chroniques de vessie, qui s'étendent quelquefois jusqu'aux organes génitaux, à cause des connexions et des sympathies nombreuses qui lient ces différents organes (15 et suiv.).

114. Il doit être aisé maintenant de comprendre comment la sécrétion des urines se rattache à la fonction digestive. Sans leur sécrétion, en effet, le sang se trouverait bientôt tellement modifié, dans sa constitution, qu'il ne pourrait pas suffire longtemps aux besoins incessants de l'économie animale. Tandis que, d'un autre côté, la grande quantité de liquides dont il se trouverait à chaque instant surchargé, pourrait déterminer des congestions et des infiltrations mortelles dans les organes les plus importants à la vie.

115. Cette considération ne saurait assez engager les hommes, en général, à prendre plus de soin de la santé des organes qui concourent à cette importante fonction. Ils le peuvent en s'efforçant, autant que possible, d'éloigner d'eux les influences morbides qui agissent plus spécialement sur

les reins; or, parmi elles, le froid humide et les occupations sédentaires doivent occuper le premier rang.

116. D'après ce que l'on vient de lire, il doit être permis de conclure, non-seulement que la fonction digestive fournit à l'absorption les matériaux nécessaires à l'accroissement et à la réparation des différents organes de l'économie, mais aussi que l'appareil digestif, par son admirable disposition, lui sert comme d'instrument pour faire subir au sang les modifications les plus importantes (56 et suiv.). C'est pourquoi nous allons passer immédiatement à la fonction de l'absorption proprement dite (M).

CHAPITRE II.

DE L'ABSORPTION.

117. J'ai déjà fait mention au chapitre de la digestion (26) des vaisseaux chylifères, comme faisant partie des vaisseaux absorbants, que l'on désigne généralement sous le nom de *lymphatiques*. Je dois ajouter maintenant qu'il y a, en outre, des vaisseaux chargés d'absorber les sérosités que les capillaires artériels exhalent, surtout à la surface interne des membranes séreuses; tandis que d'autres sont chargés d'absorber les molécules provenant de la décomposition du tissu des organes. Or, tous ces vaisseaux réunis sont désignés sous la dénomination générale d'*absorbants*, et forment un même système appelé *lymphatique*. C'est principalement cette portion de l'appareil circulatoire et vasculaire qui paraît chargé de l'*absorption*.

Des vaisseaux absorbants.

118. L'absorption peut être activée par un certain degré d'inflammation; c'est, peut-être, ce qui explique l'action des excitants dans les tumeurs

froides, et l'action des ulcères rongeants sur les parties qui les avoisinent.

119. L'absorption la plus active semble être celle qui a lieu sur les voies digestives; après elle, vient l'absorption cutanée qu'on augmente à volonté en administrant des bains, des lotions, des frictions, et, surtout, en enlevant l'épiderme à l'aide d'un vésicatoire volant ou de la pommade ammoniacale de Gondret.

120. Or, voici à l'aide de quel admirable mécanisme cette importante fonction semble s'accomplir. — Toutes les membranes et le tissu cellulaire qu'on trouve si répandu dans l'économie animale, paraissent être formés par un laxis de vaisseaux artériels, de vaisseaux veineux et absorbants qui en constituent la trame. Ruisch et Mascagni ont constaté ce fait par des expériences répétées.

Des ganglions lymphatiques

121. Outre les vaisseaux absorbants, on rencontre, de distance en distance, sur le trajet de ces derniers, des glandes ou ganglions qui semblent servir à l'élaboration des sucs qui les parcourent. On appelle *afférents* les vaisseaux lymphatiques qui y arrivent, et *efférents* ceux qui en partent.

122. Il y a aussi des ganglions plus volumineux que les autres, que l'on appelle *glandes conglobées*, et qui semblent servir également à l'élaboration des sucs qui les traversent. Beaucoup moins nombreux que les précédents, ils sont formés par une réunion de vaisseaux lymphatiques plusieurs

fois contournés sur eux-mêmes, et l'on peut dire qu'ils ne sont qu'une agglomération de glandes d'un ordre inférieur.

123. La plupart de ces vaisseaux vont se décharger dans le canal thoracique. Ceux de l'abdomen et des membres inférieurs viennent y aboutir à son extrémité inférieure, où ce canal forme une espèce de petit renflement désigné sous le nom de *réservoir de Pecquet*.

124. Ces vaisseaux sont constitués par deux tuniques, dont l'interne forme plusieurs replis ou petites valvules; ce qui retarde singulièrement la marche des fluides qui les parcourent, et ce qui empêche ces derniers d'obéir aux lois de la pesanteur.

De la structure des vaisseaux lymphatiques

125. Les ganglions lymphatiques, ai-je dit, modifient la lymphe et tous les liquides, en général, que les vaisseaux qui les constituent sont chargés de verser dans le torrent de la circulation. C'est pourquoi nous voyons presque toujours ces ganglions s'affecter d'abord et manifester, les premiers, les signes de la présence dans l'économie humaine d'un virus morbifique, de nature soit syphilitique, soit scrophuleuse, soit tuberculeuse, soit cancéreuse, soit pestilentielle, etc.

Des modifications qu'ils impriment à la lymphe.

126. C'est ainsi que l'engorgement de ces glandes peut devenir un signe précieux dans le diagnostic d'une foule de maladies. C'est ainsi, enfin, que les ganglions engorgés de l'aine peuvent ve-

nir confirmer le diagnostic et s'ajouter aux autres symptômes de la fièvre typhoïde, par exemple, et à ceux des fièvres de mauvaise nature, en général.

127. C'est peut-être, en partie, à cette disposition des vaisseaux lymphatiques, que l'on doit attribuer la marche de deux maladies, si terribles et cependant si différentes entre elles; je veux parler, des ulcères rongeants, qui affectent presque toujours le derme ou les muqueuses, et dont la marche est si rapide et trop souvent funeste! et du squirre qui semble, au contraire, affectionner l'intérieur des organes.

128. C'est que, dans le premier cas, les lymphatiques, activés par un surcroît d'irritation, charrient les humeurs fournies par l'ulcère rongeant; tandis que, dans le second, les glandes formées par ces vaisseaux retiennent la lymphe altérée pour lui faire subir une modification qu'elles ne peuvent cependant pas lui imprimer, le foyer cancéreux existant toujours.

De la direction du canal thoracique et des vaisseaux qui y aboutissent.

129. L'extrémité inférieure du canal thoracique forme, comme je l'ai déjà dit (123), le réservoir de Pecquet, où viennent aboutir tous les vaisseaux lymphatiques inférieurs, et qui est situé au devant des piliers du diaphragme. A partir de ce point le canal thoracique monte le long de la colonne vertébrale, à la droite de l'aorte; il reçoit, dans son trajet, les lymphatiques des parois de la poitrine et ceux des poumons, et, arrivé à la partie supérieure

de la cavité thoracique, il se recourbe de droite à gauche pour aller se dégorger dans la *sous-clavière* gauche, à son insertion avec la *jugulaire* interne.

130. Les lymphatiques, qui viennent des parties supérieures, se jettent ordinairement dans la courbure du canal thoracique. Cependant, ceux du côté droit de la tête et du membre thoracique du même côté, se jettent quelquefois dans la *sous-clavière* droite ou la *jugulaire* interne; tandis que ceux qui viennent des parties gauches de la tête et du membre du côté gauche se jettent, presque constamment, dans l'extrémité supérieure de ce canal près de son insertion à la *sous-clavière*.

131. La structure de ce canal est la même que celle des autres lymphatiques, lesquels, par leur réunion, concourent à le former (124). Il se termine, enfin, par une valvule qui empêche le sang veineux de pénétrer dans son intérieur.

132. La lymphe, proprement dite, semble composée d'un liquide gélatino-albumineux, de fibrine et de plusieurs sels. Le premier de ces éléments est coagulable par le feu, les acides, l'alcool et l'éther; tandis que la fibrine se prend en masse par le refroidissement. Le chyle, au contraire, que la lymphe peut contenir, est, ainsi que je l'ai dit, blanc, d'un aspect laiteux, quelquefois d'une teinte légèrement rosée, et, exposé à l'air, il se sépare en deux parties, une liquide et l'autre coagulable (75).

De la lymphe.

133. C'est après s'être déjà mêlés ensemble dans les vaisseaux lymphatiques, c'est après s'être mêlés au sang noir dans les vaisseaux veineux que ces liquides arrivent au cœur, dont l'action diastolique les attire, pour ainsi dire, à la manière d'une pompe aspirante. Mais de ces deux liquides, ainsi mêlés, c'est le chyle surtout qui est réellement réparateur, et qui, après avoir été modifié par l'air atmosphérique dans l'intérieur des poumons, peut servir d'aliment à la vie de chaque organe et fournir des matériaux nouveaux pour chaque fonction!

De l'importance du chyle provenant de bons matériaux nutritifs.

134. C'est donc le chyle que l'on doit tâcher de fournir de bonne qualité aux vaisseaux absorbants; or, il est bon de rappeler ici que le chyle variera nécessairement, comme j'ai eu occasion de le faire remarquer, suivant la nature des aliments qui l'ont fourni (29). C'est pourquoi il est essentiel de faire un choix des aliments pour chaque sujet, choix qui variera selon l'âge, le climat, la profession, etc. Ceci est de la plus haute importance, c'est un point de première nécessité, autrement les individus périraient le plus souvent par le moyen même qui doit les nourrir et les conserver en bonne santé!

135. Après le choix des aliments, leur préparation culinaire n'est pas moins importante. Sans compter que la mauvaise préparation des substances alimentaires les rend indigestes, malgré leur bonne qualité primitive, il faut se rappeler

toujours que les mains d'une cuisinière inattenti-
ve peuvent transformer les meilleures substances
en poisons mortels.

136. Il me serait aisé de citer à l'appui de cette
vérité une foule de preuves, mais je me bornerai,
pour cette fois, à la suivante qui établit suffisamment que la cuisine est, dans un grand nombre
de circonstances, une véritable officine d'empoi-
sonnements de toute espèce; tel est du moins le
résultat ordinaire auquel est arrivé, dans ces
temps-ci, l'art de préparer les aliments à force de
drogues, d'épices et de raffinements de tout genre.

« La femme Duhamel fruitière, rue neuve Co-
quenard, faubourg Montmartre, servit le 28 février
1842 à son dîner auquel prenait part son mari et
une voisine, la femme Côte, un ragoût aux cham-
pignons qu'elle avait imprudemment laissé séjourner dans une casserole en cuivre mal étamée. Tous
les trois furent bientôt pris de violentes coliques,
et de symptômes non équivoques d'empoisonne-
ment se manifestèrent. Malgré les secours qu'on
donna à ces malheureux, le mal fit des ravages si
prompts, qu'au milieu de la nuit le sieur Duhamel
et la femme Côte expirèrent dans des convulsions
horribles. La femme Duhamel a été transportée le
lendemain à l'hôpital Saint-Louis dans un état qui
fait désespérer de ses jours. » (*Le Commerce*, 2
mars 1842). Les cas de ce genre sont trop fréquents pour que l'on doive cesser de les signaler

à l'attention publique. Le moyen de les prévenir
consiste à renoncer à tous les raffinements enfan-
tés par la dépravation du goût, et à permettre à
chacun de les remplacer par une alimentation plus
simple et à la fois plus substantielle et plus fru-
gale, celle qui consiste, par exemple, dans l'usage
des viandes grillées et rôties, dans l'emploi des lé-
gumes bouillis, etc., etc.

137. La fonction de l'absorption, qui nous occupe
en ce moment, n'a d'importance, en effet, que par
les modifications qu'elle imprime aux matériaux
nutritifs qu'elle est chargée de verser dans la circulation générale. Mais il ne faut jamais perdre de
vue que sa puissance, à cet égard, n'est pas telle
qu'elle puisse changer en matériaux salubres des
substances d'origine malsaine.

138. C'est pourquoi la plus grande surveillance
doit être constamment exercée par les chefs de
famille, sur la nature des aliments qui doivent
fournir les molécules nutritives, que les absorbants sont chargés de porter dans le sang de chaque individu. Car, si ces molécules sont de nature
mauvaise, en arrivant dans le sang par cette voie,
loin de fournir les éléments nécessaires aux ré-
parations des pertes de l'organisme, elles ne pourront qu'y apporter la langueur, le trouble et la
mort. C'est ce qui explique amplement la pensée
de Brillat-Savarin, quand il s'écriait : « Dis-moi
ce que tu manges, je te dirai qui tu es. »

CHAPITRE III.

DE LA CIRCULATION.

139. On appelle ainsi le mouvement par lequel le sang, qui arrive au cœur par les veines
pulmonaires, est porté dans toutes les parties du
corps au moyen des artères, et rapporté au centre
moteur, dont il était parti, par les deux veines-
caves. La circulation semble avoir pour but : 1° de
soumettre, à chaque instant, au contact de l'air,
dans les poumons, le sang noir mêlé à la lymphe
et au chyle; 2° de présenter successivement le sang
artériel à l'action de plusieurs glandes ou organes
sécréteurs chargés de le dépouiller de quelques
unes de ses parties et de lui faire subir le degré
d'épuration convenable; 3° enfin, de le pousser
dans toutes les parties de l'économie, pour en réparer les pertes ou en accroître le volume. C'est le
cœur et les artères que la nature à chargés de cette
dernière fonction.

140. La circulation, dont les organes essentiels

De la circulation en général.

Du cœur.

sont le cœur, les artères et les veines, a pour
centre le premier de ces organes. Le cœur est un
muscle creux, renfermant quatre grandes cavités
d'où partent les vaisseaux artériels et auxquelles
viennent aboutir les vaisseaux veineux. Le cœur
est maintenu en position par le péricarde, qui l'enveloppe de toute part, et qui est attaché lui-même
au diaphragme. Le cœur est situé à la réunion du
tiers supérieur avec les deux tiers inférieurs du
tronc, ou plus précisément entre la troisième et
la cinquième vraie côte.

De l'influence nuisible qu'exercent les passions sur la circulation.

141. C'est surtout sur la circulation que les passions violentes, telles que la colère, la haine, les
chagrins, les vifs débats exercent une grande influence; et il est vrai de dire, à cet égard, que la
vie de l'homme est abrégée par la civilisation qui
porte, au sein de la société, tant de motifs de dis-
corde entre les parents mêmes et les amis les plus
chers.

142. C'est pourquoi l'on ne saurait assez éviter,
dans l'intérêt de la conservation de la santé et de
la prolongation de la vie, les querelles, les haines,
les colères, qui naissent si souvent du froissement
des intérêts matériels ou moraux. Car, faute de
s'astreindre à cette précaution, les individus les
plus vigoureux et les plus robustes peuvent être
enlevés subitement par les congestions cérébrales,
maintenant devenues si fréquentes (N).

143. Les cavités droites du cœur semblent plus

développées que les cavités gauches, au moins
chez les adultes, et ses parois sont également
moins épaisses du même côté. Chez le fœtus le
contraire paraît avoir lieu quant à la capacité des
cavités de cet organe, tandis que l'épaisseur de
ses parois est à peu près égale des deux côtés.

144. Les cavités droites de l'organe précité reçoivent le sang provenant de toutes les parties du
corps, après avoir servi à leur nutrition, et le
transmettent aux poumons; ceux-ci, à mesure qu'ils
se dilatent, l'attirent dans leurs vaisseaux capillaires, où ce liquide est mis immédiatement en rapport avec l'air extérieur, ils le versent ensuite, par
les veines pulmonaires, dans les cavités gauches
du cœur, qui, à leur tour, le renvoient à toutes les
parties du corps.

145. Le cœur se compose d'un amas de fibres
tellement serrées, qu'elles forment un tissu dur
analogue à celui de la langue. Ses fibres circulai-
res, perpendiculaires à son axe ou contournées en
spirale, son très-contractiles. Cette contractilité
tient, peut-être, à ce que le cœur reçoit, à la
fois, une énorme quantité de vaisseaux et de nerfs.
Ses cavités sont tapissées par une membrane très-
lisse. Cet organe central de la circulation se contracte de lui-même, sans notre participation, à la
manière des muscles qui sont placés en dehors de
la volonté. On désigne sa contraction sous le nom
de *systole*.

De
la structure
du cœur.

146. La veine-cave supérieure, la veine-cave inférieure et la coronaire du cœur, se rendent dans l'oreillette droite; celle-ci se dilate à mesure qu'elle reçoit le sang que ces vaisseaux lui apportent; mais, lorsqu'elle ne peut plus se dilater, elle revient de nouveau sur elle-même et se contracte; chasse le fluide sanguin dans le ventricule droit qui, se contractant à son tour, le pousse, de son côté, dans les deux artères pulmonaires chargées elles-mêmes de le porter et de le répandre dans les capillaires des organes respiratoires, afin de le mettre en contact médiat avec l'air extérieur.

147. Beaucoup de praticiens pensent que les deux mouvements des ventricules et des oreillettes du cœur sont isochrones entre eux, d'autres croient qu'ils sont successifs ou alternatifs. Dans tous les cas, le temps qui les sépare ne peut pas être bien long; c'est du moins ce que j'ai cru apercevoir sur les mammifères et le oiseaux que j'ai pu soumettre à mon observation. On dirait, en voyant ce qui se passe sur le vivant, que la contraction commence par les oreillettes et finit par les ventricules, et la dilatation suit la même marche immédiatement après; c'est-à-dire, qu'aussitôt que la contraction des fibres du cœur s'étend à celles de la partie inférieure des ventricules, par exemple, les fibres des oreillettes se relâchent, et la contraction du ventricule ne semble pas encore complète lorsque la dilatation des oreillet-

tes commence. Ce mouvement de dilatation et de contraction m'a paru, en d'autres termes, se communiquer successivement des fibres des oreillettes à celles des ventricules, mais sans interruption, ainsi que cela se passe dans les contractions des organes musculaires creux en général. Cette action qui m'a paru aussi être celle des fibres du cœur est, au moins, explicable par la structure même de cet organe, par l'analogie et les lois physiologiques. Les deux cavités droites du cœur (146) sont séparées l'une de l'autre par une valvule désignée sous le nom de *tricuspide*, et formée de trois languettes fibreuses mues par des colonnes charnues qui partent de la face interne du ventricule du même côté. Cette valvule jouit de la propriété d'ouvrir ou de fermer la communication qui existe entre les deux cavités qui nous occupent.

148. Le sang, chassé ainsi par la force expulsive et contractile du cœur droit, ou des cavités droites, dans les deux artères pulmonaires (147) aurait de la tendance à revenir sur lui-même, sollicité en partie par l'aspiration des cavités qu'il a quittées et par les obstacles qui peuvent s'opposer à sa marche ultérieure, s'il n'était arrêté, dans sa tendance rétrograde, par les valvules sigmoïdes au nombre de trois qui se trouvent placées à l'ouverture ventriculo-artérielle, et assujetties par leur bord circulaire à la paroi interne du tronc de l'ar-

tère pulmonaire, à la manière des godets de nos machines hydrauliques.

149. Ce liquide, porté par ce moyen dans l'intérieur des poumons, en parcourt les vaisseaux qui sont chargés de le mettre en rapport, comme je l'ai dit, avec l'atmosphère (146). Après un court séjour dans ces organes, le sang noir, transformé par l'action médiate de l'air en sang artériel, est ramené aux cavités gauches du cœur par des vaisseaux, qui portent le nom de *veines pulmonaires*, au nombre de quatre, deux pour chaque poumon.

150. Ici le sang passe, comme au côté droit, de l'oreillette dans le ventricule gauche qui, en se contractant, le pousse vigoureusement dans l'artère aorte, chargée de le distribuer à toutes les parties de l'organisme. L'on désigne sous le nom de *diastole* le mouvement de dilatation des cavités du cœur, par opposition au nom de *systole* donné à la contraction de leurs parois au moment où elles se rapprochent pour expulser le sang qui les distend.

151. Si les mouvements de diastole et de systole des oreillettes précèdent toujours, dans l'état normal, les mêmes mouvements des ventricules, quoique d'une manière peu sensible (147), il n'est pas moins vrai que les mêmes mouvements considérés séparément dans les deux ventricules et dans les deux oreillettes sont simultanés, c'est-à-dire, que l'oreillette droite semble se contracter en même temps que la gauche, comme le ventricule gauche

paraît se contracter dans le même instant que le droit. Un grand nombre de praticiens pensent que le diamètre longitudinal du cœur se trouve raccourci pendant le mouvement de systole; cette opinion n'est pas cependant généralement admise, et j'avoue que ce que j'ai observé sur le vivant me laisse encore des doutes.

152. Le cœur doit surtout la faculté de se contracter et de se dilater au plexus cardiaque fourni en grande partie par le nerf grand sympathique. Ce dernier est indépendant, comme l'on sait, de la volonté de chaque individu, et il préside à la vie animale ou de nutrition. On conçoit, dès lors, comment nous ne sommes pas libres d'arrêter les mouvements de notre cœur, ou bien d'imprimer à celui-ci les mouvements volontaires que nous pouvons imprimer aux muscles de la vie de relation par exemple (22 et suiv.).

153. Le calibre des artères, prises collectivement, augmente à mesure qu'elles s'éloignent du centre circulatoire. Leurs branches naissent ordinairement à angle aigu; celles-ci s'anastomosent entre elles par arcades, par colonnes transverses et par angles. Cette disposition anatomique peut ralentir ou accélérer le cours du sang, suivant les circonstances. *Des artères.*

154. Les artères sont toujours plongées dans le tissu cellulaire; elles sont ordinairement accompagnées de veines, de nerfs et quelquefois de

ganglions lymphatiques. Leurs parois semblent
d'autant plus épaisses, que leur calibre est plus
petit, généralement parlant. Trois tuniques entrent dans leur composition; la première, plus
extensible et *externe*, paraît formée du tissu cellulaire qui environne l'artère et qui l'unit aux
parties adjacentes; la seconde, plus épaisse et contractile, située à la partie moyenne et dans l'épaisseur des parois artérielles, a été regardée par quelques physiologistes comme de nature musculaire:
cette tunique *moyenne* est peu extensible; la troisième tunique, située à la partie interne du canal
artériel, présente une surface extrêmement lisse et
polie, et elle semble destinée par son poli même à
faciliter le cours du sang en diminuant, autant que
possible, le retard apporté au mouvement de ce
liquide par le frottement des vaisseaux artériels.

155. Cette tunique *interne*, et la moyenne surtout, sont les plus susceptibles de se rompre, à
cause de leur peu d'extensibilité; aussi, donnent-
elles souvent lieu alors à des anévrismes, à cause de
la dilatation facile de la tunique externe, qui peut
se distendre extraordinairement sans se rompre.

156. La tunique moyenne, *jaune*, ou *fibreuse*, se
rompt facilement à l'occasion de la ligature des
artères, dans le point où l'on applique le fil. C'est
pourquoi les médecins qui craignent l'hémorrhagie consécutive recommandent d'employer des fils
plats pour cette opération.

157. En général, les vaisseaux artériels sont d'autant plus contractiles qu'ils s'éloignent davantage du cœur. Cette disposition physiologique est éminemment propre à faciliter la circulation; et elle est propre, d'autre part, à nous faire comprendre le trouble que doivent porter, dans cette dernière fonction, toutes les affections morbides qui tendraient, d'une manière quelconque, à en modifier les effets.

158. Dans les cas de cancers, par exemple, les artères voisines se dilatent énormément, malgré leur contractilité naturelle, à cause, sans doute, de la grande quantité de sang qui y appelle l'irritation; car, en thèse générale, le sang se porte toujours là où il y a *stimulus,* soit par cause morbide, soit par excès d'exercice. Par cause morbide, ainsi que cela peut se constater dans les cas de cancers de l'utérus et des mamelles, dans les cas de cancers des os, de tumeurs squirreuses, etc. Par excès d'exercice, comme l'on peut le vérifier chez les gauchers dont l'artère sous-clavière gauche est plus développée que la droite, tandis que le contraire a lieu chez les droitiers.

159. Le sang dilate les parois artérielles en les déplaçant un peu, ce qui occasionne les pulsations ou battements désignés sous le nom de *pouls.* Ces battements sont plus fréquents chez les femmes et les enfants, chez les sujets de petite stature, toutes choses étant égales, d'ailleurs, que chez les autres

Du pouls.

individus. Dans la première année de la vie les pulsations artérielles sont au nombre de 140 par minute. A la fin de la seconde année, ce chiffre ne dépasse guère 100 dans le même espace de temps. On en compte 80 dans la puberté; 75 pour l'âge viril, et 60, enfin, pour la vieillesse. Cependant ce n'est là qu'une évaluation approximative, et cette règle est sujette à une foule d'exceptions, dépendantes soit des individus, soit des agents physiques et moraux au milieu desquels ils vivent. Les médecins doivent tenir grand compte de tous les modificateurs de la circulation à cet égard, s'ils ne veulent pas, en explorant le pouls, s'exposer aux plus grandes bévues et aux erreurs les plus graves pour la vie des malades.

160. Le pouls est, en effet, plus lent dans les pays froids que dans les pays chauds; il est plus accéléré chez les sujets chlorotiques que chez les personnes sanguines. Il devient très-fréquent et presque fébrile sous l'influence d'une diète prolongée, tandis qu'il se ralentit à mesure que l'on commence à administrer des aliments. La vue du médecin fait augmenter la vitesse du pouls des malades, etc., etc. Le pouls, enfin, est un excellent moyen de diagnostic, signalé déjà par Galien et savamment développé par Bordeu.

161. La force, la lenteur, la régularité, l'égalité des pulsations, opposées à leur faiblesse, à leur fréquence, à leur intermittence et à leur inégalité

peuvent faire juger, jusqu'à un certain point, de la gravité d'une maladie, des forces du malade, des ressources de la nature, de la période du mal, etc. Elles peuvent aider enfin le médecin à porter son pronostic.

162. La vitesse du sang a été estimée comme étant de 21 centimètres par seconde dans l'état ordinaire de repos et de santé. Les battements des artères sont isochrones avec ceux du cœur, quoique cette espèce d'isochronisme devienne d'autant moins sensible qu'on l'observe, plus loin de l'organe central de la circulation, sur les embranchements de l'artère aorte, par exemple. — On peut s'en assurer facilement en plaçant une main sur le cœur et les doigts de l'autre main sur l'artère radiale, ou bien en appliquant l'oreille, munie du stétoscope de Laennec, sur l'une des carotides, et en plaçant la pulpe des doigts sur la pointe du cœur. La colonne du liquide, qui se trouve mise en mouvement dans les artères par l'impulsion systolique du cœur, produit le même résultat, quant au choc imprimé aux doigts explorateurs, que celui que produirait une pièce de bois dont on aurait frappé l'une des extrémités.

163. Quelques auteurs admettent un troisième système sanguin qu'ils appellent *capillaire;* espèce de réseau à l'aide duquel les extrémités artérielles, très-déliées, après s'être subdivisées un grand nombre de fois, s'anastomosent des milliers de

Du système capillaire.

fois entre elles, et finissent par s'aboucher aux extrémités du réseau capillaire veineux, qui complète le troisième système sanguin auquel on fait ici allusion. C'est même par ce moyen, pour le dire en passant, que les artères sont mises en rapport immédiat avec les veines. Quoi qu'il en soit de l'hypothèse d'un système capillaire spécial, et, pour ainsi dire, indépendant des deux autres, toujours est-il que le réseau vasculaire dont je parle, et qui est si visible au microscope, paraît être le sanctuaire sous le voile duquel toutes nos fonctions de nutrition et de relation s'accomplissent.

164. C'est dans ce système capillaire, en effet, que le sang artériel et veineux oscille; c'est dans ce système de vaisseaux que le sang noir est soumis à l'action animatrice de l'air atmosphérique, que le sang artériel baigne la fibre nerveuse et musculaire, qu'il pénètre dans le labyrinthe des granules sécréteurs, qu'il forme la trame de tous les organes et qu'il sécrète les éléments qui doivent les constituer tous. Que l'on juge ensuite de la gravité de ses affections, principalement quand on leur a donné le temps de prendre, dans l'économie, *droit de possession*, pour me servir ici du langage du professeur Lisfranc. C'est ce qui arrive trop souvent dans les affections des membranes comme dans celles des parenchymes, et c'est aussi ce qui explique l'opiniâtre résistance et souvent l'incurabilité de ces affections.

165. Les parois des capillaires artériels étant criblées d'une infinité de petites ouvertures ou pores, ces vaisseaux semblent destinés, en outre, à sécréter une espèce de sérosité qui baigne la plupart des membranes séreuses, pour en faciliter les frottements dans le jeu des organes qu'elles recouvrent. Ce qu'il y a de positif c'est que les hémorrhagies par transudation artérielle sont moins rares que l'on ne pense. J'en ai vu qui avaient pour siége la plèvre et le péricarde, la muqueuse buccale, le tissu cellulaire sous-cutané et musculaire; j'ai eu occasion d'observer ces faits soit sur le vivant, soit à l'autopsie, et j'ai connu un homme, affecté d'hémorrhagies de cette nature, qui avait perdu déjà tous ses parents de la même maladie; il était le quatorzième et le seul vivant de sa nombreuse famille, à l'âge de trente six ans environ.

166. Il est inutile d'ajouter que les fonctions des capillaires artériels varient, quant aux résultats, selon les tissus et la nature des parties dont ils constituent la base; ces mêmes résultats peuvent varier aussi selon la sensibilité ou l'idiosyncrasie soit des organes, soit des sujets auxquels ces organes appartiennent. Comme ces capillaires se vident à la mort, il est très-difficile de pouvoir juger, pendant la nécropsie, d'une foule de lésions qui peuvent cependant avoir existé pendant la vie, et surtout du degré d'inflammation et de la cause réelle de certaines maladies. C'est, sans doute, cette

action physiologique des capillaires artériels, qui permet à certains praticiens de dire, en présence des pièces anatomiques qu'ils ont sous les yeux : « Vous voyez, ce malade est mort quand il était guéri! » Quoiqu'il soit trop malheureusement vrai, à mes yeux, que par imprudence, bêtise ou ignorance, soit de la part des malades, soit de la part de ceux qui les entourent, il meurt plus de personnes pendant la période de la convalescence que pendant toutes les autres périodes des maladies, il n'est pas moins certain qu'il serait beaucoup plus heureux, pour l'humanité, que les médecins, en montrant leurs malades guéris, pussent dire : « Vous le voyez, je les ai empêchés de mourir, après les avoir rendus à la santé! »

Des veines.   167. Beaucoup plus nombreuses que les artères, puisque toutes celles d'un moyen calibre en ont au moins deux, une de chaque côté, les veines, comme on peut le voir aux avant-bras et aux jambes, présentent collectivement une capacité plus grande.

168. Il y a, en outre, des veines superficielles qui paraissent ne pas avoir d'artères analogues; elles sont placées dans le tissu cellulaire qui sépare la peau des aponévroses musculaires. Ce sont ces vaisseaux qui deviennent plus souvent le siége de varices.

169. On a calculé que l'homme adulte peut avoir de 12 à 15 kilogrammes de sang, dont les quatre

neuvièmes seraient contenus dans les artères et les cinq neuvièmes dans les veines (167).

170. Les veines sont entourées de tissu cellulaire, comme les artères, tissu qui leur forme une gaine commune, ce qui n'est cependant pas constant. Les veines étant beaucoup plus dilatables et moins élastiques que les vaisseaux artériels, cette disposition anatomique favorise singulièrement la stagnation du sang dans leur intérieur, et, pour le dire en passant, prédispose aux varices.

171. Le calibre des vaisseaux veineux, pris collectivement, devient de plus en plus fort à mesure que l'on s'approche du cœur, tandis que le contraire a lieu pour les artères; ce qui doit contribuer à ralentir beaucoup le cours du sang noir. Les veines s'anastomosent entre elles comme les vaisseaux à sang rouge. Les veines profondes s'anastomosent, en outre, avec les veines superficielles; et le tout constitue, il faut le dire, le système hydraulique le plus admirable!

172. La tunique interne des veines, d'un poli presque parfait afin de faciliter le cours du sang, présente de distance en distance des replis valvulaires analogues à ceux des lymphatiques (124); ce qui doit empêcher le liquide circulatoire de céder à son propre poids, à mesure qu'il remonte des extrémités et des parties inférieures vers le cœur.

173. Ces replis ou valvules n'existent pas cependant à la face interne des gros troncs veineux.

comme l'on serait tenté de le croire; ils n'existent pas davantage dans les veines des grandes cavités et les veinules. Ces replis, quand ils existent, partagent la colonne de sang en autant de petites colonnes, qui facilitent beaucoup l'action des parois vasculaires dont ils tirent leur origine.

174. Les veines sont formées par trois tuniques comme les artères, mais il est vrai que la moyenne ou fibreuse est à peine marquée chez elles. Le tissu cellulaire qui unit cette dernière à l'interne est aussi en très-petite proportion. C'est, probablement, une des causes qui font que les ossifications des veines sont si rares et celles des artères si fréquentes.

175. Il n'est pas rare, en effet, surtout dans la vieillesse, de trouver des ossifications qui envahissent la membrane interne des artères, au point de lui faire perdre tout son poli et sa souplesse, et d'en oblitérer complètement la cavité. Ces ossifications, siégeant principalement sur les artères d'un gros calibre, sur celles d'un calibre moyen et quelquefois aux orifices mêmes des cavités du cœur, portent le trouble dans la circulation et donnent trop souvent lieu à des épanchements de sang dans l'épaisseur du cerveau, épanchements dont la paralysie et la mort sont malheureusement la conséquence ! Je suis porté à penser que : 1° le passage brusque du chaud au froid, auquel les hommes s'exposent journellement d'une manière

si imprévoyante ; 2° le défaut ou l'insuffisance d'exercice; 3° une nourriture, qui n'est plus en rapport avec les pertes éprouvées par les organes, contribuent beaucoup à produire ces altérations morbides, par lesquelles la vie se trouve compromise, au centre même des organes qui semblent spécialement chargés de l'entretenir.

176. Dans quelques parties du corps, la tunique interne des veines forme à elle seule le vaisseau dans lequel le sang noir circule. Cette disposition particulière est surtout remarquable dans les points où les veines sont protégées par des gaines fibreuses ou par le tissu osseux, par leur adhérence enfin aux parties environnantes. Cette dernière disposition existe surtout pour les veinules, et l'on conçoit combien elle doit être favorable aux fonctions circulatoires, pour mettre le sang veineux en contact avec l'air, par exemple, etc.

177. La veine *azigos,* qui prend origine inférieurement à la rénale droite, et qui se jette en haut dans la veine cave supérieure près de l'oreillette droite, sert de communication aux deux veines caves. Ces deux grands vaisseaux sont doués d'un mouvement ondulatoire, qui est sensible surtout vers le cœur; remarquable dans la veine cave-supérieure et dans la veine cave-inférieure jusqu'aux iliaques externes, ce mouvement d'ondulation paraît déterminé et par l'afflux du sang et par les contractions de l'oreillette droite. Je suis d'avis

aussi que les poumons l'aident beaucoup par leur dilatation et leur resserrement.

178. Ce reflux du sang ne se fait sentir ni dans les veines des membres, ni dans la veine coronaire du cœur. Cette dernière étant protégée par une valvule à son embouchure, et les premières par des replis valvulaires (172) dans plusieurs points de leur parcours, l'on conçoit comment ce reflux ne peut pas les atteindre. Les veines internes, moins la coronaire, sont donc celles où ce reflux est le plus apparent.

179. Les anciens avaient donné le nom d'*esprit vital* à la vapeur aqueuse qui s'échappe du sang que l'on vient de retirer d'une veine. Mais l'esprit vital, si esprit vital il y a, résiderait plutôt dans le sang artériel que dans le sang veineux. Il résiderait évidemment dans celui qui a déjà soustrait à l'air atmosphérique une partie de son oxigène, qui est comme on sait la base de toute vie et de toute transformation organique ici-bas, et nullement dans celui qui a cédé cet air vital aux différents organes de l'économie, comme l'a fait le sang veineux dont il s'agit. Cela me paraît d'autant plus évident et d'autant plus logique que le sang noir, loin de faire vivre les individus, les tue lorsqu'il ne peut plus être transformé, par la respiration, en sang artériel. C'est, du moins, ce qui arrive dans la plupart des morts par asphyxie.

180. Les veines, comme l'on vient de le voir,

ne sont guère que passives dans le mouvement circulatoire du sang. Il n'en est pas de même des artères, dont les parois contractiles favorisent, jusqu'à un certain point, l'action du cœur dont les ventricules se relâchent au moment où les parois artérielles semblent revenir sur elles-mêmes et se contracter.

181. Outre la circulation générale dont je viens de parler, chaque système d'organes semble avoir sa circulation propre. Ainsi : la circulation du cerveau est tout-à-fait différente de celle des poumons; celle-ci diffère essentiellement de celle du foie, où le sang veineux circule avec une extrême lenteur, etc.

De la circulation partielle, propre à chaque organe.

182. Tous ces divers systèmes forment autant de rouages à part dont l'existence et l'état parfait de santé est la condition *sine quâ non* de la vie. Chacun d'eux, en effet, a une fonction spéciale à remplir, et cette fonction partielle se rattache à la fonction générale de l'ensemble, qui est la vie, avec tous ses phénomènes, ses incidents, ses formes, ses variétés admirables et infinies pour chaque famille, pour chaque ordre, pour chaque genre, pour chaque espèce, pour tous les individus sans exception.

183. La circulation peut être considérée comme formant les deux moitiés d'un cercle, dont l'une serait occupée par le sang artériel et l'autre par le sang veineux, et dont les deux points d'intersec-

tion seraient occupés par les capillaires des poumons d'un côté, et par ceux du reste du corps, de l'autre. Le sang se répare, enfin, par le chyle et par l'air atmosphérique qui lui cède une partie de son oxigène (133).

De l'importance de la fonction circulatoire.

184. Il est facile de sentir maintenant l'importance de la fonction circulatoire. C'est, en effet, un des piliers qui soutiennent l'édifice de l'existence terrestre de chaque individu, pilier sans lequel il n'y a, pour notre espèce au moins, aucune durée possible.

185. Or l'effrayante facilité avec laquelle l'appareil circulatoire devient malade, dans un ou plusieurs de ses points à la fois, devrait suffire pour mettre les personnes sages en garde contre les causes morbides, en général, qui peuvent le compromettre. Malheureusement rien de semblable n'a lieu, et il n'est pas rare de trouver des sujets très-jeunes affectés déjà de ces redoutables lésions que l'on désigne sous les noms de *péricardites*, d'*endocardites*, d'*artérites*, de *phlébites*, d'*anévrismes*, de *lymphites*, etc.

186. Lorsqu'on s'enquiert de l'origine de quelques unes des plus incurables de ces lésions, il n'est pas du tout rare d'apprendre chez les personnes riches que cela est apparu à la suite des bals de l'hiver, par exemple; tandis que chez les personnes pauvres, le dénuement, l'absence des choses les plus nécessaires à la vie a produit sou-

vent les mêmes résultats. Hélas! quand est-ce donc
qu'un peu plus de charité viendra garantir mes
semblables contre tant de maux? Car la charité
seule peut donner des habits, du feu et des aliments à ceux que l'hiver et la misère déciment; et
ce souci seul, aussi, peut suffire pour détourner,
d'un autre côté, les personnes riches de ces fas-
tueuses soirées, où elles vont trop fréquemment
acheter leurs infirmités et leur trépas à prix d'argent....

CHAPITRE IV.

DE LA RESPIRATION.

187. Parmi les changements essentiels et remarquables que le sang subit, en passant à travers les poumons et les autres organes de l'économie humaine, le plus surprenant est celui qu'il éprouve dans les poumons. C'est dans leur intérieur, en effet, que le sang, de noir qu'il était devient rouge; de stupéfiant il devient excitant, et il acquiert enfin, par son contact avec l'air atmosphérique, toutes les propriétés vivifiantes nécessaires à l'accomplissement normal de toutes les fonctions de l'économie vivante. Aussi, le sang veineux est-il pesant, noir, séreux, etc., tandis que le sang artériel est d'un beau rouge, léger, écumeux et riche en fibrine.

De la respiration en général.

188. On peut, dès lors, se faire une juste idée du danger qui résulte, pour l'homme, de la perte abondante du sang rouge, par l'ouverture d'une artère; et du peu de gravité, au contraire, de l'émission du sang noir, par le moyen de la phléboto-

mie, lorsque toutefois cette dernière est pratiquée
à propos. Mais c'est réellement à l'action de l'atmosphère sur nos organes respiratoires, que nous
devons cette différence dans les propriétés du sang
rouge et du sang noir (149); et l'on conçoit parfaitement que de l'intégrité de ces organes dépende
notre santé, notre vie, notre conservation. Comment se fait-il cependant que la plupart des mortels soient si négligents quand il s'agit de soigner
les affections morbides qui peuvent, à toutes les
périodes de la vie, attaquer les poumons? Comment se fait-il qu'ils évitent si peu, en général, les
causes morbides qui affectent les organes de la
respiration, telles que : la transition brusque du
chaud au froid, les exercices violents alternant
avec la plus indolente mollesse les boissons gla-
cées et l'air froid pendant que le corps est en
sueur, les habillements trop légers, les appartements humides, etc., toutes les causes enfin qui
peuvent compromettre la parfaite intégrité d'organes si importants? — C'est que les hommes, en
général, sont élevés de manière à prendre, comme
le dit Plutarque, plus de soin de leur soulier que
de leur pied, et que, d'un autre côté, l'*ânerie* est,
en ceci comme en tout, la mère de tous les maux,
pour me servir, à ce sujet, d'une expression de
Montaigne.

De
l'atmosphère.   189. L'homme supporte une colonne d'air pesant 18,000 kilogrammes environ, la surface totale

de son corps étant estimée approximativement à
5 mètres carrés, taille moyenne. Il vit, comme on
sait, plongé au milieu d'un océan gazeux immense, dans lequel le Créateur l'a condamné à rester
sous peine de mort. L'homme ne peut se soustraire, en effet, pour un instant à l'action de l'air
atmosphérique sans courir le danger de périr. Condamné à vivre dans les limites de l'atmosphère
terrestre, comme le poisson dans l'eau, d'où lui
viennent donc tant d'orgueil, tant d'amour-propre,
tant de méchanceté et si peu de vertu? — Au point
qu'un cœur bien fait se trouve tous les jours tour-
menté, irrité, empoisonné, pour ainsi dire, par ses
semblables, que dis-je, par ceux mêmes qui devraient faire son bonheur, dès qu'il consent à vivre en société! Éducation infâme et barbare, éducation à la mode, toi seule es la cause de tout
cela.

190. L'atmosphère, composée approximative-
ment de $^{21}/_{100}$ d'oxigène et de $^{79}/_{100}$ d'azote, de quelques centièmes d'acide carbonique, d'un peu de
vapeur d'eau et de certains miasmes délétères ac-
cidentels, peut ainsi agir aisément sur le sang des
êtres qui y vivent plongés. L'air est donc pesant
(189) et l'homme succomberait sous son poids,
si l'atmosphère ne pesait également sur tous les
points de son économie. L'air possède la propriété de dissoudre une grande quantité d'eau, ce
qui le rend infiniment plus léger. C'est ce qui a

lieu à l'approche des orages, et cette différence
dans la pesanteur spécifique de l'élément gazeux,
au sein duquel nous vivons, ne contribue pas peu
à nous rendre tristes, moroses et souffrants, par
le trouble que cela jette dans le torrent de la circulation de notre frêle économie.

191. Un trouble pareil devient la cause de plusieurs morts subites, lorsqu'il est accompagné, surtout, d'une élévation considérable de température.
C'est ce que nous avons vu dans la dernière quinzaine d'avril 1842, où la mort de M. Aguado, celle
du maréchal Moncey, celle du maréchal Clauzel et
du ministre des finances, M. Humann, se sont succédé avec rapidité, à peu de jours d'intervalle.
Chez toutes ces illustres victimes, dont une seule
avait atteint quatre-vingt cinq ans, l'apoplexie cérébrale a été la seule cause constatée de mort. Les
saignées répétées ont été même infructueusement
administrées à M. Aguado et à M. Humann.

192. Ces troubles de la circulation menacent
d'autant plus l'existence des hommes que, aux
orages physiques, aux commotions du globe, viennent se joindre les orages de l'âme, les commotions morales, les querelles, les disputes et les
fatigues de l'intelligence. Aussi faudrait-il, dans
l'intérêt de la santé générale, que les vivants fussent plus sages et plus prudents dans ces circonstances, au moins ; mais comment le seraient-ils
alors, eux qui ne le sont jamais ?

193. L'air sec et tempéré paraît celui qui convient le mieux aux personnes saines. Plus un animal se trouve haut placé dans la série des êtres vivants et plus son appareil circulatoire est parfait, plus aussi le sang noir est mis largement en rapport dans les capillaires des poumons avec l'air atmosphérique. Ce dernier pénètre dans les cavités pulmonaires par la trachée-artère et ses divisions. Il est bon de noter qu'au moyen de l'ouverture des narines et de celle de la glotte, le passage, à l'aide duquel l'air extérieur pénètre dans les organes de la respiration, reste toujours libre, si l'on excepte le moment de la déglutition ; moment, dans lequel la glotte se ferme par l'abaissement de la languette cartilagineuse qui la surmonte, et qui est désignée sous le nom d'*épiglotte*.

194. Les animaux à sang rouge et chaud ont, en effet, deux ventricules et deux oreillettes, tandis que ceux à sang rouge et presque froid, comme les reptiles, n'ont qu'une seule oreillette et un seul ventricule. Les poumons sont nourris par le sang rouge à la manière des autres organes de l'économie ; les deux artères chargées de leur porter le sang nourricier nécessaire à leur entretien, et désignées sous le nom de *bronchiques*, tirent leur origine du tronc commun artériel aortique, comme toutes les artères du corps humain. On peut comparer, jusqu'à un certain point, le mécanisme physique de la respiration pulmonaire à ce qui se pas-

De l'action atmosphérique sur les êtres vivants.

serait dans un soufflet, dans l'intérieur duquel on aurait préalablement placé une vessie vide, de manière qu'elle pût s'adapter parfaitement à tous les points de ses parois. En effet, la capacité de la vessie représente très-bien la capacité pulmonaire, et les parois du soufflet, celles de la poitrine. En écartant les parois du soufflet dont il est ici question, l'air se précipiterait dans l'intérieur de la vessie qu'il renferme, comme il se précipite en réalité dans nos poumons lorsque, par la contraction des muscles costaux, les parois de la poitrine s'éloignent l'une de l'autre.

195. Cela doit faire sentir la nécessité de fortifier, par l'exercice, l'action de ces muscles qui remplacent, dans ce cas, l'action intelligente de la main de l'homme par un effet admirable de la prévoyance et de la sagesse infinie de son Créateur!

196. Le diaphragme, par ses mouvements d'abaissement et d'élévation, concourt en outre à l'admission et à l'expulsion de l'air atmosphérique, qui occupe la capacité des poumons chez les animaux à sang chaud, appartenant à la classe des mammifères. C'est surtout dans les grandes inspirations que les muscles intercostaux ajoutent leur action à celle de ce dernier muscle pour concourir avec lui à l'ampliation et au rétrécissement de la cavité thoracique.

Des muscles intercostaux. 197. C'est, en effet, par le moyen des muscles intercostaux que les côtes d'un côté de la poitrine s'éloignent de celles du côté opposé, que l'extrémité inférieure du *sternum* se porte en haut et en avant, et que les différents diamètres de la poitrine se trouvent agrandis pendant l'inspiration.

198. Les muscles intercostaux, si importants dans le jeu de l'action pulmonaire, prennent leur point d'appui sur les premières côtes. Les internes sont congénères des externes, et leurs fibres se croisent en sautoir. De cette disposition résultent deux grands avantages : 1° la rectitude des côtes qui, dans leurs mouvements d'élévation et d'abaissement, ne peuvent se porter ni à droite, ni à gauche; 2° la solidité de la cage thoracique, et un préservatif puissant contre les hernies des poumons.

199. Il y a, en outre, des muscles dits *auxiliaires* de la respiration; ce sont : les scalènes, les pectoraux, les sous-claviers, les muscles larges du dos, et, en général, tous ceux qui prennent leur point d'attache sur les côtes, comme le long droit de l'abdomen, le grand et le petit oblique, le transverse, etc. Concourant tous à l'accomplissement de cette importante fonction, il est aisé de comprendre combien leur état de vigueur, d'énergie, de force, de santé et de bien-être, doit devenir utile à l'homme. L'exercice, en général, et plus particulièrement celui des armes, du bâton et de la gymnastique, sont propres à les développer (195).

200. Les poumons sont enveloppés par des feuil- Des plèvres.

lets séreux désignés sous le nom de *plèvres*. Ces
feuillets ou membranes, extrêmement minces, sont
au nombre de deux, une pour chaque poumon.
Elles les recouvrent dans toute leur surface externe, en pénétrant dans les scissures formées par les
lobes des organes pulmonaires. Les plèvres constituent ainsi tout autour des poumons deux sacs
sans ouverture, dont une partie recouvre les organes respiratoires et prend le nom de *plèvre vis-
cérale*, tandis que l'autre moitié s'épanouit pour
tapisser les parois de la cavité thoracique et s'appelle *pariétale*.

De leurs
fonctions
et de leurs
maladies.

201. Les plèvres sécrètent, par leur surface
libre, une sérosité suffisante pour faciliter le frottement occasionné par la dilatation et le resserrement de la poitrine dans l'acte de la respiration.
Elles protègent, d'un côté, la surface pulmonaire,
et adoucissent considérablement, de l'autre, son
contact médiat avec les parois de la poitrine; deux
points entre lesquels elles se trouvent interposées,
comme le péritoine se trouve interposé entre les
parois abdominales et les viscères que leur cavité
renferme (35). D'après leurs fonctions physiologiques et leurs rapports anatomiques, l'on peut
concevoir le danger qui résulte de leurs maladies.
Un grand nombre de personnes succombent, en
effet, chaque jour, aux altérations survenues dans
ces feuillets membraneux, lésions quelquefois à
marche si insidieuse, qu'on n'a pu les constater

souvent qu'à l'autopsie, ou bien peu de temps
avant la mort des malades. Dupuytren et Biett,
praticiens célèbres de la capitale, ont succombé à
une maladie semblable; et, tout jeune que je suis,
j'en ai observé déjà plusieurs cas bien constatés.
Les plèvres peuvent offrir des tubercules dévelop-
pés dans le tissu cellulaire sous-pleural. J'en ai
observé un grand nombre d'exemples dans l'am-
phithéâtre de l'Hôpital des Enfants malades ; chez
la plupart des sujets de ce genre les tubercules
siégeaient aussi bien sur le feuillet pariétal que
sur le feuillet viscéral (o).

202. Quand une fois la plèvre a été affectée d'inflammation, elle devient plus sujette à s'enflammer
de nouveau, par les mêmes causes qui occasion-
nèrent ses premières altérations. Par leurs rapports immédiats avec les poumons, les plèvres
communiquent avec une étonnante rapidité leurs
affections morbides à ces organes de l'hématose,
de même que ces derniers communiquent aux plèvres leurs propres lésions. Aussi, pense-t-on avec
raison que la pleurésie s'accompagne souvent de
pneumonie, comme la pneumonie est accompagnée par la pleurésie, et qu'enfin ces deux maladies se joignent, s'ajoutent, se transforment ou se
remplacent mutuellement. Rien n'égale cependant
l'incurie de l'espèce humaine, quand il s'agit d'é-
viter les causes ordinaires de ces redoutables lésions! (p)

203. L'air atmosphérique, en dilatant les poumons, permet au sang de circuler plus librement dans leur intérieur (194). L'air se précipite dans les poumons en vertu de sa pesanteur, et à mesure que l'ampliation de la cavité thoracique, par la contraction des muscles intercostaux, tend à former un vide dans leur capacité (197). Avant de parvenir au fond des vésicules pulmonaires, il est obligé de traverser la bouche, ou les fosses nasales, le larynx, la trachée-artère et les divisions bronchiques.

204. Le parenchyme pulmonaire se compose donc : 1° de vaisseaux aériens qui ne sont que des divisions et des subdivisions des bronches et de la trachée-artère; 2° de cellules aériennes dans lesquelles ces vaisseaux déposent l'air qui, de la sorte, se trouve mis en contact médiat avec le sang veineux; 3° de vaisseaux veineux et artériels, de vaisseaux lymphatiques, de glandes, de nerfs et de tissu cellulaire destiné à lier ensemble toutes ces parties.

205. Le poumon droit est plus épais que le poumon gauche : quelques physiologistes le considèrent aussi comme plus grand que ce dernier. Cela peut avoir lieu chez l'homme qui, par une aberration de son entendement, a condamné à un repos presque absolu son membre thoracique gauche; ce ne serait pas là d'ailleurs la seule mutilation qu'il a fait subir aux œuvres éternelles du Créateur.

206. L'artère pulmonaire, chargée de porter le sang noir dans les organes respiratoires pour le soumettre à l'action vivifiante de l'air, et qui naît, comme on sait, de la base du ventricule droit (148), passe derrière l'aorte et se divise en deux branches principales, une pour chaque poumon. Celles-ci, à leur tour, se divisent bientôt et se subdivisent un grand nombre de fois jusqu'à ce que, devenues capillaires, elles entourent les parois des vésicules aériennes, offrant ainsi au sang veineux la facilité de s'emparer de l'oxigène de l'air nécessaire à l'hématose, ou à la transformation du sang veineux en sang artériel.

207. C'est dans ce point que les capillaires artériels du système pulmonaire s'abouchent avec les capillaires déliés des veines destinées à ramener aux cavités gauches du cœur le sang élaboré par les poumons (163). Ces vaisseaux, de plus en plus gros à mesure qu'ils se rapprochent du cœur, vont se décharger par quatre troncs principaux dans son oreillette gauche (149).

208. Les artères bronchiques (194), destinées à nourrir les poumons, suivent le trajet des autres vaisseaux. C'est au moyen des veines bronchiales que le sang qu'elles apportent aux organes respiratoires est ramené au cœur droit ou cavités droites, en se déchargeant dans la veine-cave supérieure près de l'oreillette droite.

Du volume
d'air inspiré
à chaque
inspiration,
et de l'air
consommé
dans
les 24 heures
pour chaque
individu.

209. Toutes les fois que la cavité thoracique se dilate, il rentre dans les poumons six centimètres cubes d'air nouveau environ. Comme le sang s'empare d'une grande partie d'oxigène, l'air expiré se trouve avoir diminué sensiblement de volume, et l'on trouve à l'analyse seulement $^{14}/_{100}$ d'oxigène pour $^{79}/_{100}$ d'azote, perte qui se trouve compensée en partie par l'addition de $^{7}/_{100}$ environ d'acide carbonique formé dans l'acte même de la respiration, par un peu d'hydrogène libre et de la vapeur d'eau. On évalue à 19 mètres cubes ou 24 kilogrammes l'air consommé par un adulte dans les 24 heures.

210. C'est ainsi que le sang en abandonnant son carbone et en se combinant à l'oxigène de l'air, devient beaucoup plus léger, plus rouge, plus plastique et plus consistant. C'est au carbone uni à l'oxigène que semble due, au contraire, la couleur noire que le sang veineux présente. Aussi, lorsque l'air, par une cause quelconque, ne pénètre pas aisément jusqu'au fond des vésicules pulmonaires, les sujets placés dans de telles conditions se trouvent bientôt éprouver toutes les conséquences et toutes les angoisses résultant du séjour prolongé dans l'économie d'un liquide mortel et stupéfiant.

211. Ceci devrait faire sentir l'importance capitale des soins à donner aux organes de la respiration et des précautions à prendre pour leur parfaite conservation. Mais l'ignorance, l'égoïsme et la

stupidité ordinaire des hommes semblent s'y opposer encore. C'est pourquoi le malheureux qui
n'a pour chambre à coucher qu'une fosse obscure
de la capacité de 7 mètres cubes, y couchera jusqu'à ce que les maladies qu'il y aura contractées
l'envoient mourir dans un hôpital.

212. La grande sérosité du sang, provenant de
la combinaison de l'hydrogène avec l'oxigène dans
les proportions convenables pour former l'eau, est
due en grande partie à une nutrition générale mauvaise, résultant de la privation des agents physiques ou des modificateurs hygiéniques de l'économie. C'est pourquoi, afin d'éviter un sang trop
séreux et propre à jeter les sujets dans la langueur et l'épuisement, il faut toujours les placer,
et avant toute chose, dans de bonnes conditions
physiques.

213. L'excès d'eau qui se trouve dans le sang
s'exhale, à la fois, par les reins, par la peau et par
la transpiration pulmonaire. L'oxigène de l'air forme, en se combinant avec le carbone du sang,
l'acide carbonique dont j'ai parlé (209); celui-ci
s'exhale en même temps que la vapeur d'eau qui
s'échappe des poumons et qui apparaît dans l'hiver sous la forme d'un léger nuage autour de la
bouche et des fosses nasales. La présence de l'acide
carbonique dans l'air expiré explique suffisamment pourquoi l'air que l'homme expire est mortel
pour celui qui le respire.

De la
température
animale
chez l'homme

214. On a dit depuis longtemps que la chaleur animale est en raison de la capacité pulmonaire et de la fréquence des inspirations. L'on cite pour exemple les oiseaux dont toutes les parties internes sont, pour ainsi parler, en rapport constant avec l'air extérieur. Les reptiles, au contraire, peuvent vivre plus ou moins longtemps sans respirer, et leurs organes respiratoires sont à l'état rudimentaire comparativement parlant; aussi offrent-ils, en général, une température très-basse.

215. L'air subit dans les poumons une espèce de digestion; pour que celle-ci ait lieu il faut que ces derniers jouissent d'une santé parfaite. Les poissons qui n'ont que des branchies respirent l'air qui se trouve en dissolution dans l'eau.

Observations
faites sur
les poissons.

216. J'ai eu occasion de faire une série d'expériences sur des petits goujons et une jeune carpe du poids de 60 grammes environ, que j'avais placés dans l'eau d'un vase transparent. A mesure que ce liquide leur cédait l'oxigène de l'air qu'il tient en dissolution et que ce gaz vivifiant manquait à leurs organes pulmonaires, l'on voyait ces petits poissons perdre leur vivacité, languir et tomber enfin dans un état d'asphyxie avant-coureur de la mort (210).

217. J'ai pu rappeler nombre de fois ces aquatiles à la vie, pendant qu'ils étaient plongés dans cet état de mort apparente, en ayant le soin de renouveler l'eau au fond de laquelle je les trouvais immobiles. Dans cette série d'expériences j'ai pu

m'assurer que les plus petits étaient toujours les premiers à mourir, lorsque je tardais trop longtemps à venir à leur secours. C'est ainsi que les plus grands ont succombé les derniers, et que la carpe a survécu à tous les autres.

218. Les nerfs qui se distribuent aux poumons proviennent de la huitième paire cérébrale et du grand sympathique (22). Par suite de cette disposition anatomique, le cerveau paraît exercer une grande influence sur la respiration. D'après les expériences de Legallois, Dupuytren pensait que, par la section des nerfs pneumo-gastriques, les poumons perdent la faculté de se dilater; et, pour peu qu'ils se dilatent, le sang en sort aussi noir qu'il y est entré.

219. Pour vérifier cette assertion, j'ai mis à découvert les deux nerfs pneumo-gastriques d'un lapin de six semaines, à l'aide d'une incision longitudinale pratiquée à la partie antérieure du cou. J'ai enlevé ensuite, au moyen des ciseaux et au niveau du cartilage cricoïde, une partie des deux nerfs pneumo-gastriques, dans l'étendue d'un centimètre environ de chaque côté.

220. Aussitôt après cette double section, la respiration est devenue difficile, comme dans la pneumonie au second degré et dans la pleurésie avec épanchement. En appliquant l'oreille sur la poitrine, on aurait dit que l'air inspiré, après avoir parcouru les tuyaux bronchiques avec bruit, en

De l'action des nerfs pneumo-gastriques dans l'acte de la respiration.

6.

sortait de même, sans pénétrer nullement dans les vésicules aériennes des poumons.

221. Ce lapin avait perdu, à la suite de cette opération, la faculté de crier. Toutefois, pendant ses laborieuses inspirations, il faisait encore entendre un son rauque et grave que l'on percevait à une certaine distance, et que l'oreille appliquée sur la poitrine percevait distinctement, comme s'il lui avait été transmis, à travers les tubes aériens, à l'aide d'un porte-voix.

222. A l'autopsie j'ai trouvé un épanchement sanguin occupant la presque totalité du poumon gauche. Le poumon droit présentait moins d'altération, et il y avait un peu d'écume sanguinolente dans la trachée-artère. Ce jeune lapin est mort sept heures après l'opération. Ses inspirations pendant cet intervalle étaient longues et laborieuses, tandis que les expirations qui les suivaient étaient brusques et courtes.

223. Voulant répéter cette expérience sur un lapereau du même âge, je me suis contenté chez ce dernier de lier avec un fil assez gros les deux nerfs dont il est ici question. La poitrine avant l'opération était assez sonore, la respiration peu sensible, et l'état général n'annonçait pas une énergique santé.

224. Après la ligature du nerf pneumo-gastrique droit, le petit quadrupède a pu encore pousser des cris, quoique moins intenses que ceux qu'il poussait avant. La respiration est devenue, en même temps, bruyante et gênée de ce côté. Après la ligature du nerf opposé, l'animal a perdu la faculté de pousser des cris, et la respiration, devenue crépitante, s'est accompagnée de souffle tubaire dans l'un et l'autre poumon.

225. La respiration devenant, à chaque seconde, de plus en plus difficile, et le bruit vésiculaire crépitant faisant place sur tous le points des poumons au souffle bronchique; ne voulant pas, d'ailleurs, faire périr de nouveau et sans nécessité une créature sensible, je me suis empressé de couper avec soin et délicatesse la dernière ligature; aussitôt après, le petit lapin a pu pousser des cris, quoique l'action constrictive du fil eût divisé en deux parties bien distinctes la substance nerveuse, et que les deux bouts de cette substance, éloignés l'un de l'autre de 5 millimètres environ, ne fussent maintenus en rapport que par le névrilemme ou membrane qui l'enveloppe.

226. Dès ce moment aussi la respiration est devenue plus facile du côté gauche, et le jeune lapin a montré plus de vivacité. Le nerf droit ayant été délié, à son tour, à l'aide des mêmes précautions, la respiration a paru se dégager encore, et, au bout de deux heures, le petit opéré ne présentait que fort peu de traces de ses souffrances passées. Il se promenait, il sautillait et paraissait assez gai. Cependant l'oreille, appliquée sur la poitrine, ne

permettait pas encore de porter un pronostic aussi rassurant que l'extérieur du jeune animal semblait l'annoncer.

227. Je dois noter, en passant, qu'après l'opération pratiquée sur le premier lapin, toutes les inspirations ont été accompagnées d'une dilatation très-considérable des narines; ce phénomène s'est reproduit sur le second, surtout pendant que ses deux nerfs étaient liés, quoiqu'il n'ait pas été aussi remarquable. Le premier lapin a survécu 7 heures, ai-je dit, à l'opération, et le second 14 heures environ. Ils sont morts asphyxiés tous les deux, et j'ai observé que, soit après la section, soit après la ligature des nerfs pneumo-gastriques, les tissus, mis à nu par l'incision, ont pris une teinte bleuâtre qui a remplacé définitivement la belle couleur rosée primitive.

228. Le poumon gauche du petit lapin, soumis en dernier lieu à l'expérimentation, a présenté une infiltration sanguine en tout semblable à celle observée sur le premier lapin opéré (**222**). Le poumon droit n'était développé que dans sa moitié supérieure; il présentait un état d'emphysème général et des traces d'adhérences anciennes avec les côtes.

229. De ces différents faits on peut conclure que le cerveau exerce une énorme influence sur le phénomène le plus important de la vie, l'oxigénation du sang. On peut également en déduire l'action que le moral exerce sur le physique, et la puis-

sance néfaste des passions tristes sur notre frêle
machine. Cette raison serait suffisante pour ban-
nir de la société humaine toutes les causes qui y
donnent lieu, si les mortels étaient tant soit peu
susceptibles de raisonner (Q).

230. L'on a évalué depuis longtemps la température normale de l'homme à 33°Réaumur. Cette
chaleur intérieure paraît être constante, et ne varie pas sensiblement avec les changements ordinaires de l'atmosphère. Mais afin qu'il en soit ainsi,
l'on conçoit qu'il doit y avoir, chez l'homme, plusieurs sources de calorique, pour contre-balancer
les causes de refroidissement auxquelles il se trouve exposé de la part des agents extérieurs. Ces
sources de calorique sont : 1° la respiration; 2° la
nutrition qui comprend la digestion et l'assimilation des aliments : fonctions pendant lesquelles il
se développe beaucoup de calorique à cause des
changements et des phénomènes chimiques qui
se passent dans l'économie.

231. En citant l'exemple des oiseaux et des
reptiles, en parlant de la caloricité du sang, nous
avons omis de dire que les premiers ont des poumons celluleux et le cœur doué de mouvements
accélérés, tandis que chez les reptiles, les poumons sont vésiculeux et les mouvements du cœur
très-lents. Aussi, le sang dans ce dernier cas est-il,
quoique rouge, à une température peu élevée; au
lieu que, dans le premier cas, il est rouge et chaud.

Des
sources
du calorique
chez
les animaux
et
les végétaux.

232. On voit, à cet égard, une véritable échelle thermométrique, dépendante presque entièrement de la conformation de l'organe respiratoire. Ainsi, après les animaux à sang rouge viennent les animaux à sang blanc, et enfin les plantes dont les organes de respiration sont les moins parfaits de tous. Aussi, ces dernières supportent-elles moins bien que les autres l'excessif froid. Ce qui tient évidemment à leur peu d'énergie vitale et respiratoire.

233. On ne peut s'approprier par la respiration qu'une certaine quantité d'oxigène, de même que par la digestion on ne peut s'approprier qu'une certaine quantité d'aliments. Ceci est un point capital et de première importance, attendu que la nature se trouve, pour ainsi dire, avoir fixé d'avance la part de chaque individu, et avoir fait tous les frais d'une sage et juste répartition des aliments solides, liquides ou gazeux qu'elle destine à toutes ses créatures, sans distinction ni de rang, ni d'âge, ni de sexe, ni de fortune.

234. C'est pourquoi, l'on ne conçoit pas comment, dans un pays civilisé, il peut se rencontrer des personnes qui mangent, à elles seules, pour vingt autres, et qui se fassent servir à dîner de quoi nourrir plus de cinquante individus; tandis qu'il est à côté d'elles un grand nombre de leurs semblables qui, sans se plaindre, se meurent de misère et de faim..... De même que je ne conçois pas da-

vantage comment M. P., par exemple, occupe à
lui seul, avec ses parcs et ses châteaux, mille fois
plus d'air et d'espace qu'il n'en faudrait pour loger
et nourrir commodément une population de cent
mille âmes....; tandis que mon ami H. couchait encore naguère avec sa femme dans une espèce de
soupente obscure, de 7 mètres cubes de capacité,
entre quatre murs humides, dans un lieu triste et
mal aéré, où l'homme était obligé de marcher
courbé avant l'âge, et d'abandonner sa station naturelle pour affecter celle des brutes, afin de se
conformer autant que possible à l'exiguïté de l'appartement que son maître, barbare autant qu'ignorant, lui avait assigné dans la capitale du monde
civilisé..... (n).

235. Nous considérons la digestion comme une
source de calorique, aussi bien que la respiration.
Mais l'action de la peau sur l'air, afin d'en absorber l'oxigène; le mouvement moléculaire de composition et de décomposition qui existe dans tous
nos organes, sont aussi des causes puissantes de
calorique.

236. Le mouvement moléculaire existe, en effet,
dans tous les tissus, c'est l'apanage de tous les organes; il se développe partout où il y a vie; semblable en cela à la nutrition, il lui est inhérent,
inséparable. La persistance, l'invariabilité de la
température interne chez l'homme trouve donc ici
une des diverses causes de son existence.

237. Indispensable, quant à ses effets, pour la conservation des individus, la chaleur animale semble plus forte chez les enfants que chez les adultes, à cause, sans doute, de l'énergie de leurs fonctions nutritives. Aussi, voyons-nous dans les phlegmasies, en général, le sang accourir avec une rapidité et une quantité anomale vers les parties qui en sont le siége, et la caloricité ainsi que la sensibilité en être singulièrement augmentées, au point de produire quelquefois des espèces de brûlures, comme dans l'érysipèle, des escarres, des gangrènes partielles, etc.

238. Les nerfs ne sont point indifférents à la chaleur; ils sont, au contraire, indispensables à sa conservation comme animateurs des vaisseaux sanguins. Indépendamment, en effet, du plexus cardiaque, formé par les branches du pneumogastrique et du grand sympathique, des ramifications de ce dernier accompagnent les vaisseaux artériels en serpentant à leur surface.

Des causes de refroidissement.

239. En liant l'artère crurale sur un lapin d'un an environ, je me suis assuré que, chez les animaux comme chez l'homme, la chaleur disparaît rapidement dans les membres dont on vient de lier le tronc artériel principal.

240. La transpiration cutanée est une cause puissante de refroidissement, l'habitude peut l'affaiblir jusqu'à un certain point, mais jamais en totalité. La transpiration pulmonaire est une cause

analogue, quoique moins énergique. Mais l'air frais
que nous respirons agit mécaniquement et exerce
une action réfrigérente, toute physique, par son
contact avec la muqueuse des poumons. Les courants d'air, surtout lorsque l'atmosphère est froide
et sèche, doivent être mis au premier rang parmi
les causes ordinaires de refroidissement dont je
viens de parler. L'eau froide, appliquée sur la
peau ou les muqueuses, agit de la même manière.

241. L'on ne saurait croire, combien le peu de
précautions que l'on prend pour se garantir contre les diverses causes de refroidissement, occasionne de maladies, surtout d'affections pulmonaires ou pleurales. Pour s'en convaincre, il suffit de
remonter à l'étiologie des affections morbides de
ce genre que l'on rencontre tous les jours et dans
toutes les saisons, mais plus particulièrement dans
le courant de l'automne et pendant le printemps.

242. On résiste, pour ainsi dire, naturellement
au froid, d'abord au moyen des exercices auxquels
on se livre volontiers en hiver, ensuite, par l'augmentation générale de l'activité de toutes les fonctions de l'économie, quand toutefois l'on est bien
nourri, convenablement logé et vêtu.

Des moyens de résister au froid, et de l'emploi de ce dernier dans les maladies.

243. Le froid a été employé comme tonique depuis Galien, mais il est certain que ce moyen ne
doit être mis en usage que lorsqu'on est parfaitement sûr d'obtenir ensuite une réaction suffisante
pour produire l'effet tonique désiré ; car autrement

l'effet du froid en général, et celui des bains, des
affusions, des irrigations, des douches et des lotions froides en particulier, ne peut servir qu'à affaiblir. C'est pourquoi il faut employer, chez les
sujets soumis à ce traitement, un régime fortifiant
tel que : les consommés, les soupes grasses, les
viandes rôties et grillées, les vins généreux, etc.,
afin de faciliter autant que possible d'heureuses
réactions dans tout l'organisme, et réveiller l'énergie des fonctions vitales.

244. J'ai eu occasion de mettre en usage et de
voir employer les affusions ou irrigations froides
dans les deux premières périodes du typhus. Toutes les fois que ce moyen thérapeutique était mal
administré, j'ai vu les malades tomber en peu de
jours dans un état de prostration effrayante à laquelle un grand nombre succombait; tandis que
toutes les fois qu'il était convenablement employé,
j'ai vu les malades passer rapidement de la plus
grande prostration à la meilleure santé. Une femme couchée, en 1837, au n° 8 de la salle Sainte-
Sophie, à l'Hôpital de la Pitié, et à laquelle le D^r
Gendrin m'avait chargé d'administrer moi-même
les affusions froides, me présenta surtout ce singulier phénomène.

De la
quantité
de sang qui
traverse
le cœur et les

245. L'on a évalué à 60 grammes environ la
quantité de sang qui passe du ventricule droit au
ventricule gauche, en traversant les poumons, dans
la durée moyenne d'une seconde ou à chaque

contraction ventriculaire. Ce qui fait 3,600 gram- poumons
mes par minute, 216,000 grammes par heure, et dans un temps donné.
5,184,000 grammes ou 5,184 kilogrammes par
jour. Ce chiffre *minima* étonne et effraie encore
l'imagination, lorsqu'on considère la faiblesse com-
parative des moyens que l'Auteur de toute chose
semble avoir mis en usage pour obtenir un si
grand résultat; je dis grand résultat, car si l'on
pousse plus loin le calcul, à cet égard, on trouve
que 1,892,160 kilogrammes de ce liquide traversent, tous les ans, les poumons et le cœur d'un
homme adulte!

246. Cela ne veut pas dire, certes, qu'il y ait à
la fois autant de sang dans les vaisseaux pulmonaires que dans tous ceux du reste du corps; mais
uniquement que ce fluide marche avec une vitesse
plus considérable dans les organes respiratoires :
phénomène qui peut tenir soit au voisinage du
cœur, soit au court trajet apparent que le sang a
à parcourir, soit enfin, à la disposition particulière,
à la structure organique et à la fonction spéciale
de ces organes, et plus sûrement encore à toutes
ces causes réunies.

247. La surface interne des organes de la res- De l'étendue
piration, d'où s'exhale la transpiration pulmonai- présumée de
re (213), est au moins aussi étendue, d'après Ri- la muqueuse
chèrand, que la surface cutanée, avec cette grande pulmonaire,
différence que les filets nerveux y sont presque à et de l'accès
découvert, et que les bouches béantes des cryptes qu'elle donne à l'absorption miasmatique.

muqueux et des vaisseaux absorbants permettent
aux miasmes délétères et pestilentiels, qui peuvent
se trouver accidentellement mêlés à l'air atmosphérique, d'être portés avec une rapidité aussi effrayante que dangereuse dans le torrent de la circulation.

248. Quoique l'on ignore comment ces miasmes
agissent sur notre économie, il n'en est pas moins
certain que l'absorption pulmonaire et cutanée est
une cause puissante de la rapidité avec laquelle
les maladies contagieuses, par infection, se pro-
pagent de famille à famille, d'homme à homme,
d'individu à individu, et des objets infectés aux
animaux qui respirent, par le moyen de l'atmosphère, au milieu de laquelle ils sont constamment
plongés (189).

249. La plupart des praticiens sont portés à
penser aujourd'hui, d'après l'examen d'un grand
nombre de faits, que les miasmes ou gaz délétères agissent sur nous à la manière des substances
toxiques, qui sont portées dans le torrent circulatoire par un moyen quelconque. Je partage entièrement cette opinion, et je possède déjà un certain nombre d'observations à l'appui.

250. Cela devrait faire sentir aux gens du monde
la nécessité de se soustraire autant que possible
aux foyers d'infection, et, à la police du royaume,
l'obligation consciencieuse de les détruire sans mi-

séricorde partout où il s'en rencontre, fût-ce à dix lieues des habitations.

251. Une partie de la chaleur produite par la respiration dans l'économie est, ainsi que je l'ai dit, immédiatement employée à réparer celle qui s'échappe par la muqueuse pulmonaire au moyen de la transpiration (240), qu'il ne faut pas confondre avec l'exsudation bronchique ou les crachats.

252. L'asphyxie peut être le résultat de plusieurs circonstances, mais elle dépend toujours du défaut d'oxigène dans le sang. On entend par asphyxie un état de mort apparente dans lequel on ne trouve plus ni pouls, ni respiration. L'asphyxie peut arriver par submersion; l'oxigène, dans ce cas, a tout-à fait manqué à la transformation du sang (187), et la mort arrive par le défaut total de cet agent gazeux atmosphérique. L'asphyxie a quelquefois lieu par l'action de gaz non respirables, qui agissent sur nous de deux manières différentes et selon leur nature : quand ils sont inertes, comme l'azote et l'acide carbonique, par exemple, l'asphyxie a lieu par défaut d'oxigène; quand, au contraire, ils sont délétères, comme les acides chlorhydrique et sulfydrique, l'on est asphyxié et par le défaut d'oxigène et par l'action corrosive que ces gaz exercent sur nos organes. Ces gaz non respirables, une fois introduits dans notre frêle économie, y exercent les plus grands ravages et y occa-

De l'asphyxie.

sionnent les plus graves désordres. C'est ici le cas de dire que le poison est d'autant plus actif qu'il se présente à nous dans un état de division plus parfaite.

Des caractères de l'asphyxie, et des diverses causes qui peuvent encore y donner lieu.

253. Comme nous l'avons déjà dit, l'asphyxie se reconnaît surtout au manque de pouls et à l'absence de la respiration (252). Il est facile d'être asphyxié par les aliments, lorsqu'on parle ou que l'on rit en les avalant. C'est de cette manière que mourut le grand Anacréon, asphyxié par un grain de raisin. Le célèbre poète Gilbert mourut également en voulant avaler la petite clef qui renfermait ses écrits. D'après ce qui précède (252) l'on conçoit très-bien, en effet, que la mort réelle survienne définitivement lorsque les causes de l'asphyxie agissent pendant trop longtemps sur nous. Les enfants viennent quelquefois au monde asphyxiés ou dans un état de mort apparente (s).

254. Les condamnés à mort, par strangulation, périssent aussi asphyxiés. Un Français au service de l'Autriche sauva, dit-on, un soldat de la mort en lui pratiquant une ouverture au-dessous du larynx avant qu'il fût conduit au lieu du supplice. Cette opération, qui porte aujourd'hui le nom de *trachéotomie*, est souvent pratiquée dans le cas de laryngite pseudo-membraneuse, de croup, etc.

De certains phénomènes de la respiration.

255. On remarque dans l'acte de la respiration plusieurs phénomènes qui, malgré leur fréquence, ne laissent pas que de surprendre; tels sont le

soupir, les pleurs, le bâillement, l'éternument, la toux, etc. Or, le soupir paraît être une longue inspiration, suivie d'une expiration subite, et par son moyen il semble que le sang, amassé dans les cavités droites du cœur, peut passer dans les poumons; les pleurs consistent dans une expiration entrecoupée; le bâillement, s'effectuant par un mécanisme sensible, sert à réveiller la force affaiblie des muscles inspirateurs; l'éternument est une forte et violente expiration, pendant laquelle les muscles de la poitrine et du diaphragme se contractent spasmodiquement, ce phénomène semble occasionné par une titillation de la muqueuse pituitaire qu'il débarrasse des mucosités accumulées à sa surface; la toux est une expiration analogue, mais plus fréquente et plus courte : la première expiration, en effet, balaye les mucosités qui obstruent les sinus frontaux et les fosses nasales, tandis que la seconde chasse celles qui siègent sur la muqueuse bronchique; le rire est une suite d'expirations et d'inspirations courtes, ce phénomène me semble assez analogue, chez certaines personnes, à ce qui se passe dans les pleurs, avec cette différence que le premier exprime ordinairement la gaîté, tandis que les derniers sont le signe de la tristesse : ceci est d'autant plus frappant qu'il n'est pas rare de trouver des sujets anémiques qui passent avec une facilité surprenante des pleurs les plus bruyants à la plus folle joie; dans le hoquet.

enfin, l'air inspiré avec beaucoup de difficulté par le resserrement de la glotte est précipitamment chassé au dehors, et, en frottant les parois du larynx, il occasionne le bruit particulier que l'on désigne ainsi.

CHAPITRE V.

DE LA NUTRITION.

256. L'on désigne ainsi la fonction par le moyen de laquelle chaque partie vivante de notre corps, quelque minime qu'on la suppose, reçoit du sang artériel, et s'assimile les matériaux nécessaires soit à son accroissement, soit à sa réparation et à son entretien. Il s'opère, en effet, à chaque instant, en nous une véritable transmutation des aliments, que nous prenons en notre propre substance, et de ce nombre me paraît être l'oxigène de l'air que nous respirons (209).

De la nutrition en général.

257. La nutrition donne lieu non-seulement à des produits nouveaux, au moyen des organes sécréteurs, mais elle semble aussi, chez l'homme, faire prédominer l'azote au carbone et à l'hydrogène que l'on trouve très-abondamment dans les végétaux.

258. Le sang artériel est, comme je viens de le dire (256), le véhicule des matériaux réparateurs

nécessaires à la vie et aux fonctions de chaque organe, de chaque molécule organique. C'est pourquoi il est indispensable, avant de passer outre, de faire connaissance avec ce mystérieux liquide.

Du sang et de sa composition. 259. Source de tous les solides, comme de toutes les humeurs sécrétées, qui n'y existent cependant qu'à l'état de principes ou d'éléments, le sang présente les propriétés physiques dont je vais successivement parler : la couleur en est rouge dans tous les animaux à sang chaud, y compris les poissons et les reptiles à sang rouge et *froid*, anomalie qui, comme nous l'avons fait remarquer (231), paraît dépendre autant de leur système circulatoire que de leurs organes respiratoires (232).

260. La caloricité du sang varie aussi selon l'état de santé ou de maladie : la coloration de ce fluide est ordinairement en rapport direct de son odeur, de sa saveur et de sa viscosité. Dans ces derniers temps, un homme fort estimable, Barruel, ancien préparateur à l'école de médecine de Paris, avança qu'il pouvait distinguer, à l'aide de l'odorat, le sang de l'homme de celui des animaux. Cette théorie qui n'a rien de surprenant en général, pour tous ceux qui ont pratiqué des vivisections, ne pourra jamais être appliquée d'une manière absolue par la médecine légale, ansi que certains praticiens l'avaient pensé; car, bien qu'elle s'appuie sur le *bouquet* du sang, elle n'a rien de fixe : ce *bouquet* varie, en effet, avec les espèces animales,

et probablement aussi chez un même sujet, sous l'influence des modificateurs hygiéniques au milieu desquels celui-ci vit, au moment où on l'observe.

261. La couleur du sang paraît tenir à un grand nombre de globules sphériques qui roulent et nagent dans un véhicule aqueux très-fluide. Lorsque le sang pâlit le nombre de ces corps microscopiques, si extraordinaires et si singuliers, diminue. Dans les *pâles-couleurs*, en effet, M. Andral a vu leur nombre descendre à 38, la moyenne ordinaire de leur chiffre étant de 127 pour 1000 parties de sang. Les globules du sang semblent, pour ainsi dire, se dissoudre et disparaître dans les différentes cachexies qui peuvent affecter notre économie.

262. Le volume et la figure des globules du sang n'ont pas encore pu être déterminés d'une manière bien mathématique par les micrographes. Cependant, malgré les divergences des observateurs, on s'accorde assez généralement à les regarder comme ayant une forme circulaire et aplatie chez l'homme. M. Raspail a trouvé que leur diamètre varie entre $\frac{1}{100}$ et $\frac{1}{200}$ de millimètre dans notre espèce et chez les mammifères, en général.

263. Les globules du sang dont il est ici question paraissent solides et formés de deux parties distinctes : l'une centrale transparente, et l'autre superficielle rouge. La première paraît formée d'albumine et la seconde de fibrine ; c'est cette dernière

7.

qui sert de membrane d'enveloppe au noyau diaphane des globules, et c'est dans ses mailles fibreuses que semble être logée la matière colorante
désignée aussi sous le nom d'*hématosine*, et généralement attribuée à l'action du fer sur le sang.

264. Le sang qu'on recueille dans un vase laisse
exhaler, pendant qu'il est encore chaud, une vapeur aqueuse odorante que les anciens regardaient
comme la partie vitale de ce fluide (260). L'odeur
du sang est plus ou moins prononcée, suivant qu'il
appartient au système veineux ou au système artériel, suivant le genre d'aliments, l'état de propreté et la ventilation au milieu de laquelle l'animal a vécu.

265. Livré au repos, le sang de l'homme se divise en deux parties bien distinctes : l'une aqueuse
et l'autre solide. La partie aqueuse, plus ou moins
abondante, affecte assez bien la couleur de l'huile
d'olive. Pesante et salée, elle porte le nom de *sérum du sang*. Composée d'eau, d'albumine, de gélatine, de phosphate, de muriate de soude et de
chaux, cette partie aqueuse du sang, quoique analogue au blanc d'œuf lorsqu'on l'expose à la chaleur, en diffère cependant par la gélatine qu'elle
contient, qui n'est point coagulable, précisément
ni par la chaleur, ni par l'alcool, ni par les acides.

266. L'albumine, qui entre, comme je viens de
l'exposer (265), dans la composition de la partie
séreuse du sang, ne se coagule pas dans l'état or-

dinaire de santé : ce qui tient autant à la température trop basse de l'économie animale qu'au
mouvement rapide dont jouit le fluide sanguin,
mais plus particulièrement encore aux sels de
potasse, de soude, et d'ammoniaque qui peuvent
lui servir de menstrue.

267. Au milieu du *sérum* du sang que l'on a
extrait depuis quelque temps d'une veine, flotte un
gâteau rouge désigné sous le nom de *caillot;* c'est
ce qui constitue la seconde partie du fluide animal
important dont je parle. L'on peut séparer ce caillot, au moyen de lavages réitérés, en deux parties
essentielles assez distinctes : ce sont la matière colorante et la fibrine.

268. La coloration du sang paraît due soit au
phosphate de fer, soit à une combinaison de ce
dernier métal, qui n'est pas encore assez détermi-
née.... La coloration du sang paraît être en rapport
avec sa plasticité. Dans les maladies ataxiques et
dans l'hydropisie le sang est pauvre en fibrine, au
lieu que dans les fièvres inflammatoires il est rouge et plastique, au point qu'une partie de l'albumine elle-même semble se coaguler, et l'on voit
ordinairement une couenne très-épaisse se former
au-dessus du caillot. Il resulte, en effet, des travaux de M. Andral, que la quantité de la fibrine est
considérablement augmentée dans les phlegmasies
aiguës. Il a observé que la quantité de cette substance, dont la moyenne est de $^5/_{1000}$ ou 3 parties

de fibrine pour 1000 de sang, oscille dans le rhumatisme articulaire, la pleurésie, la péritonite, la bronchite, la pneumonie, etc., entre 7 et 8. M. Raspail pense également que l'augmentation de la fibrine du sang peut avoir lieu par la coagulation d'une partie de son albumine. Cette opinion s'accorde trop avec les faits pour être mise en doute.

269. Le savant dont je viens de parler pense que l'action des acides suffit pour produire cette augmentation de fibrine en saturant l'excès d'alcali qui, suivant lui, sert de menstrue à l'albumine. Or, si l'on aimait à bâtir des théories, l'on pourrait dire que le phénomène dont il est ici question semble avoir lieu précisément toutes les fois que la peau, ordinairement par l'action du changement brusque de température auquel l'homme l'expose, cesse subitement de remplir ses importantes fonctions. L'on voit, en effet, dans ces circonstances une foule de maladies aiguës, de la nature de celle dont j'ai parlé (268), affecter les imprudents qui se sont ainsi joués des lois naturelles qui président à l'harmonie physique de leur être.

270. Le peuple attribue, peut-être avec beaucoup de sagesse, ces différentes affections à des *sueurs rentrées*. Il est vrai aussi que la plupart d'entre elles ne se résolvent heureusement que par des sueurs abondantes; et enfin, j'en ai peu vu qui ne dussent leur origine à l'action du froid sur la peau et, dans tous les cas, à la suppression de la fonction

cutanée. Eh bien! nous savons, d'une manière po-
sitive, qu'une des fonctions les plus importantes de
la peau c'est de dépouiller le sang d'une partie de
ses principes, et que ce dépouillement se fait par
une exhalation cutanée tantôt insensible, tantôt
donnant lieu à l'accumulation, à la surface de l'é-
piderme, d'un grand nombre de gouttelettes liquides dont la nature est évidemment acide, ainsi
qu'il est facile de s'en assurer, et comme je m'en
suis convaincu par l'expérience.

271. Ceci me conduit naturellement à parler des
altérations que le sang peut subir. Non-seulement,
en effet, ce fluide indispensable à l'existence de
l'homme peut s'altérer par son mélange avec les
humeurs sécrétées de mauvaise nature, mais aussi
par les désordres survenus dans les organes sécréteurs et les solides de l'économie, en général.
Non-seulement le sang peut être altéré par son
mélange avec des miasmes délétères, mais aussi
par l'absorption du pus et des virus contagieux.
C'est probablement ainsi que se transmettent, par
le contact, les maladies contagieuses par excellence, telles que la syphilis, la vaccine, etc.

272. C'est, enfin, par une altération véritable du
sang que la mauvaise nourriture finit par produire
sur tous les organes une influence si fâcheuse,
qu'elle s'étend jusqu'au moral. L'action des aliments sur les passions avait été appréciée par Pythagore. Ce philosophe pensait qu'une diète pu-

Des
altérations
du sang.

rement végétale porte dans le sang un principe
doux, qui, en excitant modérément toutes les
parties, rend plus facile l'observation de toutes
les vertus par la tempérance, qui en est la véritable source.

273. On peut avoir exagéré ce grand principe,
mais il est certain que les animaux qui se nourrissent exclusivement de substances animales sont
les plus féroces de tous, tandis que le contraire a
lieu pour les animaux qui se nourrissent de végétaux. En supposant que l'on veuille attribuer ce
contraste à l'impulsion purement organique de ces
êtres, il n'en restera pas moins vrai que l'homme
est plus ou moins continent, par exemple, suivant
l'usage qu'il fait de telle ou de telle autre substance alimentaire.

274. La plasticité du sang et sa concrescibilité
diminuent considérablement dans les fièvres as-
théniques ou par débilité, telles que les fièvres
putrides, les fièvres des marais, le scorbut, etc.
Le professeur Andral a constaté que la quantité de
fibrine du sang descend, dans le typhus, jusqu'au
dessous d'$\frac{1}{1000}$, et il l'a vue ne pas dépasser $\frac{2}{1000}$
dans les fièvres éruptives. Ces faits viennent con-
firmer les données physiologiques et l'observation
journalière des praticiens.

275. Le relâchement des tissus, la prostration,
l'abattement, ainsi que les taches scorbutiques,
les pétéchies, etc., tiennent peut-être uniquement

aux modifications que le sang a subies sous l'influence de certains agents pernicieux. Cependant il
faut convenir que les humoristes ont été aussi loin
que les solidistes, lorsqu'ils ont prétendu que tout
état morbide dépendait primitivement de la vicia-
tion des humeurs. Car il paraît probable que, s'il
y a des maladies résultant de l'altération des liquides de notre organisme, il y en a aussi qui peuvent
provenir de la lésion des solides.

276. Quoi qu'il en soit de cette hypothèse,
toujours est-il que le sang, malgré les altérations
incontestables qu'il peut subir, est le liquide le
moins corruptible de l'économie animale : soit parce qu'il se retrempe sans cesse dans l'atmosphère,
soit parce que le chyle lui apporte constamment
des matériaux nouveaux, soit enfin, parce que,
par une prévoyance admirable du Créateur, ce liquide vivifiant se dépouille sans cesse des matériaux étrangers qui seraient propres à l'altérer, en
traversant les divers organes sécréteurs et les différents tissus organiques qui semblent agir sur
lui comme autant de cribles et de filtres clarifica-
teurs. C'est là certainement un des phénomènes
les plus admirables de l'économie humaine.

277. C'est en envisageant les choses ainsi, que
l'on conçoit comment le sang peut être destiné par
la nature non-seulement à réparer les pertes éprouvées à chaque moment par les solides, mais même
à les désinfecter, à les débarrasser, à son tour, de

toutes les substances étrangères, de toutes les impuretés qui pourraient les altérer. C'est en raisonnant d'après ce point de vue que l'on peut regarder les évacuations sanguines comme nuisibles dans beaucoup de circonstances.

De la
transfusion
du sang.

278. Mais le sang possède encore d'autres avantages précieux dans les affections anémiques. L'observation journalière de nos devanciers les conduisit à l'employer comme agent thérapeutique. Au milieu des disputes interminables que fit naître la découverte de la circulation du sang, quelques médecins conçurent l'idée de renouveler la masse des humeurs en renouvelant la masse de ce liquide par l'injection d'un sang nouveau dans le système veineux (T).

279. Richard Lower fit, le premier, en 1665, des expériences à ce sujet sur les chiens; deux ans après, les mêmes expériences furent tentées à Paris sur l'homme, et il fallut à l'*Académie des sciences* toute l'éloquence de Perrault pour arrêter, dans son essor, l'espèce d'engouement et de fureur qui s'étaient emparés des esprits pour ce nouveau genre de doctrine médicale, et pour ce moyen de prolonger la vie.

280. Cependant l'on n'a point renoncé tout-à-fait, depuis, à cette médication, quoique elle soit très-rarement employée de nos jours. Un des cas les plus remarquables de ce genre qui soient venus à ma connaissance, est celui d'une femme

qui, à la suite d'un troisième accouchement, fut jetée dans un état de faiblesse mortelle par des hémorrhagies abondantes. Le Dr Schneemann, de Hanovre, après avoir employé inutilement tous les autres moyens pour rappeler cette infortunée à la vie, prit le parti de lui injecter huit onces de sang environ, qu'il tira à cet effet du bras de son mari. La vie de la malade fut conservée à ce prix. Cette observation se trouve consignée, à la fois, et dans le *London med. gaz.* (mai 1833) et dans la *Gazette méd. de Paris* de la même année, p. 465.

281. Le sang renferme, ainsi que je l'ai dit (259), tous les éléments des liquides de l'économie humaine ; il renferme également tous les principes des solides et d'une foule de gaz qui font partie de notre organisation. A l'analyse on trouve qu'il est composé, en effet, des substances ci-après : oxigène, azote, acide carbonique, fer; hydrochlorate de soude, de potasse, d'ammoniaque; sulfate de potasse; sous-carbonate de soude, de chaux, de magnésie; phosphate de chaux, de magnésie, de soude; lactate de soude; savon à base de soude et à acides gras fixes; sel à acide gras, volatil, odorant; matière grasse phosphorée, analogue à celle du cerveau; cholestérine; séroline; fibrine, albumine; matière colorante jaune et rouge; matière colorante extractive et eau. Tel paraît être, au moins, le résultat auquel est parvenu, par ses patientes recherches, M. Lecanu en 1838.

282. Si l'on voulait actuellement pousser plus loin l'analyse et décomposer les substances mêmes que ce savant chimiste a trouvées dans le liquide qui nous occupe, nous y trouverions en outre le plus grand nombre des corps simples dont le globe se compose, tels que : l'hydrogène, le carbone, le soufre, le phosphore, le calcium, le magnesium, le potassium, le sodium, le chlore, etc. Enfin, il serait possible que l'on y trouvât des traces d'une foule d'autres corps élémentaires, tels que : l'iode par exemple, comme je l'ai vu à l'Hôpital Saint-Louis, dans le service de M. Devergie, sur le sang d'un scrophuleux soumis au traitement par l'iodure de potassium ; il ne serait pas impossible, dis-je, que l'on y trouvât de même de l'arsénic, puisque M. Couërbe paraît en avoir trouvé dans les os humains : on peut en dire autant d'un certain nombre d'autres corps simples qui peuvent y exister, sinon d'une manière ordinaire, du moins accidentelle.

283. Rien, selon moi, n'est plus propre à prouver notre origine, et notre parenté avec la terre que nous foulons si dédaigneusement sous nos pieds, que l'analyse de notre sang qui est la liqueur la plus noble et, après tout, la plus importante de notre organisme. D'après l'analyse qui précède (281), l'on conçoit facilement comment ce fluide peut sécréter, par manière de dire, non-seulement les gaz et les humeurs, mais bien aussi

les éléments des organes eux-mêmes qui entrent
dans la composition de notre corps, comme : les
tissus celluleux, cartilagineux, fibreux, osseux,
musculaire, glanduleux, nerveux, etc.

284. D'après ce rapide aperçu l'on peut comprendre comment la fonction de la nutrition ou
d'assimilation préside à la transformation du sang
en substance cérébrale, osseuse, celluleuse, etc.;
de même que la digestion (26) préside à la transformation des aliments en chyle, et la respiration
à la transformation du chyle en sang artériel (187).
Ce cercle si admirable des fonctions principales de
la vie animale nous laisse apercevoir un point du
mystère par lequel la nature transforme les substances, en apparence les plus inertes, en matières
si ténues, si molles et si flexibles qu'elles peuvent
se plier à tous les besoins de l'économie vivante.
Cela nous prouve enfin, comment, par une puissance toute divine, « le Créateur peut faire naître,
» des pierres mêmes, des enfants à Abraham, »
suivant la parole du Christ !

285. C'est ici certainement un des phénomènes
les plus admirables du monde physique, et quand
on y joint les phénomènes dont l'organisme, ainsi
produit, est le théâtre sous l'influence des agents
extérieurs, l'on ne peut pas se défendre d'éprouver la plus vive surprise ! Car le cerveau est, comme nous le verrons, l'organe des idées; les systèmes osseux, fibreux et musculaire constituent,

d'un autre côté, la véritable machine locomotive à l'aide de laquelle nous nous agitons tant ici-bas, afin d'imprimer à la surface du globe quelques traces fugitives de notre courte existence.

286. Mais hélas! nous sommes nous-mêmes, en partie, les enfants de ce même globe que nous voudrions tant modifier, car, c'est évidemment dans ses flancs que notre sang puise pour nous nourrir les phosphates de chaux et de magnésie, le fer, le sulfate de potasse, l'hydrochlorate de soude, etc., qui nous sont nécessaires, à l'aide de l'action assimilatrice des animaux et des végétaux (v).

Des conditions d'une bonne nutrition.

287. Pour que la nutrition soit parfaite il faut, de toute nécessité, que les liquides et les solides de l'économie soient dans un état parfait d'intégrité. Il faut, en outre, que les agents physiques qui concourent à leur production, tels que l'air, la lumière, les aliments, l'exercice, le repos, les habillements, l'habitation, etc., soient en tout conformes à nos besoins.

288. Notre intelligence seule peut nous servir de mesure et de guide à ce sujet, et c'est ici le cas de répéter que dans les choses en apparence les plus simples et de première nécessité, l'homme a encore besoin de l'éducation maternelle et de l'instruction que donne l'expérience : là où l'instinct suffit à tous les animaux, le besoin de l'éducation et de l'instruction pour l'homme commence.

289. Ce que l'on vient de lire doit faire sentir à toute créature raisonnable l'importance de l'hygiène appliquée à l'éducation et à l'instruction intellectuelle de l'homme. Sans cette sage application, je ne conçois pas, en effet, que l'on puisse jamais atteindre le but désirable : la moralité, la santé et le bonheur du genre humain.

290. La nutrition peut languir effectivement par le mauvais état du sang, ce qui est le résultat tantôt de l'excès de travail, tantôt de l'extrême mollesse, quelquefois de la mauvaise nourriture, des chagrins, du mauvais état du tube digestif, d'autrefois enfin du défaut d'air, de soleil, etc.

291. Mais la nutrition peut languir aussi par l'effet de lésions organiques siégeant sur des organes de moindre importance, ou par suite de l'action de virus introduits dans l'économie. C'est d'après ces diverses causes que nous voyons les *mineurs* être affectés d'anémie; la chlorose, sévir sur les jeunes filles récluses et les femmes, en général, qui ont été en butte, de bonne heure, aux épreuves de l'adversité. C'est ainsi que la maigreur est le cachet ordinaire de la syphilis constitutionnelle; que la cachexie accompagne le scorbut, les scrophules, etc.

292. D'où il résulte que pour jouir d'une nutrition normale dont dépendent la vie et la santé, il faut que l'homme se conforme, pendant toute la durée de son existence, aux lois immuables de l'hy-

giène, qu'il ne saurait trop étudier dans son intérêt et dans l'intérêt de sa race.

293. C'est, en effet, à l'ignorance la plus complète des premiers éléments de l'hygiène que j'attribue, chaque jour, les maux sans nombre et déchirants que je rencontre déjà sur les premiers degrés de ma route médicale.

CHAPITRE VI.

DES SÉCRÉTIONS.

294. L'on peut diviser les sécrétions en fonc- Des diverses
tionnelles, et en accidentelles. Par les premières sécrétions.
j'entends les fonctions qui, à l'aide d'un ou de plusieurs appareils d'organes, extraient du sang une
liqueur qui n'y existait point auparavant en nature
et avec toutes ses propriétés caractéristiques, mais
bien à l'état élémentaire, comme le lait, la bile,
l'urine, etc.

295. La différence des liqueurs ainsi sécrétées
tient évidemment aux différences organiques des
appareils qui sont chargés de leur sécrétion. Toutes les surfaces, tant internes qu'externes, semblent
être le siége de diverses sécrétions. Ainsi : les sy-
noviales, les plèvres, le péritoine, et, en général,
toutes les séreuses sécrètent une humeur onctueu-
se qui ne serait autre chose, pour certains physiologistes, que le sérum du sang plus ou moins altéré par l'action d'un appareil peu compliqué, et

8

qui n'en différerait que par la quantité variable de
l'albumine et des différents sels.

296. Le docteur Babington ne partage pas complètement cette opinion. « Il est douteux, dit-il à
ce sujet, que les membranes dites séreuses aient
la propriété, dans l'état sain, de sécréter de la
sérosité, c'est-à-dire, un fluide contenant essentiellement de l'albumine, et qu'il s'y forme autre
chose qu'un *halitus*, une vapeur aqueuse... » (*Med.
trans.* T. xvi).

297. Les cryptes, les follicules glanduleux, les
lacunes muqueuses, sécrètent une liqueur plus
épaisse et visqueuse à la surface des muqueuses
digestives, respiratoires et urinaires. Ces follicules
forment, par leur agglomération, les amygdales
situées entre les piliers du voile du palais. Le fond
des glandules utriculaires dont il est ici question,
est tourné du côté où les membranes muqueuses
sont adhérentes; tandis que leur orifice ou goulot
s'ouvre, au contraire, à la surface libre de ces
membranes dans l'épaisseur desquelles elles sont
logées.

298. Ces glandules ou cryptes sont formées par
une membrane celluloso-vasculaire qui en constitue les parois, et qui sécrète le mucus que ces
glandes vomissent toutes les fois qu'elles sont convenablement stimulées : par l'action de l'air, si elles appartiennent aux voies aériennes; par celle
des aliments, si elles appartiennent aux voies di-

gestives, etc. Cette sécrétion fonctionnelle augmente ou diminue suivant le degré de stimulus. C'est ce qui explique sa suspension, dans la période aiguë des maladies des membranes dont les cryptes muqueux occupent l'épaisseur, comme on l'observe dans la bronchite, la pneumonie, le typhus, etc.

299. Mais les liquides très-différents du sang, tels que : la salive, la bile, etc., exigent pour leur sécrétion des organes d'une structure autrement compliquée que celle des follicules dont on vient de parler. On appelle les premiers *glandes conglomérées*, pour les distinguer des *glandes conglobées* qui appartiennent aux vaisseaux lymphatiques (122). Les glandes conglomérées sont des masses viscérales, formées de paquets de vaisseaux et de nerfs réunis par du tissu cellulaire et recouvertes par une membrane particulière ou commune de nature fibreuse, telles que : le foie, les reins, etc.

300. La manière dont les vaisseaux et les nerfs se comportent dans les glandes, leur arrangement, la manière dont les vaisseaux lymphatiques y prennent leur origine, ont été des motifs d'interminables discussions. La disposition respective des parties similaires des glandes est différente pour chacune d'elles, ce qui explique, jusqu'à un certain point, la différence de leurs produits et de leurs usages. La disposition dont il est ici ques-

tion est extrêmement remarquable par la diversité
d'arrangement qu'affectent les parties similaires
des divers organes sécréteurs, quand on examine
ces parties au microscope, ainsi que j'ai eu occasion de le faire en 1840, au cours de M. de Blain-
ville, au Jardin des plantes.

301. Il paraît évident, en effet, que la forme
organique joue un grand rôle dans toutes les sécrétions fonctionnelles, en général. Et, quand on
examine attentivement ce qui se passe dans l'économie humaine, l'on est forcé d'accorder à la forme des parties organiques une importance au
moins aussi large qu'aux principes élémentaires
de l'organisme eux-mêmes.

302. L'on pense que la différence de consistance, de couleur, de volume, des organes sécréteurs
tient à la quantité et à l'arrangement des vaisseaux
et des nerfs qui entrent dans leur composition. Les
organes de sécrétion fonctionnelle sont munis, en
outre, de canaux ou de conduits excréteurs chargés du transport des produits de leurs sécrétions.

303. Ces conduits excréteurs ne sont pas en
rapport, comme le pensait Ruisch, avec les artères; ils n'en sont pas non plus séparés par des
glandes, comme le pensait Malpighi : mais ils sont
en rapport avec des cryptes ou vésicules utriculaires analogues à celles dont je viens de parler, et
dont la cavité est destinée à recevoir l'exhalation
des artères qui tapissent leurs parois, d'où par-

tent en même temps des vaisseaux absorbants, destinés à emporter les fluides qui n'ont pu être élaborés.

304. L'on pourrait appliquer la dénomination de *sécrétions fonctionnelles* aux principales fonctions de la vie animale, en envisageant les sécrétions d'une manière générale, comme j'ai eu occasion de le faire entendre en parlant de la nutrition qui les embrasse et les domine toutes, à la fois.

305. La peau est, à son tour, comme membrane d'enveloppe externe, le siége d'une sécrétion fonctionnelle importante, je veux parler de la transpiration cutanée. Celle-ci peut s'effectuer de deux manières différentes : en donnant lieu à un produit visible qui porte le nom de *sueur* et que tout le monde connaît; et en donnant lieu à une évaporation imperceptible qui ne tombe pas sous les sens. La première porte le nom de *transpiration sensible,* et la seconde est désignée sous celui de *transpiration insensible.* Dans un cas, le produit sécrété se condense sous forme liquide à la surface de la peau, et dans l'autre il s'exhale sous forme de vapeur sans se condenser : c'est ce qui en constitue la différence essentielle.

De la transpiration cutanée.

306. En hiver, quand il fait très-froid, la sécrétion de la peau s'effectue ordinairement d'une manière insensible; le contraire a lieu en été. Les poumons, la muqueuse intestinale, et surtout l'appareil urinaire, sont les véritables auxiliaires de la

transpiration cutanée, et *vice versâ*. Ce fait est de
la plus haute portée étiologique, car il explique
parfaitement la filiation des plus graves maladies
par la congestion fonctionnelle qui se produit nécessairement sur des organes de première importance.

307. C'est par la transpiration que l'économie se
débarrasse de l'excès de calorique, et c'est probablement pourquoi la chaleur est si incommode aux
personnes affectées de fièvre avec sécheresse de la
peau; c'est pourquoi aussi la température animale
augmente quand on se place dans une chambre
chaude et humide ; c'est pourquoi on supporte
enfin plus aisément la chaleur sèche que la chaleur humide : dans un cas, en effet, la transpiration est facile, et la déperdition du calorique, par
conséquent, abondante; tandis que, dans l'autre,
la transpiration est extrêmement difficile, et la perte de calorique presque nulle.

308. Outre la sueur, la peau sécrète une humeur
grasse qui paraît destinée à protéger les papilles
nerveuses du derme et cette membrane, si importante en général. Cette humeur garantit la peau
contre l'humidité, et elle facilite les frottements,
comme elle adoucit les chocs dont un ou plusieurs
de ses points peuvent devenir le siége.

309. On distingue trois sortes de sécrétions fonctionnelles : les *récrémentitielles*, les *excrémentitielles*, les *récrémenti-excrémentitielles*. Les produits

des premières restent dans le corps et sont employés à sa réparation : le chyle et le sang pourraient être considérés comme faisant partie de ce nombre. Les produits des secondes sont rejetés au dehors, et ne pourraient sans danger résider dans l'économie, comme : l'urine, la sueur, etc. Enfin, ceux des troisièmes sont en partie rejetés et en parties retenus, comme cela a lieu pour la salive, le suc pancréatique, la bile, etc.

310. Si l'on voulait même se piquer de beaucoup de rigueur et d'une scrupuleuse exactitude, tous les produits sécrétés pourraient être envisagés comme appartenant à la troisième classe des sécrétions fonctionnelles (309). En effet, l'on trouve dans le sang, comme dans l'urine, des substances assimilables et d'autres qui ne le sont point. Ce qui prouve que la nature, loin d'établir des divisions si tranchées, n'a consulté que la Sagesse créatrice pour savoir ce qu'elle doit conserver et ce qu'elle doit rejeter de l'économie animale.

311. Indépendamment de ces diverses sécrétions fonctionnelles on en distingue un autre groupe désigné sous le nom de *sécrétions accidentelles*. La plupart de ces dernières paraissent dépendre, en effet, d'un état morbide. Pour qu'une sécrétion de cette nature ait lieu, il faut d'abord qu'une irritation ou une inflammation locale existe. Il faut ensuite que cette inflammation détermine sur le sang une action consécutive, et enfin la sécrétion

Des sécrétions accidentelles.

d'une ou plusieurs des parties intégrantes qui le
constituent. C'est ce qui arrive trop souvent dans
les épanchements séreux des grandes cavités splan-
chniques, ainsi que chacun peut le vérifier à l'autopsie.

312. Quelques physiologistes considèrent la
graisse, comme appartenant à une sécrétion accidentelle. Quoi qu'il en soit de cette opinion, toujours est-il que cette matière grasse paraît résul-
ter de l'action qu'exerce sur le sang le tissu cellulaire, dans les cellules duquel elle s'accumule.
Elle sert ordinairement à donner aux formes plus
de rondeur et de moelleux. Elle enveloppe, en outre, avec le tissu cellulaire qui en est le récipient,
plusieurs parties du corps, telles que : les reins,
les vaisseaux sanguins, les nerfs, particulièrement
ceux qui serpentent sous la peau, etc.

313. La graisse paraît placée, en outre, par la
sagesse de la nature comme une nourriture en réserve dont l'animal pourra disposer toutes les fois
qu'il sera obligé de se passer d'aliments. C'est ce
qui arrive pour les animaux hibernants, et plus
souvent chez l'homme malade, obligé de vivre,
comme on dit, de sa propre substance.

314. La graisse sert, enfin, comme moyen de
protection pour un grand nombre de parties : les
articulations, les expansions nerveuses, etc. Une
circulation modérée paraît faciliter cette sécrétion.
L'état sédentaire, au moins, y est très-favorable.

Cependant il faut bien remarquer que quand le
système circulatoire languit, l'embonpoint que l'on
remarque n'est guère que bouffissure, car alors
il ne se forme qu'une graisse gélatineuse analogue à celle que sécrète la membrane médullaire
qui tapisse l'intérieur des os, tandis que lorsque
l'énergie du cœur est trop grande il y a maigreur
assez prononcée.

315. C'est évidemment ce qui explique pourquoi
les personnes, en apparence très-grasses, résistent
si peu à la diète et à l'action des causes morbides;
tandis que les sujets maigres y résistent plus longtemps.

CHAPITRE VII.

DE L'INNERVATION.

316. Une des fonctions les plus importantes de l'économie humaine est celle que l'on désigne sous le nom d'*innervation*. L'appareil nerveux comprend l'ensemble des organes, qui sous les titres divers de *centre céphalo-rachidien*, de *nerfs*, etc., servent d'instruments au jeu admirable autant qu'important de la fonction qui nous occupe. Sans elle, en effet, point de vie animale, point de vie morale, point de vie intellectuelle.

De l'innervation en général.

317. Si on lie les nerfs pneumo-gastriques à un chien, presque aussitôt toute vie de nutrition se ralentit et cesse, l'animal périt dans l'angoisse, parce que, par la ligature de ces nerfs, l'on a supprimé en grande partie l'influence de l'innervation sur le cœur, l'estomac et les poumons.

318. De même, si l'on coupe le nerf sciatique d'un lapin, par exemple, on voit immédiatement le membre opéré, frappé de paralysie, tomber sans mouvement. C'est que, dans ce cas-ci, l'innervation a manqué à la vie de relation, à la contractilité musculaire, comme eile avait manqué naguère à la vie de nutrition, c'est-à-dire, à l'action du cœur sur le sang, à l'action des poumons sur l'air atmosphérique, et à celle de l'estomac sur les aliments.

319. Aussi, doit-on regarder cette fonction comme appartenant aussi bien à la vie de nutrition qu'à la vie de relation; attendu que sans elle, nulle vie n'est possible, dans notre espèce au moins. C'est pourquoi nous voyons, d'un instant à l'autre, des sujets pleins de santé succomber à la commotion occasionnée par une chute, à celle occasionnée par la foudre, la frayeur, etc. C'est pourquoi nous voyons une foule de personnes être frappées mortellement d'apoplexie, d'autres tomber en paralysie et perdre la faculté soit d'avaler, soit de parler, soit de mouvoir l'une ou l'autre partie du corps, etc.

320. Il est encore bien difficile de définir l'innervation envisagée comme fonction. Cependant l'on est assez autorisé à penser, qu'elle consiste dans l'action qu'exerce sur tous nos organes, en général, un fluide particulier dont les nerfs sont les conducteurs, quel que soit d'ailleurs le nom dont on veuille le décorer.

Du fluide nerveux.

321. Ce fluide, que l'on a appelé, tour-à-tour, nerveux, magnétique, galvanique, électrique, etc., suivant la nature des idées des auteurs qui ont prétendu le baptiser; ce fluide, dis-je, porte réel-

lement le mouvement avec la vie dans toutes les
parties de notre organisme, et c'est là, selon moi,
une des plus belles merveilles que notre organisation présente. C'est pourquoi la vie de nutrition
périt lorsque l'arrivée de ce fluide est interrompue
dans un point quelconque de l'économie animale,
car, sans sa présence, il ne peut y avoir ni de transformation chimique, ni d'aggrégation physique.

322. Il joue dans l'économie le rôle d'un agent
organisateur, semblable, par exemple, à celui
qu'exerce la lumière solaire sur le monde physique, en général, semblable à celui qu'exercent les
pôles d'une pile dans une dissolution saline, etc. A
ce titre, il jouit probablement de la propriété d'imprimer la polarité nécessaire à toutes les molécules organiques qui, d'une manière ou d'autre, sont
admises dans notre organisme pour lui servir de
matériaux organisateurs.

323. Conducteurs de ce fluide mystérieux, les **Des nerfs.**
nerfs se présentent à l'œil de l'observateur sous
l'aspect de cordons blanchâtres, naissant de la base du cerveau, de la moelle allongée et épinière,
se répandant dans toutes les parties du corps et
leur distribuant par conséquent, avec la faculté de
sentir, la puissance de se mouvoir. Aussi, sont-ils
considérés comme transmettant, à la fois, le mouvement aux organes, et comme conduisant les sensations jusqu'au centre nerveux.

324. Naissant de toutes les parties sensibles par

des extrémités molles et pulpeuses , mais d'une
consistance et d'une forme qui ne sont pas partout
les mêmes et qui varient selon les circonstances,
les nerfs conducteurs des sensations se rendent
tous au centre céphalo-rachidien. C'est même, probablement, aux variétés de structure et de forme
que ces nerfs présentent, qu'on doit rapporter les
modifications de la sensibilité dans les differents
organes auxquels ils se distribuent. Il existe en
outre, dans les organes des sens, une relation parfaite entre la mollesse des extrémités nerveuses et
la nature des objets qui doivent faire impression
sur elles. La rétine, par exemple, destinée à recevoir les impressions des rayons lumineux, est
d'une mollesse presque liquide chez l'homme; le
toucher que la lumière exerce ne pouvant être
senti qu'autant que la partie sentante est susceptible d'être facilement ébranlée.

325. La portion molle de la septième paire, dépouillée de toute enveloppe solide, et réduite à sa
pulpe médullaire, partage avec la plus grande facilité le ébranlements sonores qui lui sont transmis
par la liqueur de Cotugni au milieu de laquelle elle
est plongée. Enfin, les nerfs de l'odorat et du goût
sont plus à découvert que les papilles nerveuses de
la peau, chargées d'éprouver des chocs plus rudes,
des sensations plus fortes, etc.

326. Du point de leur origine les nerfs se portent vers le cerveau, la moelle allongée ou celle

de l'épine, en ligne presque droite, et rarement en suivant un trajet tortueux, comme le font la plupart des vaisseaux sanguins. Arrivés vers ces parties, ils se terminent en se confondant avec la substance qui les compose.

327. Chaque nerf est composé d'un grand nombre de filaments extrêmement déliés ayant tous deux extrémités, une au cerveau, l'autre à la partie dont ils tirent leur origine ou à laquelle ils se terminent, selon qu'ils président aux sensations ou aux mouvements volontaires. Chacune de ces fibres nerveuses se compose d'un tuyau membraneux qui émane de la pie-mère, et qui est muni d'un grand nombre de vaisseaux sanguins extrêmement déliés. L'intérieur de ce tuyau membraneux renferme la substance nerveuse proprement dite, espèce de moelle blanchâtre ou de bouillie que Reil a isolée à l'aide de l'acide nitrique.

De la structure des nerfs.

328. Cette gaîne, de nature cellulaire et désignée sous le nom de *névrilemme*, abandonne la substance nerveuse à ses deux extrémités. Chaque fibre nerveuse se réunit à d'autres semblables, constituées comme elle, pour former un filet nerveux qu'enveloppe une autre gaîne cellulaire. Ces filets rassemblés, à leur tour, forment des ramifications; celles-ci des rameaux, les rameaux des branches, et les branches des troncs autour desquels se trouve une enveloppe cellulaire commune.

329. Lorsque les cordons nerveux ont une gros-

seur suffisante, l'on voit des artères et des veines,
d'un assez grand calibre, s'engager entre les paquets de fibres qui les forment (327) par leur assemblage, se diviser après s'être introduites dans
leur épaisseur, et fournir les ramifications capillaires qui se rendent dans la gaîne propre à chaque
filament. Ce sont ces petits vaisseaux qui, selon
Reil, laissent exhaler la substance nerveuse dans
l'intérieur de chaque tuyau membraneux.

330. De cette disposition, dans leur arrangement et leur structure, dépend la différence qui
existe entre leur distribution et celle des vaisseaux
sanguins. C'est d'après elle aussi que les impressions diverses sont en même temps transmises au
centre cérébral, et que des mouvements différents
sont exécutés à la fois. En général, les nerfs se
réunissent entre eux sous un angle plus ou moins
aigu. Leur structure particulière se modifie complètement dans certaines parties du système nerveux.

331. Ainsi, les fibres médullaires du nerf optique, par exemple, sont dépourvues d'enveloppes
membraneuses, la *pie-mère* fournissant une seule
enveloppe au cordon formé de leur assemblage. La
dure-mère y ajoute une seconde tunique ou gaîne
fibreuse, à sa sortie de la boîte osseuse cranienne.
Cette dernière tunique, commune, comme la pré-
cédente, à la totalité du nerf, abandonne celui-ci
à son entrée dans l'œil, et se confond avec la sclé-

rotique. Une artériole *(l'artère ophtalmique)*, marche au centre du nerf optique, et se divise ensuite
pour former un réseau merveilleux qui soutient la
rétine. Enfin, les cordons nerveux qui, comme le
nerf *vidien* de la cinquième paire, marchent dans
des conduits osseux, sont dépourvus d'enveloppe
cellulaire, et leur consistance est, en général, moindre que celle des nerfs entourés de parties molles.

332. Arrivé au cerveau, à la moelle allongée ou
à celle de l'épine, chaque filet nerveux se dépouille
de sa gaîne membraneuse qui se confond avec la
pie-mère, pendant que sa partie médullaire se pro-
longe dans l'épaisseur de *leur* substance qui peut
être considérée comme formée, elle-même, de la
réunion de ces extrémités nerveuses diverses. C'est
là, à peu près, tout ce qu'on sait sur l'origine, le
commencement et la fin, le point de départ et le
point d'arrivée de ces conducteurs merveilleux du
fluide nerveux.

333. Les nerfs sont d'autant plus gros qu'ils s'é-
loignent davantage de leur point de départ (328).
Chez les hommes athlétiques, les nerfs, quoique
petits relativement au reste du corps, sont très-gros
relativement à la masse encéphalique qui est ordinairement très-faible chez eux. Le contraire à évidemment lieu chez les femmes et les enfants, dont
la sensibilité est très-vive. Ceux qui ont déjà fait
des dissections savent combien ces différences sont
marquées. On les constate, en effet, non-seule-

ment entre les sexes et les âges, mais aussi entre les sujets de divers tempéraments.

De
la moelle
épinière
et de
ses fonctions.

334. Indépendante, jusqu'à un certain point, de l'organe encéphalique, on trouve la *moelle épinière* chez plusieurs animaux qui manquent complètement de cerveau. C'est pourquoi elle paraît constituer la partie essentielle du centre nerveux, et le cerveau, la partie surajoutée. Elle consiste en une suite de renflements ou nœuds, séparés par autant de rétrécissements qu'il y a de paires de nerfs qui y prennent naissance.

335. Les fonctions de la moelle épinière sont tout-à-fait indépendantes et distinctes de celles du cerveau. Celui-ci, en effet, préside à l'intelligence; la moelle, à tous les mouvements volontaires et involontaires de l'économie. Thomas Bartholin avait déjà reconnu cette diversité de fonctions, quoiqu'il n'y ait réellement rien d'absolu dans cette manière de voir, en tant qu'on l'applique à l'étude de l'homme exclusivement.

336. Dans les recherches d'anatomie pathologique l'on commence ordinairement la dissection du cerveau par la partie supérieure. Bartholin avait fait remarquer avec raison que la dissection de cet organe doit être entreprise en procédant de bas en haut. C'est d'après ce procédé rationnel, en effet, que l'on peut, en suivant les fibres qui composent le cerveau, déterminer d'une manière précise le point où siègent les lésions dont il peut être affecté.

337. Gall, pour expliquer la formation du cerveau dans l'échelle des êtres animés, dit, que la *substance sensible,* encore pulpeuse chez les polypes, se rassemble peu à peu en filaments nerveux, et en troncs communs dans les êtres un peu plus élevés. C'est ainsi, d'après lui, que par l'addition successive de nouveaux organes, la nature arrive à la production de l'être le plus composé, le plus extraordinaire, le plus intelligent.

338. On peut considérer le système nerveux comme un réseau dont les fils communiquent ensemble, se séparent, se réunissent et rencontrent plusieurs masses ou renflements ganglionnaires plus ou moins volumineux, sur leur passage. Ces masses ou ganglions peuvent être considérés comme autant de centres de communication, ou d'entrecroisement.

339. Le cerveau est un organe particulier de la base duquel (ou de la moelle allongée qui en dépend) se détachent les différents nerfs ayant tous une origine distincte dans sa substance. En général, le volume des nerfs est d'autant plus grand que l'organe auquel ils se rendent est, lui-même, plus sensible. Ainsi : le nerf optique est très-développé chez l'aigle ; le nerf olfactif, chez la taupe, le chien, etc. — Du cerveau.

340. La moelle de l'épine peut être également envisagée comme une suite de ganglions communiquant tous soit entre eux, soit avec le cerveau.

Ces ganglions sont d'une grosseur proportionnée
aux nerfs qui en émanent. C'est pourquoi la moelle
épinière a plus de volume vers la partie inférieure
des régions cervicale et dorsale que dans les autres
points de son étendue. La communication de la
moelle avec le cerveau est établie au moyen d'un
double faisceau de fibres qui, après avoir formé
les *pyramides*, s'entre-croisent et se portent vers
le cerveau.

Des
enveloppes
du
cerveau.

341. Les enveloppes du cerveau ont pour objet
de le protéger contre les chocs extérieurs, et, en
général, contre toute espèce de secousse. La première de ces enveloppes appartient au système
osseux. Hunauld, dans un mémoire inséré parmi
ceux de l'académie des sciences, en 1730, a essayé, le premier, de rendre raison de la disposition des surfaces par lesquelles les os protecteurs
du cerveau s'articulent entre eux. Selon lui, la
coupe oblique était nécessaire à l'union des parties à faces convexes et concaves. C'est ainsi qu'il
expliquait la double coupe en biseau des deux temporaux, qu'il compare à des arcs-boutants, destinés à empêcher les os pariétaux, pendant qu'on
soulève un fardeau avec la tête, de s'enfoncer ou
de s'écarter.

342. Bordeu a essayé ensuite de faire, pour les
os de la face, ce que Hunauld avait fait pour les
os du crâne. Il observa que, dans l'acte de la mastication, les maxillaires supérieurs sont repoussés

en haut et en arrière. Bordeu se demanda, en
même temps, quel est l'os de la tête qui fait le
plus d'efforts, qui soutient toute la machine pendant que l'on porte un fardeau sur la tête et que
l'on serre fortement quelque corps dur entre les
dents? — Le corps de l'os sphénoïde, et particulièrement sa partie postérieure, a paru être au
professeur Richerand ce point central cherché par
son prédécesseur. Ce dernier os, en effet, s'articule, à la fois, avec tous les autres os du crâne.
Il a, en outre, des connexions immédiates avec
plusieurs de ceux de la face, tels que ceux de la
pommette, du palais, avec le vomer, quelquefois
même avec les maxillaires supérieurs. Ces os de
la face sont les seuls qui, pendant l'acte de la mastication, supportent tous les efforts de la mâchoire
inférieure.

343. Mais le vomer peut en transmettre une très-
petite partie à l'os ethmoïde avec la lame perpendiculaire duquel il s'articule. Les apophyses du
maxillaire supérieur, les apophyses orbitaires et
zygomatiques de l'os de la pommette peuvent
transmettre également ces efforts au coronal et
au temporal. Enfin, les extrémités supérieures
des palatins le transmettent pareillement au sphénoïde.

344. La plus grande partie de l'effort transmis
au coronal par les apophyses montantes du maxillaire supérieur et par l'os de la pommette, est

9*

communiquée de même, en dernier lieu, à l'os
sphénoïdal avec lequel le premier s'articule par
tout son bord inférieur; celui-ci est taillé en biseau au dépens de sa table interne, de manière à
se trouver recouvert par le bord antérieur des petites ailes du sphénoïde.

345. Le coronal s'appuie sur le sphénoïde par
les parties latérales et inférieures de son bord supérieur, lequel s'articule avec les pariétaux dans
tout le reste de son étendue. Au moyen d'une
coupe oblique la portion de l'effort que reçoivent
les pariétaux se communique à l'occipital, et arrive à la partie postérieure du corps sphénoïdal;
tandis que la portion transmise par les palatins et
le vomer à la partie inférieure du bord antérieur
du sphénoïde est peu considérable.

346. Les temporaux, qui ne reçoivent que la
faible impulsion communiquée par l'os de la pommette quand l'effort est transmis de bas en haut,
reçoivent une impulsion, au contraire, beaucoup
plus considérable lorsque l'effort les presse de
haut en bas, ainsi qu'il a été déjà dit. Cet effort
leur est transmis alors par les pariétaux situés immédiatement au-dessus, et qui tendent à s'enfoncer en s'éloignant l'un de l'autre. Les temporaux
le transmettent, à leur tour, aux grandes ailes du
sphénoïde qui en reçoivent une partie d'une manière directe.

347. A l'effort transmis de haut en bas s'ajoute

celui qui résulte (dans le cas dont il est question)
de la contraction des muscles de la mâchoire inférieure, qui tend à abaisser les temporaux, les os
de la pommette et le sphénoïde. Les ptérigoïdiens
externes semblent destinés à empêcher le sphénoïde de se déplacer, au milieu de ces efforts musculaires simultanés. C'est, enfin, la partie moyenne
et postérieure de ce dernier os qui semble devoir
être considérée comme le point central de tous les
efforts qui prennent leur appui sur un des points
de la sphère crânienne.

348. La multiplicité des os et la sphéricité de
la boîte osseuse dont il s'agit ici, sont évidemment
nécessaires pour amoindrir les chocs dont cette
boîte pourrait devenir le siége, et afin d'offrir, en
outre, plus de résistance contre les corps qui les
déterminent. Un des résultats les plus fâcheux des
contusions que la tête peut recevoir dans l'âge
adulte est, en effet, ce que l'on appelle la *commotion cérébrale.* Celle-ci est d'autant plus fréquente,
toutes choses égales d'ailleurs, que les os du crâne
sont plus pénétrés de phosphate calcaire. C'est ce
qui arrive chez les vieillards, dans la boîte crânienne desquels les sutures mêmes disparaissent,
envahies par cette substance minérale.

De la commotion.

349. L'habitude peut seule diminuer le danger
de ces commotions. Elle seule peut aussi nous
expliquer la différence de leurs effets entre des
personnes du même âge. Ainsi, il n'est pas rare

de voir succomber en peu de jours des sujets adultes qui n'ont présenté qu'une légère blessure du
cuir chevelu, occasionnée par un corps conton-
dant, pendant leur vie, et dont le cerveau n'a présenté absolument aucune lésion, à l'examen le plus
minutieux après leur mort. De même, si nous ob-
servons ce qui se passe parmi les béliers ou parmi
les boxeurs de profession, nous verrons que les
coups sur la tête, qu'ils reçoivent sans en témoi-
gner aucun trouble, suffiraient pour faire périr des
sujets qui n'ont pas contracté de bonne heure la
même habitude.

350. Je pourrais en dire autant des paysans de
la Suisse dont quelques uns font des chutes d'une
hauteur effrayante sans encourir presque aucun
danger pour leurs jours. En voici d'ailleurs un
exemple rapporté par la *Gazette de Lausanne* (mai
1842 : « Un enfant de 8 ans, des environs de Cham-
béry, s'amusant près d'un roc coupé à pic, tomba,
et d'un seul saut franchit une distance perpendiculaire de 162 pieds ; il rencontra sur ce point des
branches qui, en faisant ressort, le précipitèrent
à 91 pieds plus bas, où il fut retrouvé une demi-
heure après sa chute. Et cependant cet enfant est
aujourd'hui plein de vie ; la fracture d'une cuisse
et quelques légères égratignures sont le seul résultat de cet accident. »

351. Mais, ainsi que je l'ai dit, cette résistance
aux effets de la commotion, qui est jusqu'à un

certain point naturelle dans le premier âge, à cause
de l'élasticité des pièces osseuses qui entrent dans
la composition du squelette, cette résistance, dis-
je, est conservée, par le moyen de l'habitude, jusqu'à l'âge adulte dans les pays de montagnes où
les chutes sont très-fréquentes. C'est pourquoi l'on
a eu raison de s'élever contre ces milliers de précautions que la tendresse maternelle prend, afin
de prévenir ou de diminuer les effets des chutes
chez les enfants; car en agissant ainsi on les expose plus tard, faute d'habitude, au danger de périr
à la moindre chute, au moindre coup qu'ils pourraient recevoir sur la tête.

352. Élevé à la campagne j'ai pu juger de bonne
heure combien les chutes sont innocentes, en général, pour l'enfance. Frappé par ce phénomène
constant, le peuple a pris même l'habitude de dire, que *les enfants sont soutenus, dans leurs chutes, par des anges qui ne les quittent jamais!* Aussi
ignorai-je, pendant mon long séjour dans mon
pays, qu'on pût mourir par l'effet d'une simple
commotion, en pareil cas. Je pourrais faire la même observation relativement aux coups que les
jeunes sujets reçoivent d'une manière quelconque
sur un des points de la boîte cérébrale.

353. Mais la commotion n'est pas le seul résultat Des fractures
des chutes ou des coups que l'on peut recevoir sur   des os
la tête. L'épaisseur des os plats qui concourent à   du crâne.
la formation de la boîte crânienne, n'étant pas par-

tout la même, il arrive que cette boîte peut être
brisée (fracturée) non-seulement d'une manière
directe, mais encore par contre-coup. C'est, en
effet, ce qui malheureusement a lieu tous les
jours. C'est ainsi que, en 1838, j'ai vu à l'Hôpital
Beaujon une jeune fille qui succomba aux suites
du choc d'une aile de moulin, et dont la boîte
crânienne présentait une fente latérale qui circonscrivait presque la moitié du crâne, quoiqu'il
n'y eût pas de lésion externe correspondante. Elle
rendit, pendant le temps qu'elle survécut, du sang
par le conduit de l'oreille correspondante à la fracture. L'os du rocher avait été endommagé par cette
lésion.

354. L'enveloppe osseuse n'est pas la seule qui
protège le cerveau extérieurement. Le péricrâne,
le cuir chevelu, les muscles qui le doublent, et
enfin les poils (cheveux) qu'on remarque à sa
partie externe, concourent aussi dans leur ensemble à produire ce puissant résultat, à amortir les
coups ou les chocs qui pourraient porter atteinte
par leur violence à l'intégrité du cerveau.

355. Si l'organe important dont il est ici question est si bien protégé extérieurement, il ne l'est
pas moins au dedans de l'enveloppe osseuse crânienne, par des enveloppes nouvelles de différentes natures. La *dure-mère*, en effet, large membrane
fibreuse, tapisse non-seulement la face interne de
la boîte cérébrale et du canal vertébral, mais aussi

elle s'interpose, par ses replis résistants, entre les différentes parties de la masse cérébrale, les soutient dans les diverses positions que la tête peut affecter, et prévient leur compression d'une manière efficace. C'est ainsi que le plus grand de ses replis, la *faux du cerveau*, tendu entre l'apophyse *crista galli* de l'ethmoïde et la protubérance occipitale interne, empêche que les deux hémisphères, entre lesquels elle est placée, ne pèsent l'un sur l'autre quand on se couche sur le côté, par exemple. Ce n'est point là le seul objet que la *faux du cerveau* remplit; elle sert aussi à tendre un second repli de la dure-mère, désigné sous le nom de *tente du cervelet*, de manière à lui permettre de soutenir convenablement les lobes postérieurs du cerveau au-dessous desquels ce repli est placé. Cette seconde expansion aponévrotique de la dure-mère, de forme demi-circulaire, sépare la portion du crâne qui contient le cerveau, des fosses occipitales inférieures dans lesquelles le cervelet se trouve en partie logé. Offrant un plan incliné relativement à l'axe antéro-postérieur du crâne, sur les parois internes duquel elle s'attache, la tente du cervelet est osseuse dans quelques animaux dont la progression s'opère par sauts et par bonds ou par des mouvements précipités, comme le chat par exemple.

356. L'*arachnoïde* constitue la seconde enveloppe interne destinée à la protection du centre céphalo-

rachidien. Bonn, après en avoir étudié attentivement les dispositions, a donné de cette membrane une fort belle gravure. Il résulte, en effet,
de ses recherches et de celles de ses successeurs
que l'arachnoïde, de nature séreuse, se trouve in-
terposée entre la dure-mère et la pie-mère avec
lesquelles elle est en rapport par sa surface externe, et auxquelles elle adhère par du tissu cellulaire très-serré. Analogue aux membranes séreuses dont sont tapissées toutes les cavités du
corps, elle semble, comme les premières, constituer un sac sans ouverture, dont la face interne
est partout en rapport avec elle-même. Sa fonction
principale paraît donc celle de faciliter les mouvements du cerveau, en adoucissant le frottement de
cet organe par son poli, autant que par la vapeur
séreuse qu'elle sécrète.

357. La *pie-mère* enfin remplit, à la fois, le rôle
de gaîne protectrice et celui d'organe sécréteur de
la substance cérébrale; c'est sans doute cette importante fonction et les admirables dispositions
qu'elle affecte autour du centre céphalo-rachidien,
qui lui ont valu le nom qu'elle porte. Elle se compose presque entièrement d'une foule innombrable
de vaisseaux sanguins réunis entre eux par du
tissu cellulaire très-fin. Non-seulement, en effet,
la pie-mère tapisse la face externe du cerveau,
mais elle pénètre, à l'aide de ses nombreux replis,
jusqu'au centre de la substance cérébrale. C'est

ainsi que les mailles de ses vaisseaux, tout en sé-
crétant les produits qui constituent cette dernière
substance, lui servent encore de support en l'embrassant comme un filet et en la soutenant comme
des ressorts élastiques et flexibles.

358. Chez l'homme le volume du cerveau est
ordinairement en rapport avec les dimensions de
la boîte osseuse. Cependant cette évaluation, prise
d'une manière absolue, pourrait induire en erreur.
Il n'est pas rare effectivement de rencontrer des
sujets chez lesquels les os larges du crâne présentent une épaisseur démesurée. Enfin, les muscles occipito-frontaux et les deux muscles crota-
phites peuvent contribuer, jusqu'à un certain point,
à augmenter les diamètres antéro-postérieur et la-
téral du crâne, sans que le volume du cerveau augmente pour cela. Ces causes d'erreur ne sont pas
les seules dont il faut tenir compte quand il s'agit
d'apprécier, à la seule inspection du crâne, le volume du cerveau. Car un épanchement de sérosité
dans la cavité arachnoïdienne (356) peut écarter
les os de la boîte cérébrale au point de doubler
son diamètre. C'est ce que l'on voit chez les enfants affectés d'*hydrocéphale*. Il n'est pas rare également de rencontrer des sujets dont le cuir chevelu présente une épaisseur au-dessus du diamètre
moyen pris dans l'état physiologique.

359. En général, les dimensions du crâne dépassent, chez l'homme civilisé, celles de la face

Du
volume
du cerveau.

proprement dite. Cette différence entre deux parties si rapprochées nous sert même de mesure
pour juger du degré d'intelligence, de bonté ou
de bestialité, parmi les hommes, et dans les classes les plus élevées des autres animaux. C'est ainsi
qu'en prenant l'Apollon du Belvédère pour point de
départ, par exemple, l'on peut juger des mœurs,
des habitudes et de l'intelligence de toutes les
créatures douées de cerveau, sans exception.

360. Camper, préoccupé de cette corrélation, de
ce rapport important, a imaginé de chercher l'angle que la rencontre de deux lignes, menées de
chacunes de ces parties de la tête, formeraient entre elles. Pour cela il a imaginé une première ligne verticale partant du sommet du front pour se
rendre au menton, et une seconde ligne horizontale s'étendant de la base du crâne (au niveau du
conduit auditif externe) à la partie antérieure de
la face. Il est évident que la rencontre de ces deux
lignes donnera lieu à un angle dont la mesure ex-
primera le rapport approximatif qui existe entre
les dimensions du crâne et celles de la face.

De l'angle
facial.

361. Dans une tête d'Européen *l'angle facial* est
de 80 à 90°. Ce nombre peut varier considérablement dans les personnes qui habitent la même
ville, il peut présenter des différences considéra-
bles entre les enfants d'une même mère. L'on conçoit par conséquent que plus l'angle dont il est ici
question sera aigu, toutes choses égales d'ailleurs,

et plus la face l'emportera par ses dimensions sur celles du crâne ; tandis que plus cet angle sera ouvert et plus le crâne l'emportera sur l'étendue de la face. C'est ainsi que l'on regarde comme le type du beau idéal l'angle de 90°. Plus, en effet, dans de certaines limites, la *ligne faciale* s'incline par une douce courbe sur la *ligne crânienne* et plus on est porté à juger favorablement du caractère et de l'intelligence des sujets ainsi organisés.

362. Il ne faudrait pas néanmoins s'en laisser imposer par ce moyen, aussi précieux qu'ingénieux, lorsqu'il s'agit de porter un jugement sur l'homme, en général; car il est parfaitement reconnu que les sujets qui s'occupent beaucoup d'arts mécaniques, que les géomètres, les architectes et tous les bons observateurs, envisagés d'une manière générale, présentent une saillie si considérable des facultés perceptives, occupant la base du front, que ce dernier s'en trouve en apparence déprimé et comme rejeté en arrière.

363. Cette illusion n'est pas la seule contre laquelle il faut être en garde lorsqu'il s'agit de se servir de l'angle de Camper pour estimer approximativement la portée morale ou intellectuelle d'une créature humaine; en effet, d'après ce qui a été dit (358), il est évident que cette mesure ne peut acquérir une valeur réelle qu'appliquée à l'intérieur du crâne; ce qui ne peut pas avoir lieu, on le pense bien, sur le vivant. Cette précaution est

d'autant plus indispensable que les sinus frontaux pourraient dans certains cas venir s'ajouter, par un développement anormal, aux autres causes d'erreur.

364. Généralement parlant, le cerveau des athlètes et des sujets d'une haute taille est petit relativement à celui des hommes de moyenne stature et peu musclés. L'on a pensé, et beaucoup de personnes s'imaginent encore que le génie habite de préférence dans des cerveaux vastes et volumineux. Ce fait d'observation journalière souffre cependant de très-nombreuses exceptions. On le comprendra aisément en considérant que la bonté d'un instrument quelconque consiste moins dans sa masse ou son volume, que dans sa perfection et dans l'ajustement de toutes les parties qui le composent. Il en est de même du cerveau.

365. Lavater pense qu'aucune tête humaine ne peut présenter, dans l'état de santé, un angle facial supérieur à 80°. « Tout ce qui dépasse ce nombre, dit-il, ne se trouve pas dans la nature, du moins dans une nature saine, mais peut bien se rencontrer quelquefois dans des figures monstrueuses, dans des têtes hydropiques, ou dans des productions de l'art chez les Romains, d'une manière plus frappante encore dans les têtes des dieux et des héros grecs dont l'angle s'élève jusqu'à cent degrés; preuve bien sensible, à mon avis, continue cet auteur, que les antiques, soit qu'on les

trouve beaux ou laids, ne sont pas du moins naturellement beaux, ni humainement vrais ; c'est
un fait dont les plus zélés admirateurs des beau-
tés antiques sont forcés de convenir. » (*Œuvr.
compl.* T. IX. p. 11. Paris 1820.)

366. Frappé cependant du rapport marqué par
l'angle facial, entre les dimensions de la face et le
volume du cerveau, Lavater, à l'exemple de Camper, en a fait une application heureuse à l'étude
des différents animaux. « La ligne du visage d'un
orang-outang, poursuit-il, forme un angle de 58°;
celle du singe à queue *(simia synomolgos)* un angle
de 44. Réduisez cet angle encore davantage, et
vous en formerez la tête d'un chien, d'une grenouille, d'un oiseau, d'une bécasse. La ligne du
visage devenant toujours plus horizontale, le front
se trouve par cela même raccourci, le nez se perd,
l'œil s'arrondit et prend plus de saillie, la bouche
s'allonge et il ne reste plus de place pour les dents;
ce qui paraît être la cause très-naturelle de ce que
les oiseaux n'en ont point. »

367. Enfin si, allant plus loin, nous nous deman-
dons : quelle progression décroissante trouve-t-on,
dans l'espèce humaine, pour descendre de l'homme jusqu'à la bête? nous voyons que notre illustre auteur l'exprime ainsi : « Ce qui est au-
dessous de soixante-dix degrés se rapproche de
l'angle des têtes des Nègres d'Angola, de celles
des Kalmouks, et perd insensiblement toute trace

10

d'analogie humaine. » *(Op. cit. ib.)*. C'est ainsi qu'on passe de l'homme à la bête, comme on peut s'en assurer en jetant les yeux sur les belles planches de Lavater, et qui sont connues sous les n°s 527, 528, 529 et 530.

De la
structure
du cerveau.

368. Ce que nous connaissons de la structure du cerveau n'est propre qu'à nous faire sentir davantage ce que nous en ignorons encore. En effet, l'on connaît parfaitement sa conformation extérieure; nous pouvons nous assurer, sur le cadavre au moins, de son volume et de sa masse, variant avec les individus; nous pouvons également prendre connaissance de sa couleur, de sa densité, et enfin de l'arrangement des différentes substances qui entrent dans sa composition: mais quant à sa structure intime, c'est encore un mystère.

369. Le cerveau proprement dit, est partagé par un sillon longitudinal qui le divise en deux lobes ou hémisphères d'un volume à peu près égal. Gonzius avait déjà fait remarquer, depuis longtemps, l'inégalité de volume présumable entre les deux lobes du cerveau. Aussi, soutenait-il que le lobe droit lui avait paru un peu plus volumineux que le gauche. Un homme d'un grand talent, Bichat, soutint, toute sa vie, la thèse contraire; il prétendait, lui, que l'égalité de volume entre les deux hémisphères était une conséquence inévitable de l'harmonie qui doit exister dans toutes les parties

de l'organe des sentiments et de l'intelligence. Cependant il se trompait, et l'autopsie de son corps prouva à ses partisans que l'inégalité de volume entre les lobes du cerveau pouvait, contrairement à l'opinion du maître, s'accorder avec les plus hautes facultés intellectuelles. C'est ainsi que souvent le Créateur, c'est ainsi que ses lois impénétrables semblent se moquer de notre vaine science et démentir nos assertions. C'est encore un fait hors de doute.

370. Les fibres nerveuses qui se rendent au cerveau ou qui en partent, en concourant à la formation d'une partie de la moelle épinière, s'entre-croisent entre elles de manière à ce que les fibres nerveuses provenant de la partie droite du corps, par exemple, se rendent au côté gauche du cerveau, tandis que les fibres qui proviennent du côté droit de cet organe se rendent à la partie gauche du corps et *vice-versâ*. Cette disposition anatomique fait que l'on rapporte au côté opposé du cerveau les lésions de sensibilité ou de mouvement que l'on remarque sur l'une ou l'autre partie du corps. Cet entre-croisement a lieu dans la moelle allongée et avant l'arrivée des fibres nerveuses dans l'épaisseur de la substance cérébrale, ou après leur départ de ce point.

371. Gall, dans ses recherches anatomiques, avait l'habitude de commencer la dissection du cerveau par sa partie inférieure. Nous avons déjà

vu que telle était également l'opinion émise, à ce
sujet, par Bartholin (336). En procédant ainsi et
examinant d'abord la partie antérieure du prolongement cérébral, connu sous le nom de *queue de
la moelle allongée*, on y trouve les deux *éminences
pyramidales*. Si l'on écarte ensuite les deux bords
de la ligne médiane au-dessous du sillon qui sépare les pyramides, on voit manifestement l'entre-
croisement de trois ou quatre cordons ou tresses
nerveuses qui, formées de plusieurs filaments, se
portent obliquement de droite à gauche et *vice-
versâ*. Cet entre-croisement de fibres nerveuses,
que l'on n'aperçoit nulle part ailleurs dans le cerveau, avait déjà été noté par un grand nombre d'a-
natomistes avant les savantes dissections de Gall.

372. Suivis de bas en haut, ces cordons s'élar-
gissent, se renforcent, forment, par leur épanouissement externe, les éminences pyramidales (371)
et s'engagent aussitôt après dans la *protubérance
annulaire*. Arrivées à ce ganglion nerveux, leurs
fibres y pénètrent en se plongeant dans une masse
pulpeuse et grisâtre de même nature que celle qui,
sous le nom de *substance corticale*, recouvre les
deux hémisphères du cerveau. Gall nomme cette
dernière, pour le dire en passant, la *matrice des
nerfs*. Elle peut être considérée, en effet, d'après
d'autres physiologistes, comme la source d'où toutes les fibres médullaires tirent leur origine.

373. Parvenues dans cette région, les fibres ap-

partenant aux cordons nerveux croisés (371) s'entre-croisent de nouveau, dans leur progression
ascendante, avec des fibres transverses qui pro-
cèdent des pédoncules du cervelet. Grossies alors,
et, pour ainsi dire, multipliées par la substance
grise qui se trouve dans la protubérance annulaire,
elles en sortent par la partie supérieure rassem-
blées en deux faisceaux qui constituent la presque
totalité des pédoncules du cerveau ou *bras de la
moelle allongée,* comme on les nommait jadis. L'intérieur de ces pédoncules renferme un peu de substance grise, considérée par Gall, ai-je dit, comme la
matière alimentaire de la fibre nerveuse. Arrivés
aux ventricules du cerveau, ces pédoncules, ou
mieux les deux faisceaux de fibres qui les constituent, rencontrent de gros ganglions pleins de
substance grise; on a longtemps nommé ces derniers *couches optiques,* quoiqu'ils ne donnent nullement naissance aux nerfs de la vue, et l'on est
encore convenu de les appeler ainsi. Après avoir
acquis dans ce point un accroissement sensible,
les fibres nerveuses pénètrent dans l'épaisseur de
nouveaux ganglions. Ce sont les corps striés; et
les stries que l'on aperçoit quand on coupe ces
amas pyriformes de substance grise, ne sont autre
chose que ces mêmes fibres, qui, grossies, multipliées et rayonnantes, s'écartent à la manière d'un
éventail pour gagner les hémisphères du cerveau,
où elles présentent à l'observation une substance

blanchâtre et de nature fibreuse; elles se terminent ensuite à l'extérieur de ce viscère, en formant ses circonvolutions toutes recouvertes par la substance grise à laquelle vont ainsi aboutir les extrémités des fibres *divergentes*. De cette substance grise semblent naître les fibres *convergentes* qui de la périphérie convergent, de tous côtés, vers le centre où elles se réunissent pour former les diverses commissures, le *corps calleux* et autres productions visiblement destinées à faire communiquer les deux hémisphères entre eux. L'extérieur du cerveau peut donc être considéré comme une membrane nerveuse formée par la substance grise.

374. Les circonvolutions du cerveau sont des duplicatures de cette *membrane*, réunies par les lames médullaires qui en forment la base. Le cerveau, lui-même, est un assemblage de ganglions: il ne produit point la moelle allongée, ni celle de l'épine, mais il paraît en être la continuation ou le renflement.

375. Les nerfs vertébraux naissent de la pulpe grisâtre dont la moelle de l'épine est remplie; ainsi que l'on peut s'en assurer chez les acéphales. Les ganglions, ou plutôt la substance grise qu'ils offrent toujours, produisent les fibres nerveuses et sont propres à grossir les cordons nerveux qui les traversent.

376. Tous les nerfs communiquent ensemble par des anastomoses : ce qui établit entre eux une

espèce de solidarité; ce qui met en rapport les nerfs du cerveau et ceux de la moelle épinière; ce qui multiplie les relations du système nerveux ganglionnaire avec le système nerveux encéphalique; ce qui explique enfin, d'une manière suffisante, l'influence du physique sur le moral et *vice-versâ*.

377. L'on a remarqué, chez le fœtus et l'enfant nouveau-né, que le cerveau était entièrement formé de substance grise, tandis qu'on y distingue à peine de la substance blanche ou médullaire. On pense que cette dernière s'organise après la naissance. L'inaction presque entière chez le fœtus de l'organe cérébral explique ce phénomène; et l'on peut penser que la substance fibro-médullaire se développe à fur et mesure par l'exercice de la pensée, de même que les muscles se développent par l'exercice du corps.

378. Le cerveau reçoit, par les carotides internes et par les artères vertébrales, environ la moitié du sang qui passe par l'aorte! La nature semble avoir déployé une partie de ses innombrables ressources pour empêcher les efforts du sang d'ébranler trop vivement le cerveau en cette circonstance. C'est ainsi que le passage de la carotide à travers la partie pierreuse du temporal, offre une courbure propre à diminuer l'impulsion de ce fluide; la pesanteur du sang diminue aussi sa propre vitesse : d'un autre côté, l'artère, plongée dans le sinus caverneux à sa sortie du trou carotidien, est

De la circulation cérébrale.

très-dilatable ; enfin, les parois des petits vaisseaux
en lesquels elle se partage, arrivées à la base du
cerveau, sont si minces qu'elles s'affaissent quand
elles sont vides : ce qui explique leur rupture, et
la fréquence des apoplexies qui ont lieu par la dé-
chirure de ces vaisseaux, et quelquefois par la
transsudation du sang à travers leurs minces parois. Tous ces vaisseaux logent dans les enfonce-
ments qu'on rencontre à la base du cerveau, et
n'en pénètrent la substance qu'après avoir acquis
une ténuité extrême, en se divisant et en se subdivisant à l'infini dans la pie-mère.

379. Le sang, arrivé donc au cerveau par un
mouvement très-ralenti, en revient au contraire
par un mouvement très-accéléré. La position des
veines à la partie supérieure du cerveau, entre sa
surface convexe et la voûte du crâne, fait que ces
vaisseaux, doucement comprimés dans les mouvements alternatifs d'abaissement et d'élévation de la
masse cérébrale, se dégorgent facilement dans les
réservoirs membraneux de la dure-mère connus
sous le nom de *sinus*. Ces derniers, communiquant tous ensemble, présentent au liquide sanguin un réservoir assez vaste d'où il peut passer
librement dans la grande veine *jugulaire*. Le calibre de celle-ci est très-grand, elle est aussi aisément dilatable. L'écoulement du sang est donc
favorisé par sa propre pesanteur, qui rend sa ré-
trogradation très-difficile.

380. La circulation de l'œil est intimement liée
à celle du cerveau, puisque l'artère ophtalmique
est fournie par la carotide interne, et que la veine
du même nom se dégorge dans les sinus de la dure-mère. C'est pourquoi aussi la rougeur de la conjonctive, la saillie, l'état humide des yeux, indi-
quent une dérivation plus vive et plus abondante
du sang vers le cerveau. Les yeux, en effet, sont
animés aux approches d'une attaque d'apoplexie,
dans le transport d'une fièvre ardente, pendant le
délire des fièvres malignes ataxiques; tandis que la
lividité de la conjonctive indique la plénitude des
veines du cerveau dans la plupart des asphyxies.

381. Si on lie les troncs artériels qui portent
le sang au cerveau, il y a mort instantanée; point
remarquable en ce que, ici, comme partout, le
sang paraît être le principe vital. L'énergie du cerveau paraît dépendre effectivement de la quantité
de sang que cet organe reçoit, et la qualité de ce
fluide est elle-même en rapport avec le stimulant
mental. La position couchée facilite évidemment
l'afflux du sang vers le cerveau. C'est aussi pourquoi la diminution de l'énergie du cerveau est le
caractère essentiel de la diminution de la fièvre,
et que les hommes de lettres qui ont dû beaucoup
écrire ont fait usage de café et de liqueurs exci-
tantes. Enfin, et pour les mêmes raisons, la longueur démesurée du col a été regardée, de tout
temps, comme l'emblème de la stupidité.

De la liaison de l'action du cerveau avec celle du cœur.

De la
syncope.

382. La syncope est produite, presque toujours, et immédiatement causée par la difficulté qu'éprouve le sang de parvenir jusqu'au cerveau, difficulté qui peut tenir à une foule de circonstances variées : ce qui a donné lieu à la distinction des différentes espèces de syncopes. On peut ajouter, enfin, que la syncope est précisément l'opposé de l'apoplexie, puisque la première a lieu par défaut de sang, tandis que la seconde survient par excès. En effet, aussitôt que la masse cérébrale cesse d'être convenablement stimulée par l'arrivée du sang, il y a perte de connaissance et prostration complète des forces musculaires. Les sujets pâlissent, éprouvent des nausées, ils se livrent quelquefois même à des efforts de vomissement jusqu'à ce que, cédant à un malaise indéfinissable, ils tombent en défaillance. C'est ce qui arrive assez souvent aux sujets affaiblis par de longues maladies lorsqu'ils descendent de leur lit pour la première fois ; c'est ce qui a lieu, surtout, chez bon nombre de personnes à la suite de la phlébotomie. Les soins à donner, dans ce cas, consistent à coucher le sujet sur un plan horizontal, à lui jeter quelques gouttes d'eau sur le visage, et à lui faire respirer l'air extérieur.

Des
mouvements
du cerveau

383. Les mouvements du cerveau sont isochrones à ceux de systole et de diastole des ventricules du cœur et des vaisseaux artériels, c'est-à-dire, que, quand les artères se dilatent, le cerveau s'élève, et, quand elles se contractent, le cerveau s'abaisse; ce qui peut s'expliquer par la disposition de ces vaisseaux à la base du cerveau. J'ai pu observer, à plusieurs reprises, ce phénomène frappant dans la salle Saint-Antoine de l'Hôpital de la Pitié, en 1842, chez un malade, couché au n° 19, et affecté d'un large ulcère cancéreux qui avait détruit les téguments et la boîte osseuse de la partie supérieure du crâne dans une grande étendue. On remarquait, en outre, chez ce malade un mouvement distinct de soulèvement en masse de l'organe cérébral, mais qui n'était apparent que dans les cas où ce sujet se livrait à l'action de parler, d'éternuer, etc.; mouvement général qui peut tenir à la stagnation du sang veineux, dans les sinus de la base du crâne pendant les efforts expirateurs qu'il faut faire à cette occasion; ce qui peut être enfin raisonnablement attribué, en outre, au reflux du sang veineux vers le cerveau dans cette circonstance.

384. Le cerveau (comme le cœur) est le centre d'un système auquel il distribue et dont il reçoit toutes les sensations perçues par les extrémités sentantes et de nature nerveuse, qui s'étendent aux différents organes. — Tous les actes de mouvement, toutes les déterminations de la volonté *en* partent.— Il y a, enfin, dans le cerveau deux parties bien distinctes : l'une, paraissant présider aux mouvements de la vie intérieure, semble avoir son

De l'action des nerfs et du cerveau, en général.

siége principal dans la moelle allongée, d'où partent les nerfs de la huitième paire; tandis que les
parties les plus élevées de l'organe encéphalique
semblent appartenir à l'intelligence et par conséquent à la vie extérieure. Mais ces portions distinctes, comme celles dont je ne fais pas ici mention, font évidemment partie d'un tout qui ne
saurait être parfait sans l'intégrité des différentes
facultés qui le composent.

385. De toutes les causes morales connues, les
chagrins sont considérés, avec raison, comme ceux
qui portent l'atteinte la plus vive à la fonction innervatrice. Le trouble que ceux-ci y déterminent
retentit peu à peu sur toutes les autres fonctions
de l'économie, qui, dérangées dans leur action,
donnent lieu, à leur tour, à des maladies mortelles. La tranquillité d'esprit, la paix de l'âme et un
sommeil réparateur sont considérés comme les
agents hygiéniques les plus propres à la conservation et à l'intégrité de cette importante et fondamentale fonction.

LIVRE DEUXIÈME.

FONCTIONS DE RELATION.

————

CHAPITRE PREMIER.

DE L'ENTENDEMENT.

386. L'homme est un tout harmonieux. Ses sens sont comparables, en quelque sorte, aux touches d'un piano : ils transmettent au cerveau, par le moyen des nerfs, l'impression qu'ils ont reçue des objets extérieurs, et le font vibrer d'une manière plus ou moins agréable à notre essence. C'est ainsi que la vue d'un beau paysage, par exemple, nous transporte d'admiration ; que le parfum de la timide violette réveille en nous (au printemps) les plus doux souvenirs ; que la saveur d'une pêche ou d'un raisin de Provence semble donner à nos forces, déjà épuisées par ce climat brûlant du midi, une nouvelle vigueur, une vie nouvelle ; que le serrement de main d'une personne chère nous attendrit jusqu'aux larmes, et fait palpiter notre cœur. C'est ainsi, enfin, qu'une musique mélodieuse nous agite et nous émeut, au

point de faire vibrer toutes les fibres de nos différents tissus.... Nul mortel, quel que soit son âge,
quel que soit son sexe, ne peut se défendre parfois de ses douces et vives impressions. Notre
oreille est avide de sons mélodieux; elle recherche l'harmonie partout : dans l'haleine des vents,
le bruit des flots, le murmure des fontaines, le
ramage des oiseaux; dans une voix amie, comme
dans le bruissement des feuilles, le mélancolique
bourdonnement des insectes, les mugissements
lointains des troupeaux, et dans le son de la clo-
che argentine du temple élevé au Père de tous les
accords, au Créateur de toutes les harmonies!

387. Le cerveau est, en effet, le siége de toutes
les sensations; aucune d'elles n'existe réellement
dans les organes des sens, qui en reçoivent cependant l'impression primitive. Quand le cerveau
est malade, quoique les nerfs et les organes auxquels ils se rendent soient en très-bon état, aucune sensation n'est normalement transmise à l'intelligence qui doit la percevoir, et la moindre
compression exercée sur un nerf suffit ordinairement pour déterminer ce résultat surprenant.

388. Le cerveau est donc l'instrument immédiat
des sensations, dont les impressions, perçues par
tous les autres organes, ne sont que les causes oc-
casionnelles. La sensation perceptible paraît n'être
autre chose que la réaction qui se produit dans
le cerveau, après avoir été ébranlé par les impres-

sions que les nerfs lui transmettent, ou, si l'on aime mieux, elle est le résultat des modifications qu'il a subies sous l'influence de ces impressions elles-mêmes. Dès ce moment, en effet, la sensation devient une idée; celle-ci entre, à partir de cette époque, comme élément dans le domaine de la pensée, et peut se prêter aux diverses combinaisons qu'exigent les divers phénomènes de l'intelligence. Nos sensations ne sont donc que des modifications de notre être, et nullement les qualités mêmes de l'objet qui les fait naître. Il n'est pas, en effet, de corps coloré pour un aveugle, de corps sonores pour un sourd, etc.

389. Nous n'apercevons donc rien qui ne soit primitivement, pour ainsi dire, en nous-mêmes! Ce n'est que l'habitude qui nous le fait croire hors de nous, et qui nous apprend, en un mot, à rapporter aux objets extérieurs les sensations dont ils sont la cause accidentelle : c'est ce qui constitue, en d'autres termes, un préjugé, une illusion; mais une illusion indispensable, au fond de laquelle, il y a cependant quelque chose de réel, la vérité nécessaire aux vues du Créateur.

390. Il n'y aurait pas d'idées innées, suivant Locke. L'enfant qui vient de naître est seulement en état d'en acquérir indéfiniment par la faculté dont il est doué d'être impressionné souvent et presque toujours par les objets qui l'environnent. Il semble avoir été placé sur la terre pour y faire

sa propre éducation, pour y recevoir le baptême
de l'intelligence et de la morale, pour s'enfanter
lui-même, *enfant de ténèbres qu'il est* (d'après certains philosophes) à la Lumière Éternelle! Jusqu'à
ce qu'il ait atteint l'âge de raison, c'est à ses père
et mère, à sa mère surtout qu'il appartient de le
faire marcher dans cette noble voie, la seule digne de l'espèce distinguée à laquelle il appartient,
la seule digne de l'humanité (v).

391. Le cerveau reçoit aussi des impressions
provenant de l'intelligence ou des facultés intellectuelles : c'est ce qui occasionne, pour le dire
en passant, les déterminations de la volonté, chez
l'homme éclairé, dans une foule de circonstances.
Cet organe par excellence peut être également impressionné par les facultés morales, chez un sujet
doué d'honnêteté et de vertu, tandis qu'il peut
l'être par les instincts et les passions bestiales
chez celui qui n'a reçu que de mauvais exemples pour toute éducation. Dans l'un et l'autre cas
la conséquence de ces impressions diverses sera,
comme dans le premier, la détermination de la
volonté. Ce qui prouve surabondamment que toutes les parties connexes du cerveau peuvent réagir
les unes sur les autres et s'impressionner réciproquement, comme le feraient sur elles les sens externes. Ce fait seul est une des merveilles de l'entendement humain. En effet, chaque faculté ou
partie distincte du cerveau peut être justement

considérée comme un organe spécial, comme un
sens interne particulier, sens dont les manifestations sont aussi vives, dont les besoins sont aussi
impérieux que ceux des autres sens externes, envisagés d'une manière générale.

392. Le mot *instinct* dérive (par le latin) de
deux racines grecques qui signifient *piquer dedans.*
On désigne ainsi les impulsions des organes internes, mais plus spécialement celles qui appartiennent aux facultés animales, auxquelles ce mot
a été consacré. La volonté, l'instinct, les sentiments
et le raisonnement ou l'intelligence, constituent
l'entendement, le système intellectuel, et les diverses déterminations dont nous sommes susceptibles. Il y a, pour ainsi dire, lutte entre les sensations purement instinctives ou bestiales et les
sensations soit morales, soit intellectuelles! L'é-
ducation pourra tirer un grand parti de la puissante influence qu'elle exerce sur le premier âge
pour faire le bonheur des hommes, en tâchant
de mettre d'accord ces deux parties essentielles de leur être, en évitant autant que possible
de faire prédominer l'une d'elles au détriment de
l'autre!

393. Mais, dans l'état actuel des sociétés humaines, ces deux principes, ces deux éléments de
l'espèce à laquelle nous appartenons, l'instinct et
l'intelligence, semblent se faire la guerre, une guerre constante, une guerre de tous les jours, de tous

les instants. C'est ainsi que la créature la plus fa-
vorisée par l'Auteur de l'univers se trouve, par
le fait, la plus disgraciée de toutes, puisque à
l'ombre de la paix, comme à la pâle lueur des batailles, elle porte constamment en elle une cause
de trouble et d'agitation qui la tourmente sans
cesse. C'est un des résultats déplorables les plus
funestes qui ressortent immédiatement de l'éducation moderne. C'est, en effet, par l'exagération
que cette dernière porte dans toutes ses actions,
dans toutes ses maximes, dans toutes ses concep-
tions, dans toutes ses idées, qu'elle fait prédominer d'une manière égoïste et arbitraire tantôt
l'une tantôt l'autre de ces deux moitiés de l'homme,
suivant qu'il convient à ses vues particulières et
nullement aux intérêts sacrés de l'humanité. Jusqu'à quand cela durera-t-il? Et cette façon barbare
de détruire la plus belle œuvre du Créateur, ce
vandalisme universitaire, cette façon inique de dé-
monétiser en même temps les plus beaux attributs
de l'homme, n'auront-ils pas un terme? Qui donc
a pu prouver que l'Éternel en formant l'homme
sur une base large et solide, d'après un système
harmonique, s'est trompé? Car Dieu n'a pas entendu donner à l'intelligence une supériorité ex-
clusive sur le moral, ni à ce dernier sur le physique. Mais *ses* créatures sont faites à son image,
présentant comme Lui trois personnes distinctes
en une seule. Non! l'intelligence, au point de vue

du Créateur, n'a pas plus de supériorité sur le physique, que le Père n'en a sur le Fils; et le moral ne surpasse point les deux autres en noblesse, pas plus que le Saint-Esprit ne surpasse le Père et le Fils. Il a fallu toutes les forces réunies de l'enfer, il a fallu mettre en réquisition toute la méchanceté humaine, tout l'orgueil du démon pour prétendre refaire ce que Dieu a si bien fait! Et c'est cependant là la tâche que les corps enseignants semblent s'être imposée! — Race nouvelle de géants, ils ne visent à rien moins qu'à escalader le ciel! — « Pauvres gens, vous y perdrez les on-» gles et les dents. »

394. Les anciens avaient remarqué, tout aussi bien que nous, l'influence qu'exerce sur les destinées des hommes l'action de ces deux principes et leur lutte constante, au point qu'ils en firent deux divinités distinctes, sous les noms de *bien* et de *mal*, ou d'*Oromase* et d'*Arimane!* Ce qui ne signifie autre chose que les déterminations instinctives et les déterminations rationnelles. Ces phénomènes, qui feraient croire à la duplicité de l'homme, à l'*homo duplex* de Buffon, ne sont cependant que l'effet de la guerre allumée, depuis tant de siècles, entre l'organisme et le jugement; c'est pourquoi ce dernier résiste aux impulsions de l'organisme ou délibère sur les moyens d'y obtempérer sans choquer les idées reçues de convenance, de devoir ou de religion. Or, c'est la paix entre des penchants enne-

11*

mis, c'est l'accord entre les parties d'un même
tout que l'éducation doit prendre pour but de ses
travaux. En effet, s'il est vrai qu'il y ait lutte entre les sentiments et les instincts, entre les impulsions morales et les impulsions physiques, entre l'*âme* et la *bête,* pour me servir d'une expression
du comte de Maistre, c'est parce que l'éducation,
en voulant exagérer l'une ou l'autre de ces impulsions, en a détruit l'harmonie. Pour les remettre
d'accord elle n'a qu'à faire à chacune la juste part
qui lui est due. Pour cela elle n'a qu'à effacer de
son dictionnaire, qu'*il est des facultés plus nobles
que les autres,* par exemple ; jargon qui ne convient qu'à des insensés, attendu que tout ce qui
est sorti des mains de Dieu est parfait dans la
sphère pour laquelle il l'a créé. Pour cela, elle n'a
qu'à cultiver avec un égal soin le physique comme
le moral des enfants, et à faire équilibrer, par l'intelligence, les exigences de l'une ou de l'autre
partie. Mais est-ce ainsi que l'on fait? Nullement.
Voici d'ailleurs le système : pendant que l'on prétend développer le moral, que l'on ne développe
pas du tout, on impose au physique toute espèce
de privations, jusqu'à celle de l'exercice musculaire.... ô comble d'absurdité !... Quant à l'intelligence, on la bourre de mots décousus, pendant
que, vide d'idées, elle va en chercher dans la lec-
ture des romans les plus impurs, semblable en
cela à ces animaux immondes que l'on a tenus

longtemps à la diète, et qui se jettent aussitôt après, avec avidité, sur des ordures.

395. Il n'existe chez l'individu qui vient de naître, d'après les physiologistes les plus sensés, que des dispositions innées. En me rangeant de leur avis, je reconnais comme une conséquence de ce fait, que l'avenir de l'homme est complètement dépendant de l'éducation qu'on lui donne; et celle-ci est, à son tour, entièrement responsable de la conduite de ceux qu'elle forme. En effet, les actes qu'on observe chez l'enfant qui vient au monde dépendent évidemment de son impulsion organique, et correspondent à tant d'autres phénomènes physiques dus à son organisation, effets des lois éternelles et immuables de son Créateur! et nullement du raisonnement du nouveau-né.

396. Les rapports qui existent entre l'instinct et la raison varient considérablement suivant les circonstances. Un sens de plus suffirait, peut-être, pour rendre l'homme cent fois supérieur à lui-même. L'on peut même dire que ce sixième sens existe, mais que l'homme, insouciant, n'en fait nul usage, aimant mieux en cela s'en rapporter aux lois qui gouvernent la brute, à laquelle il ne rougit pas sans cesse de se comparer, que de mettre à profit les belles facultés dont le Créateur l'a richement doté. Ce sixième sens est, à mes yeux, la réflexion, la conscience, le sentiment de justice, de prudence, de devoir; c'est l'*œil* enfin que

l'homme peut et doit alternativement porter sur
le passé, le présent et l'avenir, sous peine d'être
malheureux toute sa vie, et d'être indigne d'appartenir à son espèce s'il néglige de le faire.

397. Cette dépendance, cette subordination évi-
dente de la portée, de la capacité intellectuelle,
au nombre des sens en général, nous fait concevoir, pour le dire en passant, la possibilité de
l'existence d'une échelle d'êtres divers et intelli-
gents à progression indéfinie!... Ce fait d'histoire
naturelle est, d'ailleurs, suffisamment constaté par
ce qui existe à la surface de la terre.

398. L'unité du cerveau, comme organe des perceptions, est parfaitement constatée par l'impossi-
bilité de fixer l'attention d'un même individu sur
plusieurs objets à la fois et de nature différente,
lors même que tous ses organes en recevraient les
diverses impressions en même temps. Ce fait est
si vrai que l'homme ne conçoit la succession du
temps, celle des heures par exemple, que par celle
de ses pensées. Ce qui n'implique pas cependant
que le cerveau soit constitué par une faculté unique, ainsi que certains auteurs l'ont prétendu,
mais bien certainement ce qui nous procure l'a-
vantage de pouvoir, au besoin, nous rendre maîtres
de nos actions en portant notre attention sur tel
ou tel objet exclusivement à tel autre. Rien, en
effet, n'est plus multiple que le corps de l'homme, eu égard aux différentes parties qui entrent

dans sa composition, et cependant rien n'est plus
unitaire dans les actes qui en résultent. — Il est
de toute évidence que la même chose peut avoir
lieu relativement au cerveau.

399. En général, le degré d'instruction auquel
un homme peut parvenir dépend du degré d'attention qu'il peut prêter aux choses dont il veut
s'instruire. Le degré d'attention dont un sujet est
capable dépend, à son tour, de la volonté qu'il
peut déployer, volonté qui est la mesure de l'intelligence, toutes les fois qu'elle s'applique aux
choses que la morale approuve.

400. L'impression plus ou moins vive, produite
sur le cerveau par les sensations, constitue la mémoire, par la trace que ces mêmes impressions fugitives et passagères semblent y laisser. L'imagination est cette faculté au moyen de laquelle l'on
se représente les sensations que l'on a reçues avec
les circonstances qui les accompagnaient, en les
coordonnant à *sa* façon. Cette faculté, portée jusqu'à l'exagération, cause le malheur de presque
tous les jeunes gens et de presque toutes les jeunes femmes; car elle semble ne s'exercer, à cet âge,
qu'au détriment de la réflexion, de la raison et du
bon sens. Pour obvier à cet inconvénient il faudrait commencer par brûler tous les romans, et
forcer, par les armes de la logique, tous les idéologues au silence. Car, c'est précisément à l'école
des romanciers et des idéologues que la jeunesse

des deux sexes va puiser ses leçons en cette matière (x).

401. Lorsqu'on compare entre elles deux idées l'on porte un jugement; plusieurs jugements liés ensemble forment un raisonnement : raisonner n'est donc autre chose que juger, comparer des objets, enfin, lier plusieurs comparaisons entre elles. C'est ce que l'on appelle aussi *déduction, induction*, etc.

402. L'exercice fortifie l'organe intellectuel, comme tous les autres organes se fortifient par l'exercice. L'imagination peut, par l'abus qu'on en fait, fausser complètement le jugement. C'est pourquoi l'on ne saurait assez être en garde contre les écarts et les rêveries de cette dernière, écarts auxquels, cependant, les corps enseignants ont soin d'accorder des récompenses!

403. Condillac a senti et prouvé, un des premiers, l'importance des signes pour fixer nos idées. Ceux-ci, en effet, servent non-seulement à nous faire communiquer avec les personnes absentes, mais aussi à aider notre mémoire pour retenir et conserver, d'une manière durable, les connaissances déjà acquises.

De l'altération de la pensée.

404. L'altération de la pensée est le résultat le plus ordinaire d'une maladie organique du cerveau, maladie qui peut être quelquefois congéniale. Les excès vénériens sont considérés surtout comme la cause la plus commune de quelques

unes de ces affections mentales, telles que : le
crétinisme, l'idiotisme, la lipémanie, etc. Quoique
je ne prétende point exagérer ici les résultats fâcheux qui dépendent, pour l'intelligence des deux
sexes, de l'abus des organes génitaux, il n'en est
pas moins vrai que depuis plusieurs années je suis
accoutumé à regarder cet abus, non-seulement comme l'habitude la plus funeste et la plus dégradante
pour le moral de ceux qui s'en rendent coupables,
mais encore comme une source intarissable de maladies sévissant à la fois sur les pères et sur les
enfants jusqu'à la troisième et à la quatrième génération, c'est-à-dire, jusqu'à l'extinction de la
famille. Et pour ne parler que de la maladie syphilitique, je me bornerai à rappeler, à ce sujet,
les paroles mémorables du docteur Ricord, prononcées le 2 juin 1842 au sein de la société médicale parisienne *(The parisian medical society)* :
» La syphilis, Messieurs, s'écriait ce praticien, est
réellement une maladie maudite du Ciel! Rien de
plus ténébreux, en effet, poursuivait-il, que tout
ce qui se rattache encore à cette fatale question
de la pathologie générale, écueil contre lequel sont
venus se briser, tour à tour, les efforts des hommes les plus généreux! » (Y).

405. Une trop grande et trop vive joie, une
peine trop cuisante peuvent occasionner également la perte de la santé, et, dans certaines circonstances, rares à la vérité, la mort violente peut

Des
passions.

en être la suite. La colère peut déterminer, à son tour, un accès de rage et la perte de la vie. La frayeur peut donner lieu à l'épilepsie, à la paralysie, etc. C'est pourquoi, dans l'intérêt sacré de sa propre santé, il est du devoir de chacun de veiller à chaque instant sur soi, afin d'en éloigner toutes les causes qui pourraient troubler le calme ou la sérénité de l'âme, calme si nécessaire à son existence ; car l'âme humaine a été créée pour le bonheur et la paix éternelle, et cette paix doit commencer, autant que possible, dès ce monde.

» Veillez et priez, disait Christ à ses disciples, afin que vous ne tombiez pas dans la tentation. » Que dirai-je de plus, à ce sujet, aux âmes sensibles, elles que le moindre souffle agite, que la plus petite émotion secoue et tourmente, comme les flots océaniens sous l'influence impétueuse de l'ouragan des tropiques? Veillez, leur dirai-je aussi, afin que le vent violent des passions ne s'élève jamais au dedans de vous; priez, pour que la Providence vous soutienne en chemin, et vous mène jusqu'au port où vous vous reposerez pour toujours au sein de l'Infini et de l'Éternité.... (z).

Du sommeil et de la veille.

406. La veille exalte l'irritabilité des organes : le sommeil apaise cette irritabilité. La première semble épuiser complètement la fonction innervatrice ; le second, au contraire, paraît être pour l'innervation, en général, le meilleur moyen réparateur. J'ai connu plusieurs personnes dont la

fonction innervatrice avait reçu de graves atteintes et dont les affections paraissaient dépendre évidemment de veilles trop prolongées. C'est au point que je regarde le défaut, l'absence de sommeil comme une des causes les plus fréquentes de maladies, en général, et des maladies nerveuses, en particulier. Ce qui ne veut pas dire cependant qu'un sommeil immodéré ne puisse, dans beaucoup de cas différents, nuire, à son tour, par l'excès opposé, à la santé du corps.

407. Pendant le sommeil la nutrition et l'absorption sont plus fortes; c'est pourquoi il est si dangereux de s'endormir dans les lieux marécageux. Cependant il ne faut pas se dissimuler, que le danger que l'on court à s'endormir la nuit dans des lieux malsains tient aussi à la condensation des vapeurs malfaisantes qui se trouvent dans l'air, à cette époque de la journée, par le refroidissement naturel de l'atmosphère après la disparition du soleil.

408. L'on ne dort guère moins de 6 ou 7 heures par jour. Les enfants dorment davantage. Les vieillards dorment moins, en général. Le sommeil suspend momentanément cette partie de la vie de relation, dont le but est d'entretenir avec les objets extérieurs un commerce nécessaire à notre existence. L'on a prétendu que, pendant le sommeil, le sang abandonne le cerveau ; d'autres prétendent, au contraire, que le sang y afflue. Cette dernière

opinion paraît d'autant plus probable qu'elle s'accorde avec la pesanteur de tête, l'injection des conjonctives que l'on remarque chez les personnes qui luttent contre le besoin de dormir, enfin, par les morts subites qui ont lieu pendant le sommeil, morts dues en grande partie soit à des congestions, soit à des hémorrhagies cérébrales.

Des songes et du somnambulisme.

409. Il est très-dangereux de réveiller les somnambules. La surprise, en effet, et la frayeur qu'ils peuvent éprouver en se réveillant sont capables de porter la plus vive atteinte à leur existence. Le somnambulisme paraît être un état mitoyen entre la veille et le sommeil, état durant lequel une partie des facultés sensoriales et intellectuelles sont endormies, pendant que les autres jouissent de la plus grande activité. C'est ce qui explique les diverses actions plus ou moins surprenantes des somnambules pendant leur sommeil.

410. Les songes paraissent ne différer du somnambulisme que par l'intensité moindre des causes qui leur donnent lieu. Ainsi, dans les rêves, quelques facultés morales et intellectuelles semblent, ordinairement, seules éveillées, tandis que dans le somnambulisme les organes de locomotion sont soumis à la volonté qui les fait agir avec autant et, souvent, avec plus de précision que dans la veille.

411. Une digestion difficile trouble le sommeil par la stagnation du sang qu'elle occasionne dans

les ventricules du cœur, attendu que le sang ne peut pas traverser convenablement les poumons, comprimés qu'ils sont par l'élévation soutenue du diaphragme. Cet état de gêne dans la circulation donne lieu à des rêves pénibles.

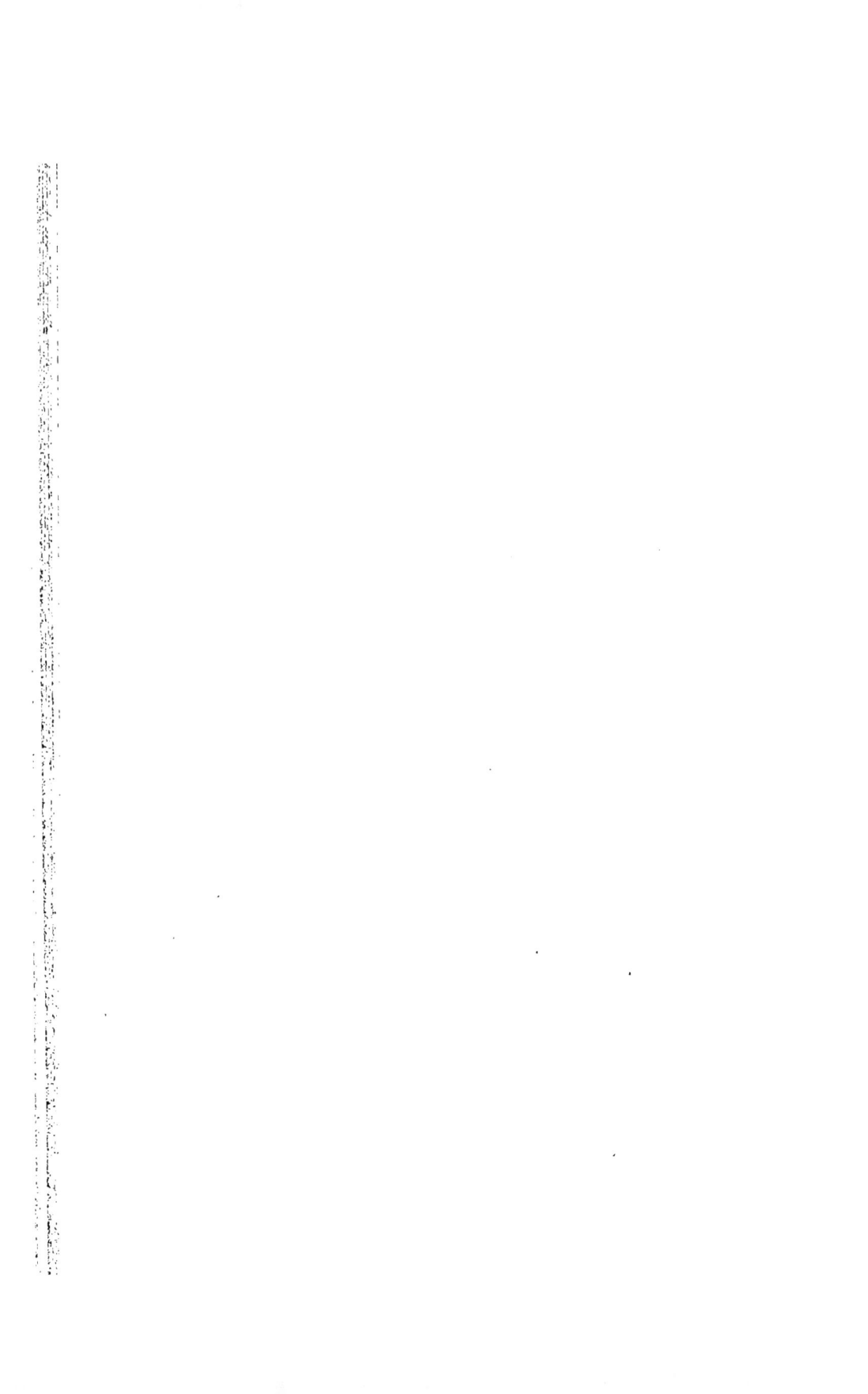

CHAPITRE II.

412. Placés sous l'empire immédiat de la volonté, les mouvements sont divisés en actifs et en passifs : les premiers appartiennent aux muscles; les seconds, aux os et aux parties dépendantes de leurs articulations.

413. Les muscles sont des paquets fibreux rouges, mais cette couleur ne leur est point essentielle. Quelle que soit la longueur, l'épaisseur et la largeur du muscle, il est toujours composé de plusieurs faisceaux de fibres charnues dont chacun est enveloppé d'une gaîne celluleuse, comme le muscle tout entier. Chaque faisceau est composé d'une multitude de fibres si déliées que nos instruments ne peuvent en saisir la dernière division.

414. Ces fibres jouissent de la faculté de se contracter et de se détendre, sous l'influence de la volonté et par la puissance du sang et du fluide

nerveux. Les muscles se terminent par des *tendons* dont les fibres longitudinales se confondent avec le périoste des os, et s'épanouissent, en larges aponévroses, dans l'intérieur de ces mêmes muscles ou à leur surface.

Prépondérance des muscles fléchisseurs sur les extenseurs.

415. Les muscles sont dits *fléchisseurs* ou *extenseurs* suivant qu'ils servent à la flexion ou à l'extension. En général, les fléchisseurs sont plus forts que les extenseurs, aussi la position la moins fatigante c'est la demi-flexion.

416. Les muscles fléchisseurs ont des fibres plus nombreuses et plus longues que les extenseurs; leur insertion se fait aux os, plus loin du centre des mouvements, sous un angle plus ouvert et qui s'agrandit encore à mesure que les membres se fléchissent. Tout le contraire a lieu pour les extenseurs.

Force des muscles, manière d'estimer les déchets qu'elle éprouve.

417. On peut juger de la force d'un muscle par l'étendue des surfaces auxquelles il s'insère. La force contractile des muscles est en raison du nombre des fibres, le degré de raccourcissement et les mouvements qu'ils peuvent imprimer aux membres, en raison de leur longueur.

418. L'on ne peut déterminer ce raccourcissement (qui est d'un tiers pour les muscles longs) d'une manière générale et absolue. Une grande partie de la force musculaire est enlevée par le parallélisme. La puissance située entre le centre des mouvements et la résistance, près du point

d'appui, nous donne en vitesse ce qu'elle nous fait perdre en force.

419. L'insertion oblique des muscles sur les aponévroses, et leur passage sur les articulations leur font perdre une grande partie de leur force. Pour estimer justement la force des muscles il faut tenir compte de celle qui doit vaincre le point de résistance, et de celle qui fixe le muscle lui-même; en d'autres termes, il faut doubler la force d'un muscle pour l'estimer exactement.

420. Si les muscles étaient parfaitement parallèles aux os, ils ne pourraient les mouvoir en aucun sens. La nature a fait tout ce qu'elle a pu pour obvier à cet inconvénient, sans léser les formes. Aussi a-t-elle employé, près des articulations, les saillies osseuses, les poulies de renvoi, les petits os sésamoïdes, la rotule, etc. La nature a dû agir de la sorte, pour concilier la vitesse avec la force des mouvements.

421. Le levier du troisième genre est le plus employé, cependant les deux autres ne sont pas entièrement bannis de notre économie; il est même des membres qui représentent des leviers différents, suivant les muscles qui les mettent en mouvement. Le pied, par exemple, nous présente des leviers de toute espèce. Détaché du sol, suspendu en l'air et relevé sur la jambe, il forme un levier du premier genre; le point d'appui est alors dans l'articulation, la puissance au talon, la résis-

Leviers.

tance sur la pointe du pied. Si, cependant, cette dernière s'appuyait sur le sol, le point d'appui serait déplacé; la résistance serait au milieu, la puissance au talon, le point d'appui sur la pointe, ce qui constitue un levier du second genre. Enfin, le pied est mû comme un levier de troisième genre, lorsque nous le fléchissons sur la jambe.

Point fixe.

422. Ce qu'on appelle *point fixe*, dans le jeu des organes musculaires, ne mérite pas toujours ce nom : ainsi, si nous prenons les muscles de la cuisse pour exemple, nous voyons que leur point fixe, situé sur l'os des iles, change et se déplace selon que la cuisse est libre ou fixe. Il en est de même de tous les autres muscles du corps, de manière que l'on est convenu d'appeler point fixe celui qui, dans le plus grand nombre de cas, fournit un point d'appui à l'action musculaire. En général, la fixité d'un muscle met en jeu la contraction de plusieurs autres.

Antagonisme

423. Quand les deux points par lesquels les muscles s'attachent sont mobiles, ils se rapprochent en raison de leur mobilité. Chaque muscle a son antagoniste. Les fléchisseurs ont leurs extenseurs, les adducteurs, leurs abducteurs, etc. Lorsque deux muscles antagonistes se contractent en même temps sur une partie également mobile, les deux forces opposées se détruisent, et le point d'attache reste immobile. Si, au contraire, nous les contractons à divers degrés, la partie se dirige du côté du point le plus contracté. Quand, enfin, l'antagonisme n'est pas direct, l'organe suit une direction moyenne entre les deux puissances qui le meuvent : par exemple, le globe de l'œil, mû à la fois par les muscles droit externe et droit inférieur, se porte en bas et en dehors. On dit, alors, qu'il se meut suivant la diagonale d'un parallèlogramme dont les deux muscles qui agissent formeraient les côtés.

424. Haller a, le premier, fait observer que les artères musculaires se recourbent sur elles-mêmes, d'une façon remarquable, avant de pénétrer dans le tissu des muscles. Les muscles les plus exercés sont ceux qui acquièrent le plus de force et de volume, parce que le sang s'y porte en plus grande abondance. C'est en raison de cette loi physiologique que l'exercice musculaire est très-utile à la santé. Nécessaire à tous les âges, il est surtout indispensable à l'enfance et à la jeunesse, dont il favorise le développement. La fibrine qui forme la base des muscles est éminemment putrescible, et contient une grande quantité d'azote.

Nature de la chair musculaire.

425. Galvani, professeur d'anatomie à l'université de Bologne, faisait des expériences sur l'électricité dans son laboratoire. Non loin de la machine électrique qu'il mettait en action se trouvaient des grenouilles écorchées, dont les membres entraient en contraction chaque fois qu'on soutirait une étincelle. Surpris de ce phénomène, Galvani, en

Du galvanisme.

fit le sujet de ses savantes recherches, et reconnut que des métaux différents appliqués aux nerfs, aux muscles de ces grenouilles déterminaient des contractions, lorsqu'on les disposait d'une certaine manière. On a appelé cette électricité *galvanisme* du nom de son auteur. On la détermine au moyen d'excitateurs qu'on fait communiquer d'un côté, et qui embrassent, de l'autre, les parties nerveuses ou musculaires sur lesquelles on veut expérimenter.

426. Pour former un cercle galvanique complet il faut prendre une cuisse de grenouille dépouillée de sa peau, en détacher le nerf crural, jusqu'au genou, l'appliquer sur une plaque de zinc, et faire reposer sur une plaque d'argent les muscles de la jambe ; l'on achève ensuite l'arc excitateur au moyen de fils ou de tiges métalliques. Par le rapprochement de leurs extrémités l'on excite des contractions musculaires. Il n'est pas indispensable que le cercle galvanique soit en métal, un cercle *animal* suffit.

427. Le professeur Aldini a obtenu ce résultat avec le paquet des nerfs lombaires d'une grenouille, mis en contact avec les muscles de la cuisse de cet animal. Les nerfs peuvent être liés ou même coupés, pourvu qu'il y ait contact ou contiguïté le phénomène a lieu ; ce qui distingue le galvanisme de l'innervation. L'épiderme est un mauvais conducteur, excepté lorsqu'il est mince et mouillé :

c'est d'après ce principe qu'on a pu faire sur différentes parties du corps humain une foule de curieuses expériences.

428. L'appareil de Volta consiste en un tas d'éléments, composés chacun d'une plaque de zinc et d'une plaque de cuivre, séparés entre eux par une rondelle de drap mouillé. Il y a toujours deux pôles : un positif, dans ce cas-ci c'est le côté zinc; et un négatif, marqué par le côté cuivre. On se sert bien avantageusement de cet appareil pour traiter les paralysies et surtout les asphyxiés.

Appareil de Volta ou pile galvanique.

429. Les os ne sont que des parenchymes celluleux dont les aréoles contiennent une matière saline cristallisée qu'ils séparent du sang, et dont ils s'encroûtent par une force inhérente à leurs tissus. Ils contiennent d'autant moins de phosphate calcaire qu'on les examine dans un sujet plus jeune et *vice-versâ;* c'est pourquoi aussi les consolidations des fractures sont plus sûres chez les jeunes sujets et plus promptes à s'effectuer. Leurs os sont aussi plus flexibles que ceux des vieillards, à cause de l'exubérance de la gélatine qu'ils renferment. Les anatomistes distinguent dans les os trois substances : la compacte, la spongieuse et la réticulaire.

Structure des os.

430. La première, plus dure, s'accumule au centre des os longs, endroit où aboutissent tous les efforts auxquels leurs extrémités sont exposées ; la seconde, aux extrémités des os longs et

dans l'épaisseur des os courts; enfin, la troisième est spécialement destinée à la partie moyenne des os, pour y soutenir le tuyau membraneux qui contient la moelle. Ces trois substances sont identiques et ne diffèrent que par la quantité du phosphate calcaire et la rareté de leur tissu. Le cal commence à se former dans la substance spongieuse, comme dans celle qui reçoit le plus de vaisseaux.

Du périoste.

431. Tous les os sont enveloppés par le périoste, membrane blanchâtre, fibreuse, dense et serrée que traversent les vaisseaux qui pénètrent dans la substance osseuse. Parfaitement distinct des autres parties des os, il y adhère au moyen de fibres celluleuses et vasculaires qui, en traversant la substance de l'os, établissent des communications entre lui et la membrane médullaire ou périoste interne.

432. Si, au moyen d'un stylet, on déchire la membrane médullaire, l'os ne tarde pas à se nécroser, et à former une espèce de cylindre de la partie morte autour de la partie vivante. Le principal usage du périoste paraît être de distribuer les sucs nourriciers. Les belles expériences de M. Flourens, en démontrant que l'os croît de la circonférence au centre, ont assez prouvé cette vérité.

De la moelle
des os.

433. La moelle contenue dans l'intérieur des os longs a beaucoup d'analogie avec la graisse. Sa consistance est cependant moindre ; ses usages

sont encore peu connus. L'on croit, néanmoins,
· qu'elle sert à réparer les pertes de l'économie dans
les longues diètes. Elle est le produit de la transsudation artérielle de la membrane qui tapisse
l'intérieur des cavités osseuses, autour de laquelle
s'opère, suivant l'auteur que je viens de citer,
l'usure et la résorption des os longs.

434. Il y a diverses espèces d'articulations, dé- Des
signées sous des noms différents qui les distin- articulations.
guent. Les cartilages qui entrent dans leur composition donnent aux surfaces osseuses le poli
et l'élasticité nécessaire pour exécuter tous les
mouvements articulaires. Les ligaments qui assu-
jétissent les extrémités articulaires naissent, en
partie, des cartilages. Enfin, les membranes sy-
noviales se réfléchissent sur les cartilages et les
extrémités osseuses qu'ils recouvrent, comme le
péritoine se réfléchit sur les intestins. La synovie
que ces membranes séreuses sécrètent facilite le
frottement des surfaces dont l'articulation se compose. Cette liqueur animale contient beaucoup d'albumine.

435. Les mouvements des membres sont le sti- De l'ankylose.
mulant de la sécrétion synoviale. Lorsqu'un membre reste pendant longtemps inactif, la synovie se
dessèche, et le repli de la membrane capsulaire,
qui se réfléchissait sur les deux surfaces articulaires, s'irrite, s'enflamme et forme bientôt des
adhérences qui défendent aux membres ankylosés

toute espèce de mouvement. Le praticien tire parti de cette tendance des articulations à s'ossifier, dès qu'elles sont placées dans l'immobilité, pour obtenir, par le même moyen, la consolidation des fractures anciennes et rebelles.

De la station.   436. On appelle *station verticale* l'action par laquelle l'homme se tient debout sur un plan solide. Dans cette position redressée de toutes nos parties, la ligne perpendiculaire, passant par le centre de gravité du corps, doit tomber sur un point de l'espace que circonscrit la plante des pieds. Quand cette ligne dépasse, par son extrémité inférieure, la base de sustentation la chute est inévitable. L'effort des muscles opposés à l'inclinaison de cette ligne est tellement grand pour prévenir la chute, que le professeur Richerand cite un fait de rupture en travers de la rotule dans un cas de chute en arrière!

437. L'on a dit que la station verticale serait pour l'homme un état de repos, si la tête était en équilibre sur la colonne vertébrale, si celle-ci, formant l'axe du corps et supportant également dans tous les sens le poids des viscères abdominaux et thorachiques, tombait perpendiculairement sur le bassin horizontal, et, enfin, si les os des extrémités inférieures formaient des colonnes exactement superposées; mais l'on a observé avec raison, qu'aucune de ces conditions n'existe dans la machine humaine. Il faut donc qu'une puissance

active veille, sans cesse, à prévenir les chutes où elle serait entraînée par son poids et sa direction.

438. Cette puissance réside dans les muscles extenseurs, qui maintiennent nos parties dans une extension d'autant plus parfaite et assurent d'autant mieux la station, qu'ils sont animés d'une force d'antagonisme plus considérable, et que nos organes, par leur disposition mécanique, ont moins de tendance à se fléchir.

439. Il ne sera pas difficile de prouver que, dans les premiers temps de la vie, toutes nos parties sont peu favorablement disposées pour l'action des puissances qui assurent la station; et d'ailleurs, comme nous l'avons vu, ces puissances manquent du degré suffisant d'énergie pour équilibrer celles dont l'action leur est directement opposée. La faiblesse des muscles extenseurs n'est point le seul obstacle qui s'oppose à la station verticale dans les premiers temps de la vie, d'autres causes concourent à priver le nouvel individu de cette faculté.

440. L'articulation de la tête, plus près de l'occiput que du menton, l'entraîne en avant; elle a d'autant plus de tendance à se fléchir qu'elle est plus volumineuse; cette disposition de la tête, chez le nouveau-né, jointe au poids des viscères abdominaux, le font tomber souvent en avant; les extrémités inférieures ou de sustentation, étant très-peu développées à cette époque, contribuent à

produire cet effet. Cela est surtout remarquable
chez les enfants dont la tête est bien grosse et les
viscères sont surchargés de graisse : ils ne commencent à marcher qu'à l'âge de deux ans, et sont
sujets aux chutes; l'on doit avoir soin de les mu-
nir de bourrelets épais et élastiques. Tandis que,
dans des conditions meilleures, les enfants marchent dès la première année. A Salinas (P. Rico),
le jeune F*** commença à marcher en s'appuyant
aux meubles de son appartement à l'âge de 7 mois;
à Pino (Corse) un autre enfant a commencé à faire
de même à 9 mois.

441. La colonne vertébrale n'offre, chez les enfants, qu'une simple courbure en avant; l'on sait
que les courbures opposées de la colonne vertébrale affermissent efficacement la station en augmentant l'étendue de l'espace dans lequel peut se
balancer le centre de gravité, sans être porté au
delà des limites nécessaires à son équilibre. Si l'on
abaisse deux lignes de la partie antérieure et postérieure de la première vertèbre cervicale jusqu'à
la simphyse sacro-lombaire, l'on verra que la colonne vertébrale offre une épaisseur factice qui
l'emporte de beaucoup sur sa grosseur réelle. Le
manque absolu d'apophyses épineuses rend, chez
l'enfant, ce désavantage encore plus grand. On sait
que ces dernières ont pour usage d'écarter la puissance du centre des mouvements des vertèbres,
d'agrandir le bras de levier par lequel elle agit sur

le tronc pour le redresser, et de rendre par là son action plus efficace.

442. Les muscles érecteurs du tronc s'affaiblissent par la flexion constante de l'enfant pendant la gestation; ils perdent ainsi la plus grande partie de leur force, de même que par la manière défavorable dont ils s'appliquent à la partie sur laquelle ils doivent agir. Ceci a également lieu pour toutes les vertèbres; le bassin de l'enfant est peu développé, son détroit supérieur très-oblique, les viscères abdominaux se portent facilement en avant, et la colonne vertébrale trouve sur le bassin un appui peu stable.

443. La rotule n'est pas encore développée, ce qui facilite la flexion de la jambe. L'étendue de la surface plantaire est, chez l'homme, un puissant moyen de sustentation, tandis que, chez l'enfant, les pieds, ai-je dit, sont la partie la moins développée de tout le corps. Ce défaut de développement des parties inférieures paraît tenir surtout à la circulation fœtale. En effet, nous voyons la veine ombilicale reprendre au bassin le sang que l'aorte envoyait aux extrémités inférieures, pour le ramener à la mère.

444. Le nouveau-né est donc analogue aux quadrupèdes, par la disposition de ses organes, physiquement parlant. On est d'autant plus frappé de cette analogie, qu'on étudie le produit de la conception à une époque plus rapprochée de l'état

embryonnaire. L'on pourrait dire que la nature n'a qu'un moule commun, universel pour tous les êtres animés qui sont sur le globe, chacun d'eux prenant, par le développement et l'exercice de ses fonctions vitales, les formes qui conviennent à son espèce et à son genre de vie!

445. La nature semble avoir accordé la force aux pieds et l'agilité aux mains. Euler a prouvé qu'une colonne est d'autant plus solide qu'elle est plus courbe, toutes choses égales d'ailleurs. Suivant un autre théorème, expliqué par Galilée, deux colonnes creuses de même substance, de même poids et de même longueur sont entre elles comme le diamètre de leur excavation. Les chutes en avant sont les plus fréquentes; aussi la nature a-t-elle disposé, de ce côté, tous les moyens de défense pour les prévenir, les éviter ou diminuer leurs chocs. Les chutes sont d'autant plus graves que les muscles se trouvent dans un état de tension plus grand.

446. La station assise est beaucoup moins fatigante que la première (436) par les raisons mêmes que l'on vient de lire; mais l'on peut dire, en thèse générale, que toutes les positions que le corps peut affecter deviennent pénibles quand elles sont trop prolongées, et le coucher n'est pas exempt de cet inconvénient! C'est sans doute, en se basant sur cette observation, que, dans l'hospice des aliénés d'Aversa (États de Naples), l'on

a recours à divers moyens de contention, afin de guérir le délire des malheureux maniaques à l'aide de l'immobilité.

447. Le coucher sur un plan horizontal est la seule attitude dans laquelle tous les muscles locomoteurs peuvent réparer leur principe contractile épuisé par l'exercice. A moins de maladie, le coucher sur le côté droit est le plus commun et le plus-commode. Le coucher sur le dos annonce une grande prostration et la faiblesse des muscles respiratoires. C'est un caractère dans la fièvre adynamique. Le coucher sur le ventre est le plus incommode. Celui sur le dos ou en supination est cependant commun aux enfants et aux vieillards, sans être, dans ce cas, un signe de maladie. *Du coucher.*

448. Pour les adultes et les vieillards, le plan sur lequel on se couche doit être incliné de manière que la tête et le tronc soient plus élevés que le reste du corps, afin d'éviter autant que possible les congestions cérébrales qui se développent parfois pendant le sommeil, à certaines périodes de la vie.

449. Nous trouvons une disposition remarquable pour cet objet, dans l'insertion du tendon d'Achille sur le calcanéum; ce tendon peut être quelquefois déchiré, à cause des efforts dont il est le siége. Cet exercice est surtout utile aux sujets faibles et aux convalescents; il facilite, chez un grand nombre, la digestion des aliments. C'est là *Mouvements de la marche.*

un des bienfaits de la promenade à pied, cet auxiliaire de la santé des hommes de lettres.

De la course. 450. Les plus forts coureurs sont ceux qui respirent le plus aisément. Aussi regarde-t-on la
course comme propre au développement des organes respiratoires chez les enfants. Cet avantage
est plus que suffisant pour que les personnes chargées de l'éducation de l'enfance ne perdent pas cet
exercice de vue.

Du saut. 451. La rotule peut être fracturée par l'effort
des extenseurs; ce qui peut arriver dans les jeux,
la danse et l'action de sauter. Pour éviter cet inconvénient l'on ne saurait assez instruire la jeunesse des deux sexes dans les connaissances que
l'on puise au gymnase.

De la nage. 452. L'homme se soutient moins bien que les
autres animaux à la surface du liquide. Les poissons, destinés à vivre toujours dans ce *milieu*, sont
munis d'une vessie natatoire, à l'aide de laquelle
ils peuvent à volonté se rendre spécifiquement
plus légers. A l'époque de leur rut ils viennent à
la surface des eaux, en distendant cette vessie,
qui se remplit alors d'azote, mais par un trop
long séjour dans cette région, sous les rayons ardents d'un soleil d'été, leur vessie, par une dilatation trop forte et trop longue, perd toute sa
contractilité; le poisson, ne pouvant plus la contracter, reste à la surface du liquide et bientôt il
expire, après avoir trop longtemps aimé. Que cela

arrive à un animal aussi borné, ce n'est pas étonnant, mais la mort succède assez souvent aux
amours de créatures plus intelligentes!... La nage
est un exercice propre non-seulement à nous tirer des plus grands dangers, mais aussi à fortifier
considérablement notre organisme.

453. L'étendue très-considérable des poumons   Du vol.
chez les oiseaux peut, jusqu'à un certain point,
remplacer la vessie natatoire des poissons. Les
oiseaux s'élèvent en étendant leurs ailes horizon-
talement, pour frapper vigoureusement l'air ensuite, et monter, en les repliant un peu autour de
leurs corps. L'homme ne peut imiter l'oiseau, même en se rendant spécifiquement plus léger que
l'air ambiant sur lequel il voudrait s'élever; car
les muscles de la poitrine et tous ceux qui meuvent le bras ne sont pas assez forts pour frapper
l'air avec assez de vitesse, et pour continuer les
mouvements pendant assez longtemps.

454. Tous les mouvements progressifs dont   De la
l'homme et les animaux sont susceptibles peuvent   reptation.
se rattacher à la théorie du levier du troisième
genre : le corps dans le saut, comme dans la marche, peut être comparé à une courbe élastique,
puisque le point d'appui est sur le sol, que les
muscles extenseurs représentent la puissance, et
que la résistance est dans le poids total du corps;
on peut donc comparer les mouvements susdits au
levier indiqué, quant à leur mécanisme. Or, pour

terme de comparaison, nous ne saurions prendre
de meilleur exemple que la marche des reptiles
qui se traînent sur leur ventre comme le serpent et
la couleuvre; ceux-ci ne marchent qu'en formant
des arcs de cercle qu'ils détendent pour avancer.

Des
mouvements
partiels
exécutés
par
les membres
supérieurs.

455. Ces mouvements vont nous offrir de nouveaux exemples de la courbe élastique, ou du levier du troisième genre, à la théorie duquel peuvent se ramener presque tous les mouvements des
animaux et de l'homme.

1° *Pousser*. L'homme se replie d'abord sur lui-
même entre l'obstacle et le sol, puis il s'allonge
pour exécuter ce mouvement dont la force dépend
de la contractilité des extenseurs.

2° *Attirer*. Ce sont particulièrement ici les membres supérieurs qui se détendent pour se replier
ensuite, dans le but d'attirer l'objet qu'on désire.
La force d'attraction dépend de l'énergie des muscles fléchisseurs qui, à cause de leurs dispositions,
ne sont pas susceptibles d'un long effort, ces muscles devenant aussitôt parallèles à l'axe de l'os.

3° Enfin, d'autres mouvements partiels servant
d'auxiliaires au langage sont appelés : *langage
d'action*.

De la voix
et
de la parole.

456. La voix est un son appréciable, résultant
des vibrations que l'air, chassé des poumons,
éprouve en traversant la glotte; de ce son naît la
parole, qui n'est autre chose que la *voix articulée*,
à l'aide des modifications que lui font subir les

mouvements de la langue, des lèvres et des autres parties de la bouche.

457. Tous les animaux doués d'organes pulmonaires possèdent la voix, car il suffit pour la produire que l'air accumulé dans un réceptacle quelconque en soit chassé en masse avec une certaine force, et rencontre sur son passage des parties élastiques et vibratiles. Les poissons, qui n'ont que des branchies, ne font entendre aucun son.

458. L'instrument de la voix est le larynx, espèce de boîte cartilagineuse, placée à la partie supérieure de la trachée. Les cartilages minces et élastiques qui forment ses parois sont unis ensemble par des membranes, et mus les uns sur les autres par les muscles appelés *intrinsèques du larynx*. Ces cartilages, au nombre de cinq, paraissent concourir à la formation de la voix, et y contribuer chacun d'une manière plus ou moins importante, savoir :

1° L'*épiglotte* contribue elle-même à ce phénomène, sans que pour cela elle puisse être considérée comme inutile dans le mécanisme de la déglutition. Elle peut cependant être remplacée, dans ce dernier acte, par la constriction de la glotte, jusqu'à un certain point;

2° Le *cartilage cricoïde* qui, supportant les deux cartilages *aryténoïdiens* et leur servant de base, n'est point immobile à la partie inférieure du larynx; la trachée artère, à laquelle il est attaché,

13

cédant et s'allongeant pour permettre ses mouvements;

3° Enfin, le *cartilage thyroïde* et les deux aryténoïdiens précités complètent cet appareil cartilagineux élastique, composé de parties éminemment vibratiles, mises en mouvement par neuf
petits muscles.

459. Ces muscles sont désignés sous les noms
de *crico-thyroïdiens, crico-aryténoïdiens postérieurs
et latéraux, thyro-aryténoïdiens et aryténoïdien.* Ces
différents muscles sont animés par quatre branches de nerfs, nommées *laryngées*, et distinguées
en supérieures et en inférieures, fournies par la
huitième paire ou nerfs *pneumo-gastriques.* Les
branches laryngées inférieures sont appelées :
nerfs récurrents d'après leur direction. Ceux-ci
sont célèbres par l'expérience de Galien qui prétendait prouver que l'animal sur lequel on les
coupe devient immédiatement muet.

Des expériences postérieures, répétées par Haller, prouvent que les nerfs laryngés, proprement
dits, ou laryngés supérieurs contribuent aussi à
la production des sons. La section des deux nerfs
pneumo-gastriques, faite au-dessus du point où
ces nerfs s'en détachent, éteint complètement la
voix. M. Magendie a déterminé l'usage de chacune
de ces branches par une dissection soignée.

Les branches dites *récurrentes* se rendent exclusivement aux muscles crico-aryténoïdiens posté-

rieurs et latéraux, ainsi qu'aux thyro-aryténoïdiens; les branches dites *laryngées,* au contraire,
animent les muscles crico-thyroïdiens et le muscle
aryténoïdien. On conçoit d'après cela, comment la
section des nerfs récurrents étant faite, la glotte
se resserre encore presque complètement, par
l'action des deux autres branches qui se rendent
aux trois derniers muscles cités, lesquels deviennent, dans ce cas, les agents principaux de ses
mouvements.

460. La *glotte,* longue de 10 à 11 lignes chez
un adulte, et large de 2 à 3 dans sa plus grande
largeur, est la partie la plus essentielle du larynx.

Lorsqu'on pratique une ouverture, au-dessous
de la glotte, dans la *trachée-artère* ou le larynx,
la voix est perdue, tandis que, si l'on pratique
l'ouverture au-dessus, la parole seule disparaît;
ce qui établit la grande différence entre ces deux
facultés de l'homme : la première étant dépendante de la glotte et du larynx, tandis que la seconde est due aux différentes parties de la bouche
et surtout aux lèvres.

461. Examinée sur un animal vivant la glotte
s'ouvre et se ferme par des mouvements isochrones avec ceux de la respiration. La glotte s'ouvre,
l'air pénètre dans les poumons, l'inspiration commence; la glotte se ferme pour s'ouvrir de nouveau
pendant l'expiration, à la fin de laquelle la glotte
étant aussi dilatée que possible, l'air s'y précipite

de nouveau par l'autre inspiration ; ainsi de suite.
Il y a ici une alternative de mouvement et de repos
pour la glotte comme pour tous les autres organes
de l'économie vivante.

462. La voix est un phénomène respiratoire dû
à la contraction des muscles intrinsèques du larynx, qui disposent les parois et l'orifice de la
glotte de diverses manières, suivant la diversité
des sons. Les différentes modifications dont la
voix est susceptible dépendent-elles de la grandeur ou de l'étroitesse plus ou moins considérable
de la glotte, ou bien de la tension plus ou moins
grande des ligaments qui en forment les côtés?
Doit-on penser avec Dodart que le larynx est un
instrument à vent, ou bien adopter l'opinion de
Ferrein qui le regarde comme un instrument à
cordes? — Il est vrai que la voix se renforce, gros-
sit et passe de l'aigu au grave, à mesure que la
glotte s'agrandit par les progrès de l'âge; qu'elle
reste toujours plus faible et plus aiguë chez les
femmes, dont la glotte est, à peu près, un tiers
moins grande que celle de l'homme ; mais la tension ou le relâchement des ligaments qui forment
les côtés de la glotte (cordes vocales de Ferrein)
ne rendent-ils pas ces ligaments susceptibles d'exécuter, dans un temps donné, des vibrations plus ou
moins étendues, ou bien plus ou moins rapides?

463. En effet, la voix sera suraiguë si l'air chassé
des poumons vient frapper les cordes vocales (462)

dans l'état de tension produit par l'action des muscles crico-aryténoïdiens postérieurs, qui portent en arrière les cartilages aryténoïdiens, auxquels sont attachés les ligaments de la glotte; pendant que le cartilage thyroïde, auquel est attaché l'autre extrémité des mêmes ligaments, est porté en bas et en avant par une sorte de bascule que lui font éprouver les muscles qui vont de ce cartilage au cricoïde, et qui sont les crico-thyroïdiens. La voix serait grave, au contraire, si les cartilages aryténoïdiens étaient ramenés en avant par l'action des muscles crico-aryténoïdiens latéraux et thyro-aryténoïdiens, les cordes vocales relâchées exécutant alors des vibrations plus lentes ou moins fréquentes.

Il est d'autant plus difficile de rejeter absolument l'influence des cordes vocales que leur état de tension coïncide toujours avec le retrécissement de la glotte, et que ces deux conditions produisent le même effet.

L'extinction de la voix doit dépendre, dans le plus grand nombre des cas, de la paralysie des muscles vocaux ou intrinsèques du larynx. Cependant tout engorgement de la muqueuse du larynx, qui tapisse les côtés de la glotte, peut produire le même résultat en les empêchant de vibrer.

LIVRE TROISIÈME.

FONCTIONS DE REPRODUCTION.

―――――❦―――――

CHAPITRE I.

DE LA GÉNÉRATION.

464. La génération est la fonction conservatrice de l'espèce. Sans elle la vie s'épuiserait bientôt, et l'humanité n'atteindrait pas, sur la terre, la période de durée nécessaire à ses hautes destinées. La reproduction de l'espèce est, en effet, pour la femme l'objet le plus essentiel de sa vie : c'est presque la seule destination que la nature lui ait donnée. C'est pourquoi aussi, l'amour est chez elle la passion la plus dominante : l'on dirait même la seule passion....

Camper avait déjà remarqué que les hanches de la femme sont très-larges et correspondent à la largeur des épaules chez l'homme. Comme si la première n'avait d'autre but que l'enfantement, et le second d'autre destinée que le travail. La faiblesse et la sensibilité des femmes s'ajoutent à ce caractère primitif.

De l'herma-
phroditisme.

465. La fonction dont il s'agit ne peut cependant s'accomplir sans l'accouplement de deux individus de sexe différent, accouplement sanctionné par la loi sous le nom de *mariage*. L'oisiveté seule a pu soulever la question de l'existence des deux sexes chez le même individu humain, et l'on a désigné cette circonstance sous le nom d'*hermaphroditisme*. Une observation superficielle (de quelques cas de monstruosité) a pu donner lieu à de pareilles divagations. Le véritable hermaphroditisme, en effet, ne consiste pas seulement dans telle ou telle conformation, mais surtout dans la possibilité de se féconder soi-même. Or cela ne se voit que chez un grand nombre de végétaux et chez quelques animaux à sang blanc.

Organes
générateurs
chez
l'homme.

466. Aussi, les organes générateurs sont-il très-distincts chez les deux sexes. Afin de procéder régulièrement, j'examinerai d'abord ceux de l'homme. La liqueur prolifique, élément essentiel de toute fécondation chez un grand nombre d'animaux, est sécrétée par deux organes paires, désignés sous le nom de *testicules*. Chez les mammifères, en général, ces organes ou glandes séminales, sont recouverts par plusieurs membranes. La première, commune aux deux testicules, est fournie par la peau et désignée sous le nom de *scrotum;* la seconde se divise en deux poches particulières à chacun d'eux et porte le nom de *dartos;* la troisième, désignée sous le nom de *tunique*

vaginale, recouvre les testicules immédiatement en se réfléchissant sur eux à la manière des séreuses. Entre ces deux dernières membranes s'interpose un muscle à fibres lâches et minces comme un filet, appelé *crémaster,* propre à faciliter les mouvements des glandes séminales. Enfin, la quatrième membrane porte le nom de *tunique albuginée,* et non-seulement recouvre chacune des glandes précitées, mais s'insinue dans leur substance par des filaments fibreux dont l'entrelacement donne lieu à des mailles ou cellules remplies de la substance testiculaire, d'une couleur jaunâtre, et capable de se dissoudre aussitôt après sa solution de continuité.

467. La matière jaunâtre dont on vient de parler est formée par les tuyaux séminifères qui, après s'être plusieurs fois repliés sur eux-mêmes, se dirigent vers le bord supérieur de l'ovule que les testicules représentent; se réunissent dans cet endroit, et forment dix ou douze tuyaux qui, rassemblés, constituent un cordon placé dans la tunique albuginée (466) et que l'on nomme *corps d'Hyghmor.* Les dix ou douze conduits qui, réunis en faisceaux forment ce cordon, percent la membrane dans le tissu de laquelle ils étaient contenus, se réunissent en un seul canal qui se contourne sur lui-même, et forme une éminence appelée *tête de l'Epididyme.*

468. Le canal résultant de la réunion des con-

duits du corps d'Hyghmor (467), d'abord contourné sur lui-même, devient de moins en moins flexueux à mesure qu'il s'approche de l'extrémité inférieure du testicule. Là il se recourbe de bas en haut, et remonte, sous le nom de *canal déférent*, le long du cordon des vaisseaux spermatiques jusqu'à l'anneau inguinal, par lequel il entre dans la cavité abdominale pour se décharger dans les *vésicules séminales*. La délicatesse d'organisation du testicule, la ténuité des filières dans lesquelles s'élabore d'abord et que parcourt ensuite la *sémence*, expliquent la facilité de ses engorgements, les phlegmasies qui les accompagnent, et la difficulté de les résoudre complètement.

469. Les vésicules séminales (468), véritables récipients dans lesquels la liqueur spermatique est soigneusement tenue en réserve, forment deux poches membraneuses de capacité différente selon l'âge et l'individu. La muqueuse qui en tapisse l'intérieur sécrète un mucus qui s'unit au sperme. Certains animaux n'ont pas de vésicules séminales : le chien est de ce nombre : aussi reste-t-il beaucoup plus longtemps accouplé.

Les conduits éjaculatoires résultent de l'union des vésicules séminales avec les canaux déférents (468). Ils traversent ensuite la *prostate*, qui entoure le col de la vessie, et s'ouvrent séparément dans l'urètre, au fond d'une lacune désignée sous le nom de *vérumontanum*. La prostate sécrète aussi une mucosité propre à faciliter l'éjaculation du sperme.

470. Parmi les organes générateurs chez la femme, l'ovaire occupe avec raison le premier rang, parce qu'il fournit, comme les testicules chez l'homme, le produit nécessaire à la fécondation. Placé dans le bassin, il tient à la matrice par un ligament particulier; il reçoit les vaisseaux et les nerfs qui, dans l'homme, vont se rendre aux testicules (468); il a d'ailleurs, à peu près, la même forme que ce dernier organe, quoiqu'il soit en général un peu moins volumineux.

Organes générateurs chez la femme.

L'ovaire sécrète-t-il une liqueur, dont le mélange avec celle du mâle produit un nouvel être; ou bien détache-t-il, au moment de la conception, un œuf que le sperme vivifie? — Les physiologistes du siècle dernier s'étaient bornés à constater que l'ovaire prépare une matière essentielle à la génération, puisque son ablation rend les femelles infécondes. Les physiologistes de nos jours, et de ce nombre est le Dr Gendrin, ont constaté par de nombreuses observations que le produit sécrété par l'ovaire, chez la femme, n'est autre chose qu'un petit œuf renfermant le germe d'un nouvel individu.

471. C'est au moyen des *trompes de Fallope* que les ovaires sont mis en communication avec l'intérieur de la matrice. Celles-ci s'appliquent à l'ovaire, par leur partie frangée ou pavillon, flottant

dans la cavité du bassin et soutenu par un petit repli du péritoine. Quelquefois cette partie forme des adhérences anomales qui l'empêchent d'embrasser l'ovaire au moment de l'accouplement. Ce que l'on considère comme un cas de stérilité.

472. La *matrice*, placée dans le petit bassin, entre le rectum et la vessie, est un viscère creux dans l'intérieur duquel le produit de la conception se développe et s'accroît jusqu'à l'époque de l'accouchement. Quelquefois la matrice est divisée par une cloison qui en fait deux cavités distinctes, ayant chacune son issue dans le même vagin ou dans un vagin particulier. Valisnieri dit avoir vu deux matrices sur une femme morte, dont l'une communiquait avec le vagin et l'autre avec le rectum ! Les parois de la matrice, de nature musculeuse, diffèrent des autres organes de cette espèce par la propriété qu'elles ont de se dilater, tout en augmentant d'épaisseur; ce qui est dû, en partie, aux fluides nourriciers qui, à l'époque de la conception, la pénètrent de toutes parts. C'est une hypertrophie, pour ainsi dire, passagère de cet important organe, première demeure de l'homme ici-bas.

473. L'intérieur de la matrice communique avec le monde extérieur, à l'aide d'un canal désigné sous le nom de *vagin*. Les parois molles, rugueuses et dilatables de ce dernier organe présentent deux extrémités : une, supérieure, oblique, tournée

en arrière et en haut, embrasse le col de la matrice; l'autre, inférieure, est entourée par un corps spongieux dont les cellules se remplissent de sang et se vident comme celles des corps caverneux du clitoris et de la verge. L'on désigne sous le nom de *plexus rétiforme* la réunion de vaisseaux sanguins qui constituent le corps spongieux précité. La turgescence de ces vaisseaux, dans l'érection, peut rétrécir l'entrée du vagin. Le muscle constricteur, qui tient la place du muscle bulbo-caverneux chez l'homme, est couché sur ce *plexus*, et environne par conséquent, comme lui, l'entrée du vagin. Les contractions de ce muscle peuvent donc aussi en diminuer momentanément les dimensions.

474. Ce dernier orifice est, en outre, garni d'un repli membraneux, plus ou moins large, ou demi-circulaire, connu sous le nom d'*hymen* : quoique constant, ses dimensions varient. Le clitoris, ou organe excitateur, se trouve placé à la partie supérieure de l'entrée du vagin. Son extrémité inférieure tient à un autre repli muqueux, désigné sous le nom de *petites lèvres*. Enfin les *grandes lèvres*, formées intérieurement par la muqueuse et extérieurement par la peau, limitent, chez la femme, les organes générateurs.

475. La nature de ce résumé ne me permet pas de m'étendre sur un sujet aussi délicat et encore si obscur. Nous devons au professeur Lallemand

Conception.

de savantes recherches qui prouvent assez l'influence de la liqueur séminale dans ce phénomène vital. Car, selon qu'elle est saine ou malade,
la conception manque ou réussit.

Le rôle qu'exerce, dans l'acte de la génération,
cette liqueur, dans son état de santé, n'avait pas
échappé aux anciens, car ils admettaient une *aura
seminalis*, comme qui dirait : *un esprit séminal.*
Ce qui, suivant les termes employés, devait ex-
clure pour eux la nécessité de l'*intromission.*

Quoi qu'il en soit, cette dernière circonstance de
l'intromission paraît loin d'être nécessaire à l'accomplissement de la fécondation. Plusieurs cas,
dont quelques-uns sont venus à ma connaissance,
confirment cette dernière opinion. Qu'y a-t-il là
d'étonnant ? — Le rôle que joue le fluide électrique, même dans la fécondation des fleurs, s'é-
tend certes, chez tous les animaux sous le nom
de *fluide animal;* et il n'y aurait rien d'étonnant
que nous lui dussions, en partie, ces grossesses
aussi prématurées qu'inattendues produites, quelquefois, par des attouchements aussi illicites qu'imprudents.... (AA).

De la   476. Quelques physiologistes pensent que le
menstruation phénomène de la menstruation, dont l'existence
et la régularité paraissent indispensables à la fécondité de la femme, est dû à la nécessité à laquelle l'ovaire a été assujetti par la nature, c'est-
à-dire, l'expulsion mensuelle et périodique de

l'œuf humain! (470). S'il en est ainsi, il n'en est pas moins vrai de dire que la femme perd, par ce flux périodique, tout l'excès de sang qui aurait été mensuellement nécessaire au développement du fruit de ses entrailles. Ce qui ne saurait assez engager les femmes menstruées, en général, à prendre les plus grandes précautions afin de maintenir cette importante fonction dans sa parfaite intégrité. Non-seulement leur fécondité en dépend, mais leur santé et leur vie aussi. Les moyens de propreté ne sauraient aussi être trop recommandés à ce sujet.

477. L'œuf humain, une fois fécondé, est soumis dans le sein de la mère à un travail particulier, désigné sous le nom de *gestation*. Celle-ci peut avoir lieu dans la capacité de la matrice, ou bien dans la cavité péritonéale. Dans le premier cas il s'agit d'une grossesse naturelle, ou *utérine;* dans le second, d'une grossesse contre nature, ou *extra-utérine.* De la gestation.

478. La grossesse utérine, avons-nous dit, c'est la grossesse naturelle. Après s'être détaché de l'ovaire, à l'aide d'un travail phlogistique préparatoire, l'œuf parcourt lentement la trompe de Fallope (471) correspondante, et tombe enfin dans la matrice, aux parois internes de laquelle il se greffe, s'attache et y prend racine à la façon d'un germe quelconque, à l'aide de son enveloppe externe, appelée *membrane Chorion.* Grossesse utérine.

Placenta.

479. Le point de l'enveloppe externe de l'œuf qui se greffe, avons-nous dit, aux parois internes de la matrice, ne tarde pas à se garnir de vaisseaux sanguins abondants, au point d'en présenter un lacis inextricable, désigné sous le nom de *placenta*. Les extrémités des vaisseaux veineux et artériels dont le placenta se compose, s'implantent dans l'épaisseur des parois utérines, comme les radicelles des plantes parasites s'implantent dans l'écorce des arbres pour se nourrir de leurs sucs.

Cordon ombilical.

480. Les vaisseaux placentaires se réunissent par l'extrémité opposée en deux troncs distincts, l'un artériel et l'autre veineux, afin de porter, par ce système, au produit de la conception (477) le sang rouge nécessaire à sa vie et à son développement, et reporter à la mère le sang noir, dépouillé de ses parties vitales.

Du fœtus.

481. Au centre de l'enveloppe interne, et dans la substance liquide de nature légèrement alcaline et albumineuse qu'elle renferme, se dessinent les premiers linéaments du produit de la conception, livré ainsi au travail de la gestation (477). Ce travail durera neuf mois lunaires avant que l'enfant qui doit en être le résultat soit parvenu à son entier développement ou à *terme*. Il donne lieu chez la mère à une foule de phénomènes sympathiques propres, dès les premières semaines de la grossesse, à éveiller l'attention de la femme sur sa nouvelle position. De ce nombre sont : le gonflement des seins, les nausées, les vomissements, la gêne de la respiration, la suppression du flux menstruel, etc.

482. Pendant la gestation, le fœtus ou embryon humain semble soumis à un travail d'évolution durant lequel l'enfant de l'homme paraît passer successivement par tous les degrés de l'animalité des espèces inférieures quant à son mode de vie. Il vit dans l'eau comme les poissons, et se nourrit, avons-nous dit, comme les plantes parasites. Aussi, la santé de la mère influe extraordinairement sur le produit de la grossesse. C'est pourquoi, dès le commencement et pendant toute la durée de celle-ci, la femme doit être soumise à un régime spécial, autant dans l'intérêt de sa santé et de sa vie, que dans l'intérêt de la santé et de la vie du fruit de ses entrailles. L'exercice modéré, la tempérance, la tranquillité d'esprit, les bains hygiéniques, la plus grande propreté, la liberté du ventre, sont des conditions indispensables pour parvenir au but désiré.

483. Au bout du terme sus-énoncé (481) la Enfantement. femme grosse est saisie des douleurs de l'enfantement: douleurs, d'abord lombaires et passagères; puis utérines, de plus en plus rapprochées. Ces dernières sont si aiguës qu'elles ont été appelées *conquassantes,* parce que la patiente, arrivée à ce moment suprême, croit que tous ses os se brisent

sous la violence de la douleur. C'est alors que la femme en couche a besoin de trouver auprès d'elle des soins aussi empressés qu'assidus, joints à des conseils aussi sages qu'éclairés, surtout quand il s'agit d'un premier enfantement. Néanmoins, si la femme a été bien soignée pendant le cours de la grossesse (482), si elle est bien dirigée dans ce moment si important, l'accouchement ne tarde pas à se terminer d'une manière heureuse, suivant les vues de la nature, et sans un travail bien long.

Du lit de douleur.

484. Le premier de tous les soins à apporter à la femme en couche, c'est la confection du *lit de douleur,* lit sur lequel elle devra accoucher. Ce lit se compose de trois plans légèrement inclinés. Sur le premier reposent le dos et la tête de la mère, sur le second le bassin; le troisième enfin est destiné à recevoir l'enfant.

Le second soin à prendre consiste à s'assurer de la position qu'affecte l'enfant encore dans le sein maternel, afin de pourvoir, en temps opportun, à toutes les mesures nécessaires à son heureuse évolution. L'on sait, en effet, que le fœtus peut présenter à l'accoucheur une *position naturelle,* moyennant laquelle il puisse naître heureusement; ou bien une position *contre nature,* pour laquelle il faille recourir aux moyens de l'art. C'est pourquoi il faut s'en assurer d'abord.

485. L'extraction du placenta, si son expulsion

n'a pas lieu d'elle-même, ne doit être tentée que
deux heures environ après l'enfantement, avec les
plus grands soins et la plus grande attention : soit
à l'aide de légères tractions exercées sur le cordon
ombilical, soit à l'aide de légères frictions sur le
ventre de l'accouchée afin d'inviter la matrice à
se contracter, pendant que la femme fait de légers
efforts pour s'*en* débarrasser. C'est une des opé-
rations les plus délicates de l'accouchement, dans
l'intérêt de la santé maternelle. Cette dernière opération soigneusement faite et terminée, l'accouchée bien nettoyée, bien lavée avec de l'eau tiède
de guimauve et complètement changée de linge,
doit être remise dans son lit ordinaire aussi tran-
quillement que si elle ne venaït pas d'accoucher.
Mais là un régime sévère doit être observé pendant neuf jours. Des bouillons de poulet suffiront
pendant les trois premiers, et des potages légers
pendant les six autres. Enfin, pendant six semaines la femme ne devrait pas quitter la maison.

486. Par un des effets merveilleux des lois naturelles, au travail de la gestation succède immédiatement celui de la lactation. Déjà prédisposées
à la sécrétion du lait par le fait seul de la grossesse (478) les mamelles semblent destinées, dans
ce cas, à décharger la matrice des matériaux qui
lui sont devenus inutiles par le fait de l'accouchement, et à les attirer dans leur intérieur, afin de
les convertir en une substance propre à servir en-

De la lactation.

core de nourriture, sous une autre forme, au nouveau-né. Ce travail donne lieu, à son début, à un
mouvement fébrile de la durée de **24** heures environ, qu'il faut savoir respecter malgré son inno-
cuité, à cause de la position de la nouvelle accouchée, dont toute l'économie subit une espèce de
métamorphose, à moins de vouloir s'exposer gra-
tuitement à de graves dangers.

La lactation donne quelquefois lieu à des affections des seins, plus ou moins douloureuses; il
sera assez facile de les prévenir en ayant soin de
ne pas laisser le lait séjourner trop longtemps dans
les mamelles, en employant des bouts de sein,
suivant le besoin, etc.

**De la
grossesse
extra-utérine.**
487. Lorsque l'œuf fécondé tombe dans la cavité
péritonéale (477), il se greffe sur le péritoine et
les parties subjacentes, il se développe enfin,
comme dans la grossesse utérine; mais l'accouchement ne saurait avoir lieu d'aucune manière,
à moins de tenter l'opération césarienne. Cela est
facile à concevoir. Cependant, il peut arriver que,
même dans la grossesse normale, alors que le
produit de la conception s'est développé dans l'intérieur de la matrice, la femme ne puisse pas accoucher sans avoir recours à une opération analogue! Ces cas malheureux sont dus à l'étroitesse
du bassin, ou à un vice de conformation de la
charpente osseuse. Certes, un peu plus de soin
dans l'éducation physique des filles pourrait écar-

ter de pareils dangers. L'exercice de la gymnastique, la danse, l'équitation, la natation, etc., la suppression en outre des corsets, épargneraient, dans la plupart des circonstances, ces tristes et douloureux spectacles, si contraires d'ailleurs aux vues providentielles de la nature, et dus uniquement à la stupidité, à l'indifférence et à l'égoïsme humain.

CHAPITRE II.

488. A bien considérer le développement de l'homme, la série des âges, l'évolution de la vie, depuis le sein maternel jusqu'au tombeau, l'on dirait une suite non interrompue de métamorphoses pendant lesquelles l'individu change plus ou moins complètement de manière d'être. *Des âges.*

En venant au monde, et en respirant pour la première fois, l'homme-enfant, par exemple, subit la première métamorphose extra-utérine ! Son système circulatoire éprouve une grande modification : les poumons se dilatent, sous la stimulation de l'air atmosphérique; le sang y afflue, aidé par l'impulsion systolique du cœur; le lait maternel fournit les éléments du chyle enfantin, et le nouveau-né vit d'une vie nouvelle....

489. Dès l'âge de la lactation, qui dure de 9 mois à un an, l'enfant va sujet à des indispositions

plus ou moins graves. Les congestions cérébrales,
les convulsions, les irritations gastriques, accompagnées de vomissements, les diarrhées, enfin,
suivies d'émaciation sont le cortége ordinaire des
dentitions difficiles chez la plupart des nouveaux-
nés. Aussi les enfants, à cet âge, exigent-ils les
plus grands soins, soins sans lesquels, la plus
grande partie d'entre eux succombent pendant le
travail de la dentition, ou à la seconde métamorphose, pendant laquelle la nature dispose l'enfant
de l'homme au sévrage et à une nourriture plus
substantielle.

De la dentition.

490. La première dentition commence ordinairement vers le 7ᵉ mois après la naissance, pour se
terminer à la 4ᵉ année; la seconde commence vers
7 ans et ne se termine réellement que par l'apparition des quatre dernières molaires ou dents de
sagesse, quelquefois après trente ans! Ceci explique en partie l'apparition des dents nouvelles
après la puberté, remplaçant celles que l'on vient
d'arracher chez certains sujets doués de doubles
germes.

De la puberté.

491. La puberté, qui a lieu de 12 à 14 ans, offre
chez les deux sexes des modifications bien plus
remarquables encore; modifications qui changent
le timbre de la voix, et qui complètent le développement de certains organes afin d'assurer la conservation de l'espèce. C'est une perturbation si
considérable pour l'organisme, que beaucoup de

sujets y succombent, ne pouvant pas se développer avec toute la vitesse exigée par une évolution
si subite. La puberté s'accompagne bien souvent
de phlegmasies intenses des organes essentiels à
la vie, tels que la plèvre, les poumons, etc. Elle
exige par conséquent, de la part des médecins, la
plus grande surveillance. Les évacuations sanguines, pratiquées à propos, sont indispensables dans
la plupart des cas. Dès cette période de la vie aussi, le *cœur* commence à parler, et l'orage des passions commence à poindre. C'est de 18 à 25 ans
que celui-ci sera le plus à craindre. Heureux ceux
qui auront assez de force d'âme et de puissance
morale pour le maîtriser; heureux ceux qui auront,
à cette occasion, assez d'empire sur eux-mêmes
pour s'écrier avec Horace :

» L'univers écroulé tomberait en éclats,
» Le choc de ses débris ne m'ébranlerait pas.

492. Aussi est-ce à 18 ans que commence la
jeunesse, laquelle se termine à 30. — De 30 à 60
ans, c'est l'âge adulte. — De 60 à 75, la vieillesse.
— De 75 à 100 ans, la décrépitude. Néanmoins
tout cela est assez arbitraire, et l'on peut affirmer
qu'avec une bonne santé l'on n'est jamais vieux,
tandis que sans santé l'on est toujours décrépit.

Cependant les rêves de la jeunesse passés,
l'homme commence à s'inquiéter sérieusement de
son avenir. Averti par un instinct secret que sa

De la
jeunesse
et de
l'âge adulte.

croissance physique est terminée, il cherche ailleurs qu'ici bas un point d'appui à ses désirs, un champ plus vaste à sa noble ambition. De là les idées d'immortalité, d'une vie future, qui s'enracinent dans son cœur, principalement s'il a perdu de bonne heure des objets tendrement aimés.

Les affections des voies gastriques commencent à devenir plus communes dès cette époque ; et, quoique d'une marche ordinairement plus lente, elles n'exigent pas moins de soins.

De la vieillesse et de la décrépitude.

493. Pendant la vieillesse les affections de poitrine, les affections cérébrales présentent ordinairement plus de gravité, par la raison que leur cours est généralement plus rapide. Cependant les maladies étant traitées à temps, on trouve souvent chez les vieillards beaucoup de résistance, et parfois une résignation, une force morale qui assure leur guérison.

Quant à la décrépitude, il n'y a pas de limites bien précises à cet égard, car j'ai connu des octogénaires et même des nonagénaires aussi verts que des hommes de 60 ans !... Aussi, suis-je de l'opinion de Baglivi : qu'il faut compter, à tous les âges, sur les ressources de la nature, et, assisté par ce puissant auxiliaire, ne jamais désespérer entièrement.

Des tempéraments

494. Suivant que tel ou tel système organique prédomine dans l'économie animale, on note cette prédominance par le nom de *tempérament :* san-

guin, lymphatique, nerveux, bilieux, etc. (BB).
L'on a dit que le tempérament *sanguin* était le plus
sain et le plus heureux de tous, soit à cause de
la bonne santé dont jouissent les individus qui en
sont doués, soit à cause de leur humeur joviale et
de leur caractère uniforme.

Cependant le meilleur tempérament est celui
qui se base sur l'équilibre le moins imparfait possible de tous les systèmes organiques. Toutes les
fois que l'un d'eux prédomine, en effet, l'on est
exposé à des maladies diverses. Dans le *sanguin*,
les phlegmasies aiguës; dans le *lymphatique*, les
engorgements glanduleux; dans le *nerveux*, les
névroses, etc. C'est ce qui a conduit à dire que :
le tempérament le plus désirable était le tempérament *tempéré*, deux expressions peu justes pour
exprimer la réalité.

495. L'on a discuté longtemps sur les différen- Des races.
tes races, sans arriver à une démonstration exacte
de la vérité. Les derniers travaux de M. Flourens,
sur la structure de la peau chez l'homme, tendent
à faire croire que nous descendons tous de la même famille. Pour admettre le contraire il faudrait
croire, avec M. Geoffroy Saint-Hilaire, que l'espèce
humaine a pu dériver des espèces animales, inférieures à l'homme, *par la loi du progrès,* quoique
M. Ducrotet-Blainville ait fait justice d'une pareille
théorie.

496. L'on a beau tourner la question tant que De la mort.

l'on voudra, la mort n'est que la dernière des métamorphoses humaines. Rien de ce qui a vie ne
peut périr entièrement. Tout se transforme autour
de nous, rien ne périt. C'est ce qui a fait dire à
M. Magendie : que de la mort même jaillissait la
vie (cc).

Toute la question se borne donc à l'immortalité du *moi*, suivant l'expression de M. Cousin.
Or, 1° cela n'a rien d'impossible ; 2° c'est une idée
aussi naturelle que consolante ; 3° enfin, toutes les
traditions religieuses sont d'accord pour admettre
l'immortalité de l'âme comme un *fait* dogmati-
que (DD).

FIN.

NOTES.

(A) « L'art de guérir, disait à ce sujet l'illustre Cabanis,
ne sera réellement utile aux hommes que le jour, où quiconque aura atteint l'âge de 30 ans sera en état d'être, à
lui-même, son propre médecin. » *Medice cura te ipsum*
est, en effet, un adage antique ; et le vieillard de Cos avait
pris pour devise : « Prévenir les maladies vaut mieux que
les guérir. » C'est, du moins, infiniment plus utile.

(B) Cependant, si l'on s'attache à considérer les coraux
et les madrépores l'on verra que la différence qui existe
entre les végétaux et les minéraux, dans les derniers de-
grès de l'échelle organique, s'efface sensiblement. En effet,
les madrépores que j'ai observés dans les mers des Antilles
présentent à leur périphérie non-seulement la forme des
plantes, mais même la sensibilité des animaux, comme si la
nature avait voulu placer en eux l'anneau qui lie ensemble
les chaînes des trois règnes.

(c) Il est bon de faire remarquer, à cette occasion, que les propriétés que l'air communique au sang sont de la plus haute importance. C'est sans doute d'après ce résultat que Moïse plaçait déjà l'âme des animaux, en général, dans le sang.

(d) Voilà donc, d'après cela, l'enfant qui vient de naître, fatalement condamné par la nature, dans l'état normal, à vivre, croître, se développer et parcourir, en un mot, toutes les périodes de l'humaine existence.

(e) Les personnes chargées de l'éducation de l'enfance devraient d'autant plus prêter attention à ce point important (la parfaite mastication des aliments) que l'oubli de cette fonction est aussi contraire à la santé qu'aux règles de la bienséance. Rien n'est plus vilain, en effet, que d'avaler les aliments sans les mâcher, et rien n'est plus indécent, à table, que de parler avant d'avoir complètement avalé ce que l'on a sous les dents....

(f) Comme la généralité des séreuses de l'économie animale, le péritoine est sujet à des inflammations qui se terminent par un épanchement séreux, épanchement connu sous le nom d'*ascite* ou *hydropisie active*, par opposition à celui qui dépend d'autres maladies et qu'à cause de cela l'on désigne sous le nom d'*hydropisie passive*. L'épanchement du péritoine peut être de nature purulente, comme dans la péritonite puerpérale, dont la terminaison est ordinairement fatale, ou bien purement séreux comme dans l'hydropisie passive en général. Dans ce dernier cas l'on pratique la ponction palliative, opération connue sous le nom de *paracentèse*. Cette opération n'est pas dans tous les cas exempte de dangers. J'ai vu, en effet, en 1838 à l'Hôpital Beaujon un employé des pompes funèbres succom-

ber 18 heures après cette opération. A l'autopsie l'on cons-
tata une teinte rosée du péritoine et un petit épanchement
de sérosité dans les ventricules latéraux du cerveau.

(G) A l'Hôpital de la Pitié, dans le service du Dr Gendrin,
était couché un malade en pleine convalescence d'une petite vérole confluente, dont la marche avait présenté la
plus grande gravité. Voulant, sans doute, fêter cet heureux résultat, le sujet dont il est question se fit apporter
clandestinement par son jeune frère du vin et des aliments qu'il eut soin d'ingérer. Mais n'ayant pas encore acquis assez de forces pour résister au travail de la digestion,
il succomba rapidement. A l'autopsie il nous fut impossible
de reconnaître d'autre lésion que la présence intempestive
de ces mêmes aliments, en partie digérés, dans le canal intestinal, accompagnée d'une congestion de la muqueuse
digestive, des poumons, du cerveau, etc., congestion due
évidemment à l'imprudence commise par le malade.

(H) On lit dans le journal *le Pays* du 17 janvier 1852 :

» Hier, jeudi, un jeune professeur de minéralogie, M. F.
âgé de 22 ans, s'était laissé entraîner, par quelques anciens
camarades d'études, dans un bal public où il passa la nuit.
Contrairement à ses habitudes ordinaires de sobriété, il
avait pris part à un souper prolongé. Aussi, lorsque le moment de se retirer fut venu, se trouva-t-il dans un état de
trouble que le froid, en le saisissant, fit dégénérer en un
véritable état d'ivresse.

» Ramené chez lui, place du Palais-de-Justice, ce malheureux jeune homme fut l'objet de soins empressés : mais
tous les efforts que l'on fit pour rappeler la chaleur à l'é-
piderme et combattre le froid qui l'avait saisi furent inutiles, et moins d'une heure après son retour à son domicile.
il rendait le dernier soupir entre les bras de ses amis dé-
solés. »

Un cas semblable a eu lieu au Cap-Corse pendant l'automne de 1851 après un repas de noces; mais avec cette différence que le sujet de cette deuxième observation, vigoureux marin, n'eut pas le temps de gagner son logis et périt dans les champs par les mêmes causes.

« Ainsi (dirait ici avec raison M. de Humboldt) dans la barbarie, comme dans l'éclat trompeur d'une civilisation raffinée, l'homme se crée toujours une vie de misères. »

(*Tab. de la nature*, in 8° page 35, Milan 1851.)

(1) On lit, à ce sujet, dans le journal *La Suisse* :

« L'ivrognerie est le vice le plus commun aux classes pauvres de l'Allemagne. L'on y compte 40,000 décès par an, dus à l'abus des boissons. Dans le Zollverein seulement l'on consomme 460,000,000 de *quarti* d'eau-de-vie, et dans l'Asie l'on consacre à la distillation la moitié des grains produits par le sol. »

« *Durante l'ultimo decennio*, dit le Moniteur Toscan, *lo spirito di vino impose alla nazione americana* :

1° *Una spesa diretta di seicento milioni di dollari (tre mila milioni di franchi):*

2° *Le cagionò una spesa indiretta di altri seicento milioni di dollari ;*

3° *Produsse la morte di* 300,000 *persone;*

4° *Mandò* 100,000 *ragazzi agli asili dei poveri*;

5° *Fece incarcerare almeno* 150,000 *persone ;*

6° *Fece impazzare oltre* 10,000 *persone ;*

7° *Provocò* 1,500 *assassinj e* 2,000 *suicidj ;*

8° *Vennero distrutti edificj e merci per il valore di* 10,000,000 *di dollari;*

9° *Rese vedove* 200,000 *donne, ed* 1,000,000 *di fanciulli orfani ;*

Tali sono i lamentevoli progressi nell'arte di distillare. »

(Journal cité. 15 janvier 1853).

(ɪ) J'ai donné des soins à une malade qui avait été déclarée hydropique par plusieurs praticiens, lesquels ne s'étaient probablement pas donné la peine d'examiner qu'ils avaient à faire à un simple météorisme; celui-ci céda comme par enchantement à l'usage des carminatifs, des substances alcalines et à l'application d'une ceinture de flanelle légèrement compressive, embrassant l'abdomen.

(κ) Mais il ne faut pas perdre de vue que, dans les affections du tube digestif, en général, et dans celles de l'estomac, en particulier, il faut, dans beaucoup de cas, aider l'efficacité du régime par des applications de sangsues ou de ventouses scarifiées, sur les points de la cavité abdominale jugés les plus malades. Au n° 7 de la salle Saint-Augustin, à l'hôpital de la Pitié était couchée, en février 1842, une femme affectée, depuis 8 mois, d'une abondante hémorrhagie utérine occasionnée par la présence d'un polype fibreux logé dans l'intérieur de la matrice. Une diarrhée, résultat des moyens employés pour arrêter l'hémorrhagie, acheva d'exténuer les forces de la malade, dont l'estomac rejetait tous les aliments y compris le bouillon et les tisanes. Opérée dans ces conditions défavorables, la malade fut couchée en ville, où les vomissements continuèrent résistant à tous les agents employés pour les arrêter. Dans cet état de choses M. Lisfranc eut recours, en désespoir de cause, à l'application de six sangsues à l'épigastre. A la suite de cette application les vomissements se mitigèrent; la malade pouvait prendre un peu de bouillon sans le rejeter, et grâce à deux autres applications semblables, pratiquées à la distance de quelques jours l'une de l'autre, le sujet de cette observation put digérer des potages et même des viandes rôties. Le 19 avril, enfin, la malade du n° 7 put se rendre d'elle-même, à pied, à l'hôpital pour y être présentée aux élèves du célèbre professeur, complètement guérie.

(L) Cependant, il ne faudrait pas s'imaginer, qu'à cause
de sa destination, le gros intestin, en général, et le cœcum, en particulier, eussent une sensibilité tellement ob-
tuse qu'ils devinsent difficilement malades. C'est plutôt le
contraire qui a lieu. Par la stagnation, en effet, des matières excrémentitielles dans leur cavité, prolongée au delà
du temps ordinaire, les cryptes muqueux, dont la face interne de cette portion de l'intestin est garnie, s'altèrent
dans leurs fonctions, le produit de leur sécrétion change
de nature et donne lieu à ces diarrhées, pour ainsi dire pé-
riodiques, dont la persistance peut menacer, à la longue,
de la perte totale de la santé. C'est pourquoi l'on ne saurait assez avoir soin de nettoyer, de temps en temps, et de
calmer, à la fois, l'irritation de ces parties éminemment
sensibles du tube digestif à l'aide de lavements émol-
lients, etc.

(M) Il semble presque inutile de faire observer, à cause
de l'importance de la sécrétion urinaire, qu'il est indispensable d'en faciliter l'accomplissement par les bains tièdes,
les boissons acidulées, les eaux alcalines, etc., suivant les
lieux, les saisons, l'âge et les besoins de l'économie. Car,
si la science nous enseigne à veiller au maintien de l'intégrité de nos machines industrielles par des soins de tous
les instants, la raison et l'expérience nous démontrent la
nécessité de soigner notre corps qui n'est en définitive, en
tant que matière organisée, qu'une machine sensible, mobile, vivante et fragile à l'excès.

(N) *Tutte poi in genere le passioni*, dit Tassoni, *alte-
rano la bile, restringono di troppo, o straordinariamente
dilatano il cuore, tolgono l'appetenza, impediscono le
necessarie secrezioni, e sconvolta l'economia animale ne
succedono infiniti malori, e spesso anche una morte in-*

*tempestiva e precoce, conseguenze funeste, ma inevitabili
delle passioni mal regolate e degli affetti disordinati.*
     (*La Religione Dimostrata, T. III*, pag. 173 in 8°;
          Pisa 1822. Aut. cité).

(o) Suivant le professeur Gendrin, toutes les causes débi-
litantes, en général, prédisposent aux tubercules, sans qu'il
soit possible d'admettre, chez un grand nombre de sujets
affectés de cette infirmité, de prédisposition héréditaire.
          (*Leçons cliniques*, mai 1841.)

(p) La facilité avec laquelle la pleurésie se reproduit et
renaît, pour ainsi parler, de ses cendres, observée chez
l'homme ou chez les mammifères domestiques, soit dans
le cours de la même affection, soit à un ou plusieurs mois
d'intervalle, alors même que les convalescents jouissent
du plus robuste embonpoint, m'a conduit à dire que cette
maladie était à *répétition*. La saignée, surtout la saignée
répétée à propos, jointe aux applications locales de sangsues, est le meilleur moyen curatif. C'est ce qui, en 1844,
faisait dire au Professeur Tagliabò, dans ses leçons clini-
ques à l'Hôpital Saint-Esprit de Rome, que dans les affections aiguës le meilleur calmant était la pointe de la lan-
cette. Puis au lit d'un de ses malades atteint de pleurésie,
il nous citait l'exemple d'un individu atteint de la même
affection quelques années auparavant et chez lequel douze
saignées successives n'avaient pu éteindre la force de ré-
percussion. Il fallut, alors que le sujet de cette dernière
observation luttait avec la mort, dans les angoisses de l'a-
gonie, sur l'avis du Professeur De Matheis, pratiquer encore deux petites saignées, moyennant lesquelles l'agoni-
sant put se rétablir.

(q) *In poter nostro è* (dit effectivement Tassoni) *di fare*

il miglior uso delle nostre passioni, correggendone l'ec-
cesso o il difetto.

(Ouv. cité, aut. cité, p. 170.)

(ʀ) On lit, à ce propos, dans le Journal *des Débats* du
10 janvier 1853 :

« Dans les bas quartiers de Westminster, un homme
loge vingt jeunes femmes tombées dans la plus affreuse détresse.........

» Dans ces affreux repaires, hantés par les voleurs.... on
joue constamment aux cartes........

» Les officiers de police ont trouvé dans une seule chambre trente personnes, hommes, femmes, jurant, bu-
vant...... (*Rapp. du Cap. Hay, constable de la police de
Londres*).

Je passe sur certains détails par respect pour le lecteur.

(s) J'ai pour habitude, en pareil cas, de couper le cordon ombilical du nouveau-né, en ayant la précaution d'en
laisser échapper deux ou trois cueillerées de sang avant de
le lier.

(ᴛ) Guillaume Harvey, médecin anglais, et ami intime
de l'infortuné Charles Ier, fit la découverte de la circulation
du sang vers le commencement du XVIIe siècle. Son traité
de la circulation remonte, en effet, à 1628.

(ᴜ) « La description physique du monde, dit M. de
Humboldt, doit rappeler que tous les matériaux dont la
charpente des êtres vivants est formée se retrouvent dans
l'écorce inorganique de la terre. Elle doit montrer les végétaux et les animaux soumis aux mêmes forces qui régissent les corps bruts, et signaler dans les combinaisons ou
les décompositions de la matière, l'action des mêmes *agents*

qui donnent aux tissus organiques leurs formes et leurs propriétés ; seulement ces forces agissent alors sous des conditions peu connues, que l'on désigne d'une manière vague par *phénomènes vitaux*, et que l'on a groupés systématiquement d'après des analogies plus ou moins heureuses...... » (COSMOS, T. 1, p. 52, traduction de Faye.)

« Les plantes, dit le même auteur dans un autre ouvrage, travaillent sans cesse à s'approprier la matière brute du sol, à la coordonner organiquement, et à préparer, par la force vitale, ce mélange qui, après mille transformations, s'épure au point de devenir l'irritable fibre nerveuse. Le regard que nous fixons sur l'étendue de la nappe végétale nous dévoile aussi l'abondance de cette vie animale qui est par là entretenue et conservée. »

(v) Malheureusement, il faut le reconnaître, ce n'est pas ainsi qu'on le pratique, en général ; c'est pourquoi l'état actuel des sociétés a inspiré à des hommes de cœur la plus sévère critique de nos mœurs. L'un d'entre eux, M. Leclerc, président d'une société de prévoyance s'exprimait ainsi, au sein de la dite société, le 1er janvier 1852, en parlant des corrupteurs de la jeunesse :

» .... Véritables empoisonneurs du peuple, hommes d'autant plus dangereux, qu'ils prennent tous les masques, jouent tous les rôles, flattent toutes les passions, s'adressent à tous les intérêts pour séduire et corrompre ; se présentant aux bons et aux crédules, comme de véritables apôtres, ne voulant, ne réclamant que l'application des saintes doctrines de l'Evangile ; tandis qu'à d'autres, dont ils connaissent la paresse, la lâcheté, l'ivrognerie, les instincts sanguinaires, ils promettent le vol, le pillage, le meurtre, le sac de la société entière, et pour les rassurer contre les murmures de leur conscience, leur affirment que Dieu n'existe pas, que l'univers est l'ouvrage du hasard

et que la religion, cette consolation du riche et du pauvre,
du savant et de l'ignorant, qui n'a en vue, en ce monde et
en l'autre, que notre amélioration et notre bonheur, est
une vaine superstition passée de mode, qui n'est plus pratiquée que par les femmes et les sots : tout au delà de cette
vie n'étant plus que néant.... »

(x) . . . . . Il est établi que sur neuf millions d'ouvrages
ainsi vendus (annuellement en France), les huit-neuvièmes.
c'est-à-dire huit millions étaient plus ou moins des livres
immoraux. Pour vous en convaincre M. le ministre, il suffirait d'inscrire ici quelques-uns des titres de ces livres que
le colportage semait par ses mains dans les chaumières. La
pudeur ne le permet pas. Je ne souillerai pas ce rapport de
mots obscènes, même pour les flétrir !

(M. le vicomte A. DE LA GUÉRONNIÈRE, *Const.*
9 avril 1853.)

(Y) « *Vedesi*, dit Montesquieu, à ce sujet, *la maggior
parte delle famiglie più grandi del mezzodì europeo pe-
rire d'un male funesto.......*
» *La sete dell'oro fu quella che perpetuò questo morbo....*
.... *questa calamità erasi insinuata nel seno del
matrimonio, ed aveva ormai corrotta l'infanzia stessa.*
» *Siccome appartiene alla sapienza de'legislatori l'a-
ver l'occhio sulla sanità dei cittadini, sarebbe stata cosa
prudentissima il troncare questa comunicazione con leggi
fatte sul piano delle leggi mosaiche.* »

(*Lo Spirito delle leggi*, T. II, pag. 68 et 69,
in 8°. Firenze 1822).

(z) » *La dissolutezza* (ajoute Monseign. Tassoni), *la
crapula abbrevia i giorni........*
» *Quelli i quali lasciano il freno libero al libertinaggio*

e si abbandonano alle passioni, non sono mai contenti,
non sono mai felici, menano una vita piena d'inquietez-
ze, afflizioni, travagli, ansietà, rimorsi, che non ren-
gono mai meno e si succedono l'un l'altro. »

(*La Religione Dimostr.*, T. III, pag. 170 e seg.)

(AA) Il est vrai que Lewenhœch, Bœrhaave, Cooper, etc.
ont admis la nécessité de l'arrivée des animalcules spermatiques jusqu'à l'ovaire ; mais voici comment un critique
italien fait justice de cette théorie :

« *Questi animaluzzi, che son d'indole oltre modo bat-*
tagliera e sanguinaria, tutti in assembraglia si cacciano
per le trombe fallopiane, come Leonida nello stretto delle
Termopili, si dirigono sulle ovaje ed ivi, emulando i fi-
gli del serpente cadmeo, si danno fieramente addosso fra
se, e combattono una orribile pugna all'ultimo sangue,
nella quale tutti perdon la vita e rimangon sformati ca-
daveri sul campo dell'ovaje (altro che la rotta di Ronci-
svalle!) ad eccezion di un solo eroe che resta

« *Come drago a imperar per lo deserto*, etc.

(*Sulla storia e teoria del magn. anim..*
T. II, pag. 86. Firenze 1851.)

En d'autres termes, si l'intromission était la condition
fondamentale de la fécondation, chez les mammifères, l'on
ne concevrait pas comment l'immortel Spallanzani n'est
pas parvenu à produire ce phénomène naturel, chez les
chiennes et les brebis sur lesquelles il a opéré, à l'aide de
séringues convenables, chargées de la semence fécondante
du mâle, dans l'état de fluidité et de température le plus
propice à la réussite de ses savantes recherches.

Enfin, si la fleur mâle sous-aquatique du Valisneria,
par exemple, peut (se détachant de la plante) traverser
une grande masse d'eau pour aller déposer son pollen sur

la fleur femelle qui flotte à la surface des fleuves ou des
lacs qu'elle habite, l'on conçoit encore bien plus aisément
que, grâce au même agent physique (je le répète), des molécules microscopiques de fluide spermatique, déposées,
avec l'excitation suffisante, à l'orifice externe des parties
génitales de la femme, puissent être portées jusqu'aux
ovaires et produire dans certains cas déterminés la fécondation sans l'intermédiaire *obligé* de l'intromission.......

(BB) « *Veggiamo noi*, dit à ce sujet le célèbre prof. Mau-
rice Bufalini, *nella fisica costituzione degli individui pre-*
valere ora i globetti sanguigni, ora l'elemento nervoso,
ed ora la parte albuminosa; come pure veggiamo talora
scarseggiare tutti questi materiali organici e prevalere
la proporzione delle parti acquee. Si aggiunge, che
un'opera diversa dell'apparecchio epatico ingenera una
peculiare influenza della bile sopra le funzioni tutte del-
l'organismo, e modifica l'essere della primitiva generale
costituzione di esso. »
                              (*Dell'influenza dei temperamenti*, etc. *Discorsi*
                                  politico-morali, in-18° p. 68. Firenze 1851.)

(CC) « Nous ne pouvons rien déranger dans l'ordre éternel de la nature, — nous ne pouvons pas plus anéantir une
seule goutte d'eau que décrocher une étoile. »
                              (*Une vérité par semaine*; ALPH. KARR.)

(DD) Cependant, si cette manière de voir pouvait faire
hocher la tête aux incrédules, je leur dirais :
Celui qui a tiré mon corps de la poussière et mon âme
du feu; Celui qui m'a tiré du néant pour m'appeler à la vie;
Celui qui, d'ignorant que je suis peut me faire instruit, et
de pauvre riche; Celui qui, de la corruption peut m'appeler à la vertu; de la méchanceté, à la bonté, Celui-là, je

le répète, peut me donner la perfection et l'immortalité.
C'est une conséquence inébranlable des faits!

Ce monde que j'habite, les sphères qui roulent dans l'espace et qui marquent les heures, tout ce qui m'entoure et
tout ce qui est, ne prouvent-ils pas l'existence d'un Dieu-
Souverain et Créateur? Ne prouvent-ils point, en d'autres
termes, que tout ne finit pas, pour l'homme, avec cette vie
caduque? Après lui, en effet, n'est-il pas vrai que l'humanité à laquelle il appartient poursuit sa marche, ici-bas,
tout aussi jeune et tout aussi vigoureuse que s'il n'était pas
mort?... Or, tout cela ne prouve-t-il point un but constant
et certain dont le Créateur s'est réservé le secret? — Enfin,
si un cheveu de ma tête ne peut pas disparaître en entier!
que dis-je? si les éléments de la plus petite efflorescence
de mon épiderme, par exemple, ne peuvent cesser d'être,
comment supposer que la partie la plus noble de moi-même puisse périr?.... Et la conscience, cet attribut de la Divinité, pourquoi m'aurait-elle été donnée en partage si
tout devait se borner, pour moi, à la dure épreuve du trépas?...

Je ne crois pas m'éloigner de mon sujet, mais, bien au
contraire, faire chose utile au lecteur en mettant sous ses
yeux le tableau suivant sur la mortalité de Paris en 1851.

« Chaque année la mort frappe en France 800,000 personnes, soit en moyenne un décès sur 47 habitants. Toutefois la répartition de la mortalité entre les villes et les
campagnes modifie sensiblement ce chiffre, et tandis qu'il
s'élève à 51 pour les habitants des campagnes, il descend à
43 pour les habitants des villes peuplées de plus de 20,000
âmes.

» Paris doit à ses rues étroites, à ses maisons élevées.
qui interceptent l'air et les rayons du soleil, ainsi qu'à
l'extrême densité de sa population, d'offrir à la mort un
contingent beaucoup plus élevé et qui varie d'une manière

frappante selon l'exposition et le degré de salubrité des différents quartiers. Alors que les parties ouvertes et élevées
de la ville comptent les décès dans la proportion de 1 sur
40 ou 45, il meurt encore par an un individu sur 35 dans
le centre de la ville. En ouvrant dans ces quartiers déshérités, de larges voies de communication, en leur donnant
l'air, la lumière et l'espace qui leur manquent, l'administration municipale, non-seulement les embellit et y facilite
les relations commerciales, mais elle y augmente, on le
voit, les chances de vie des habitants, elle allonge la vie
moyenne de la population.

» Ainsi en 1812, époque à laquelle furent achevés les
premiers travaux d'assainissement de Paris, le chiffre des
décès s'élevait à 19,788 sur une population de près de
600,000 âmes, soit une proportion de 1 décès sur 30 habitants. En 1841, grâce aux immenses sacrifices de l'administration, pour dégager et améliorer la voie publique, les
décès n'offraient plus que la proportion de 1 sur 34 habitants, soit 27,160 décès sur une population de 935,261
âmes.

» En 1851, c'est-à-dire après les travaux d'assainissement de la cité et de la plus grande partie des boulevards
extérieurs, après l'ouverture des rues Rambuteau, du pont
Louis-Philippe, de Lobau, d'Arcole, de Constantine, de
l'École-Polytechnique, etc., après l'élargissement des rues
Laharpe, de la Cité, Montmartre, Coquillère, et les démolitions du Carrousel et du quartier des Halles, la proportion n'est plus que d'un décès sur quarante habitans. Les
gigantesques travaux ayant pour objet le percement de la
rue de Rivoli et l'isolement de l'Hôtel-de-Ville améliore-
ront encore cet heureux résultat et nous ne pouvons douter
qu'avant dix années, grâce aux progrès de la science hygiénique, à l'accroissement de la richesse publique et surtout
aux immenses sacrifices que s'impose l'administration pour

aérer et assainir les quartiers du centre, nous ne pouvons douter, disons-nous que la mortalité à Paris ne diminue successivement au point d'atteindre le chiffre moyen que présentent les autres villes de France.

» Nous avons maintenant à faire connaître le tableau détaillé de la mortalité parisienne. Les faits dont-il se compose portent en eux leur éloquence et nous dispensent de faire ressortir les enseignements qu'il renferme. D'après les chiffres officiels, nous avons pu indiquer dans ce tableau l'âge et le sexe de chaque individu, ainsi que les causes déterminantes de la mort :

	HOMMES.	FEMMES.	TOTAL.
Au-dessous de 3 mois	2,978	2,523	5,501
De 3 mois à 1 an.	825	725	1,550
1 à 6 ans	1,922	2,037	3,959
6 à 8	216	155	371
8 à 15	177	365	542
15 à 20	498	539	1,037
20 à 30	1,502	1,544	3,046
30 à 40	1,205	1,239	2,444
40 à 50	1,439	1,145	2,584
50 à 60	1,493	1,172	2,665
60 à 70	1,263	1,118	2,381
70 à 80	1,052	1,326	2,378
Au delà	440	611	1,051
TOTAL	15,010	14,499	29,509

	HOMMES.	FEMMES.	TOTAL.
Phthisie pulmonaire	1,943	2,170	4,113
Catarrhe pulmonaire	685	1,072	1,757
Pneumonie.	1,196	1,185	2,381
TOTAL PARTIEL. . . .	3,824	4,427	8,251

Fièvre entérite	1,943	1,540	3,483
— typhoïde.	561	392	953
— cérébrale	700	520	1,220
Apoplexie	483	376	859
Suicides	256	90	346
Enfants morts nés	1,365	970	2,335
— rougeole.	144	161	305
— convulsions	382	288	670
— croup.	175	159	334
Petite vérole	203	165	368
Causes diverses	4,974	5,411	10,385
TOTAL GÉNÉRAL. . . .	15,010	14,499	29,508

(*Le Pays,* 12 février 1852.)

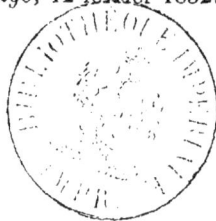

TABLE DES MATIÈRES.

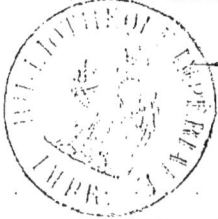

ESSAI

sur

L'APPLICATION

DES LOIS NATURELLES OU PHYSIOLOGIQUES

À LA SANTÉ, AUX MŒURS ET À LA LÉGISLATION.

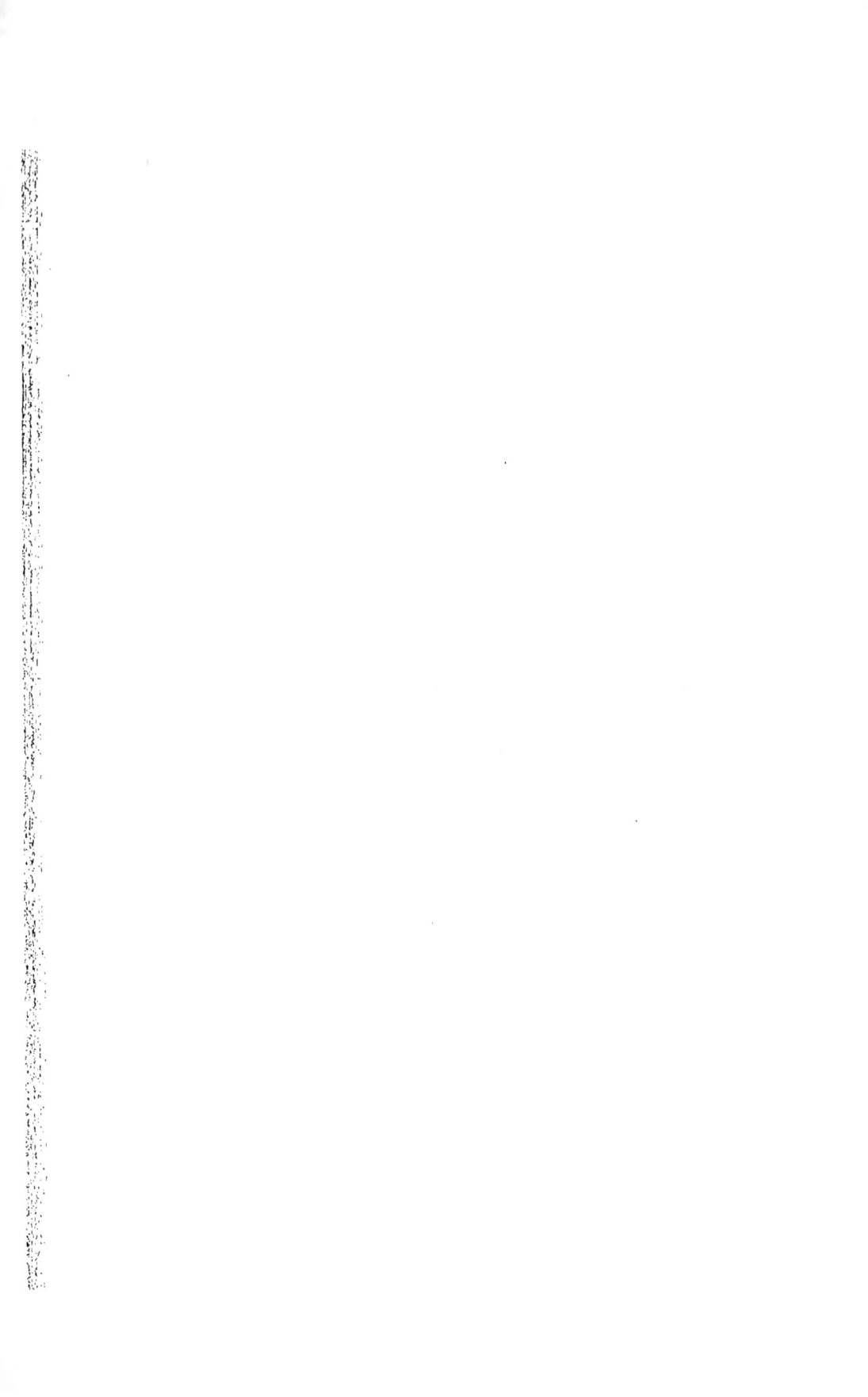

A mon Oncle

François Piccioni.

A. Piccioni.

PRÉFACE.

« On sait tout le bien que produisit le code
» Napoléon..... Mais ce code ne répondait pas
» encore à tous les désirs de l'Empereur. »

L.-Napoléon.

En écrivant cet ouvrage, je ne fais que satisfaire
aux vœux d'une personne qui me fut chère, et
dont la vie fut brisée à la fleur de l'âge, faute de
connaître les premiers éléments de l'hygiène et les
lois qui président à la vie humaine. L'on peut être
en effet fort instruit, doué des plus nobles facultés, avoir été fort richement doté par la nature
sous tous les rapports possibles, et cependant
ignorer les choses les plus essentielles à connaître, les objets les plus nécessaires à notre bonheur, à notre conservation.

16

C'est ce que nous voyons précisément de nos
jours, où la jeunesse de nos écoles sait tout, apprend tout, connaît tout, excepté ce qui est le
plus indispensable à la vie, je veux parler de l'art
de se conserver en bonne santé, de se bien conduire et d'être utile aux autres. La démoralisation,
les ténèbres qui ont précédé le XIXe siècle, et l'enseignement bâtard par lequel on prétend élever
aujourd'hui une jeunesse qui porte dans ses flancs
le germe des vices paternels, sont évidemment la
cause des maux innombrables qui désolent chaque
jour les familles....

Tous, nous voyons le mal; tous, nous en conve-
nons; nous nous en plaignons tous : nul cependant
n'ose y porter remède! En général, l'on se contente de crier contre l'orgueil et la prétention démesurée des enfants, contre la morgue des péda-
gogues qui les élèvent, contre les ministres qui
nomment et salarient ces derniers, contre l'Université enfin qui leur délivre, pour une somme
d'argent, des brevets de capacité.

Ce n'est pas ce que je me propose de faire ici.
Le mal existe, on le reconnaît, il est malheureusement trop réel : cela me suffit. Mon unique but

est d'y trouver un remède efficace, et de signaler
ce remède à mes concitoyens de tous les âges, de
tous les rangs, de tous les sexes, de tous les pays,
de toutes les croyances, de toutes les opinions et
de toutes les fortunes, présents et à venir.

Or, le mal physique, comme le mal moral qui
désole la société et les familles, réside, je le répète, dans l'ignorance des choses les plus indispensables et les plus nécessaires à notre existence,
comme créatures terrestres. Telles sont celles qui
sont relatives à notre conservation, à nos sentiments et à nos rapports sociaux; ou, en d'autres
termes, à nos besoins physiques, à nos besoins
moraux et à nos besoins intellectuels.

C'est donc cette science si utile et si simple,
qui a pour but le bonheur de l'humanité, que je
me propose d'esquisser, que je désire pouvoir démontrer ici à mes semblables. A cet effet, je pren-
drai l'organisme humain pour point de départ
comme l'œuvre sublime d'un Être Suprême! et
sur cette base éternelle autant qu'inébranlable,
j'élèverai l'édifice de la science de l'homme, édifice appelé désormais à abriter les générations
présentes et futures.... (a).

Je calquerai ma doctrine sur la nature. J'analy-
serai l'homme pièce à pièce; je l'examinerai organe par organe; j'opposerai à chacun de ceux-ci
le modificateur hygiénique ou l'agent physique
correspondant, agent harmonieux qui lui a été
destiné par son Auteur, de toute éternité! Je note-
rai, en même temps, l'accord et la fonction qui
résultent de la double action de l'organe et de son
modificateur. Je déduirai de là, enfin, les lois naturelles qui président à la vie et au bonheur de mes
semblables (b).

Persuader ces derniers qu'ils ne pourront jamais être heureux sans se soumettre à ces lois
immuables; leur indiquer les moyens rationnels
de les observer fidèlement, comme des créatures
raisonnables et intelligentes doivent le faire, voilà
ce que je me propose encore. Je poursuivrai ce
but sans aucune considération d'intérêt, ni de personnes, car dans cette question palpitante d'ac-
tualité un intérêt domine tous les autres, c'est
celui du bonheur de mes concitoyens; une personne s'élève, à mes yeux, au-dessus de toutes
les autres, c'est la grande famille du genre humain!

Amplement convaincu, par conséquent, que l'homme ne pourra être heureux sur la terre qu'autant qu'il se soumettra volontairement aux lois que le Créateur a établies pour lui, je vais m'occuper successivement du soin de les mettre toutes sous les yeux de mes lecteurs.

Paris, 1842.

ESSAI

SUR L'APPLICATION

DES LOIS NATURELLES

OU PHYSIOLOGIQUES

A LA SANTÉ, AUX MOEURS ET A LA LÉGISLATION.

LIVRE PREMIER.

Fonction de la Respiration ou de l'Hématose.

CHAPITRE PREMIER.

DES POUMONS.

En nous créant avec des organes pulmonaires, l'Auteur de la nature nous assujettit tous à la même loi générale à laquelle il a soumis tous les mammifères : *respirer pour vivre.*

Mais, au milieu de l'accord et de l'empressement unanime qui existe parmi toutes les créatures sensibles pour satisfaire à cette inviolable loi, l'homme, par une exception malheureuse, semble être

indifférent à tout ce qui en concerne l'observation. C'est pourquoi des maladies sans nombre
pleuvent chaque année sur lui comme sur les hé-
ritiers de son insouciance, à cet égard. Et cependant, quelle raison, ou bien quel intérêt peut le
pousser à agir de la sorte? Il n'en existe aucun;
au point que l'ignorance seule peut être invoquée
en cette circonstance, comme l'excuse de sa cou-
pable conduite envers Dieu, envers lui-même,
envers ses semblables; car quiconque attente à sa
vie, de quelque manière que ce soit, manque à
ses devoirs d'homme, de croyant et de citoyen.
Mais, comment invoquer raisonnablement l'ignorance dans un siècle de lumières comme le nôtre,
quand il s'agit d'une chose si chère? Qui ignore,
en effet, aujourd'hui que l'homme respire à l'aide
de deux poumons? Qui ne sait pas combien ces
deux organes sont importants? que la santé dépend, en grande partie, de leur parfaite intégrité?
que leurs maladies sont toujours dangereuses et
trop souvent mortelles?... Tous les hommes le savent; mais, ne pouvant pas voir leurs organes pulmonaires comme ils voient leurs orteils, par exemple, ils prennent bien soin de leurs pieds comme
d'une chose réellement précieuse et sans laquelle
cependant l'on peut continuer à se bien porter,
tandis qu'ils oublient entièrement leurs poumons
dont la fragilité et l'importance surpasse de beaucoup celle de tous les autres organes externes.

Or, pour tirer mes semblables d'une pareille erreur, je n'aurai qu'à fixer un instant leur attention sur cet important sujet.

Celui qui a fait le ciel et la terre et toutes les choses qui se meuvent et qui ont vie, a jugé dans sa sagesse que l'homme, comme toute créature terrestre, ne pourrait vivre qu'à la condition de s'assimiler une partie de l'air que la Providence a, dans ce but, accumulée avec profusion autour de lui, comme sa première et sa plus indispensable nourriture. Pour cela, il a doué l'homme de deux poumons, comme il l'a doté d'un estomac pour digérer les aliments d'un autre genre qu'il lui a préparés dès la plus haute antiquité. Les poumons, en effet, sont à l'air atmosphérique ce que l'estomac est, jusqu'à un certain point, aux aliments liquides et solides qui composent notre nourriture quotidienne. L'on ne peut donc pas plus vivre avec des poumons malades qu'avec un estomac malade ; encore moins, lorsque les premiers et le second le sont à la fois, ainsi que cela arrive malheureusement plus souvent qu'on ne pense, et ainsi que je l'ai observé dans plusieurs cas.

La facilité avec laquelle les organes pulmonaires contractent des maladies est, en outre, si grande à tous les âges de la vie, mais principalement dans la première moitié de sa durée ordinaire, que la plupart des hommes, on peut dire, meurent par

la poitrine. A Paris, par exemple, la phthysie
pulmonaire seule entre pour un cinquième dans le
chiffre de la mortalité commune!... Éviter donc
les causes qui déterminent si souvent les affections
des poumons, doit être le premier devoir de toute
créature raisonnable, de tout homme de bien, de
quiconque est attaché enfin à ses obligations de
citoyen.

CHAPITRE II.

DE L'AIR ATMOSPHÉRIQUE.

En donnant à l'homme les organes de l'héma-tose, Dieu créa, en même temps, cette ceinture immense d'atmosphère qui étreint le globe de toute part, afin que ses créatures n'eussent jamais à manquer de l'aliment nécessaire qui les fait vivre et respirer. Dans sa divine prévoyance, il plaça donc le modificateur hygiénique à côté de l'organe qui devait en être impressionné, qui doit en assi-miler à chaque instant une partie au profit de l'in-dividu tout entier.

A voir l'harmonie qui résulte de l'action de l'air sur les poumons, l'on dirait que cet agent physi-que a été créé pour eux, comme ils ont été créés eux-mêmes pour lui. L'homme seul a pu être as-sez audacieux pour porter une main sacrilége sur un ordre aussi admirable. Lui seul, en effet, in-tervertissant, à la fois, toutes les lois qui prési-dent à son existence normale, a foulé aux pieds

les règles de l'hygiène à cet égard; et, loin de
rechercher l'air pour vivre, il a dédaigné, il a
méprisé son importance! Tellement que, nous
voyons tous les jours les gens les plus aisés se
renfermer soigneusement dans leur chambre, y
rester la plus grande partie de la journée et passer
le reste de la nuit dans l'atmosphère pestiférée des
salons, des salles de spectacle, de bal ou de con-
certs. Tandis que, d'un autre côté, le pauvre ouvrier, qui travaille pour vivre, respire tout le jour
l'air d'un atelier malsain, et couche la nuit sur un
dur grabat, dans une mauvaise mansarde de quelques mètres de capacité; tombeau prématuré que
la société assigne à ses labeurs!

Est-ce ainsi cependant que l'homme, que cette
créature intelligente et presque divine, qui dispose
aujourd'hui de la plupart des éléments terrestres,
devrait employer les bienfaits dont la Providence
a été si prodigue envers elle? Non, certes, si la
reconnaissance envers l'Auteur de la nature, si la
conscience, si la raison entraient pour quelque
chose dans les déterminations humaines. Mais depuis que la fraude, l'avarice, la dissimulation, l'é-
goïsme, depuis que tous les vices ont fait irruption
sur la terre, l'homme n'écoute plus que la voix de
ses passions, et, semblable aux animaux les plus
immondes, il se traîne comme eux, terre à terre,
partout où ses instincts l'appellent, partout où il
trouve quelque mauvais penchant à satisfaire, sans

s'inquiéter jamais s'il a reçu l'existence pour la
consacrer entièrement à l'entretien de sa santé, à
la gloire de son Dieu et au bien-être de ses semblables.

C'est donc en vain que le Créateur a doué
l'homme d'intelligence, c'est en vain qu'il lui a
donné des organes pulmonaires, et qu'il a mis à
sa disposition les couches profondes de l'atmosphère, afin qu'il pût y puiser à son gré les éléments réparateurs de la vie; car la plupart des
hommes, au XIXe siècle, agissent comme s'ils
ignoraient qu'ils ont des poumons faits pour respirer l'air atmosphérique....

CHAPITRE III.

En créant l'air pour les poumons et les poumons pour l'air, l'Auteur de l'univers plongea ces organes respiratoires au sein de l'atmosphère terrestre, afin qu'ils ne pussent jamais manquer de leur modificateur hygiénique propre, de l'élément qui nous fait vivre! Dans ce but, *il* plaça l'homme au sein de l'air, comme *il* établit les poissons au fond des eaux, afin que chacune de ses créatures trouvât, dans ces corps divers, l'aliment nécessaire à son développement et à son existence. Ne pouvant rien faire d'imparfait, le Créateur disposa les poumons de l'homme pour respirer dans l'air, comme il avait disposé ceux des poissons pour respirer dans l'eau. Il fixa le siége des organes pulmonaires dans la poitrine des mammifères, de manière à ce que leur cavité pût, à l'aide d'un conduit élastique et membraneux aboutissant à l'arrière bouche, se trouver constamment en rapport avec l'air exté-

rieur. Sa prévoyante sagesse alla plus loin, *elle*
entoura ces organes creux et celluleux d'une cage
osseuse pour les défendre contre les chocs extérieurs, ainsi que d'une large zône musculaire adap-
tée aux barreaux de cette cage, pour lui imprimer
des mouvements propres à diminuer et à augmenter alternativement sa capacité, de manière à permettre à l'air extérieur de pénétrer abondamment
dans les poumons et d'en sortir ensuite, afin de
pouvoir ainsi se renouveler sans cesse et répondre,
par ce simple mécanisme, à tous les besoins de la
respiration.

Le Créateur composa aussi l'air atmosphérique
d'oxigène et d'azote, c'est-à-dire, de deux corps
éminemment nécessaires à la vie de tous les animaux.

Il voulut que le premier de ces corps fût immédiatement employé à vivifier le sang de l'homme
au moyen des organes pulmonaires, tandis qu'il
laissa aux végétaux le soin de puiser dans le sol
et dans l'atmosphère l'azote nécessaire aux déper-
ditions de l'organisme humain. L'air atmosphérique contient donc les deux éléments les plus indispensables à la vie de tous les êtres organisés
vivants! Il renferme, en outre, une petite quantité
de vapeur d'eau et d'acide carbonique, corps également indispensables à la vie des plantes. Si
l'homme répare donc ses pertes et restaure ses
forces par l'usage des aliments, on peut dire qu'il

ne continue à vivre qu'en respirant l'air atmosphérique, chargé de renouveler sans cesse la
masse de son sang. Or, c'est précisément la respiration qui est chargée d'opérer cette régénération perpétuelle et constante du fluide le plus indispensable à la vie. En effet, à mesure que l'air
pénètre dans la capacité pulmonaire par l'écarte-
ment involontaire des parois de la poitrine, le
sang noir et stupéfiant, qui circule dans les vaisseaux capillaires qui entourent les cellules aériennes des poumons, mis ainsi en contact médiat avec
l'air extérieur dont il n'est plus séparé que par
une mince membrane, se dépouille aussitôt de son
excès de carbone pour retenir l'oxigène nécessaire
à sa transformation en sang rouge, artériel, plastique et vital. C'est de ce phénomène si simple,
qui résulte de l'action de l'air sur les poumons et
des poumons sur l'air, que dépend la santé et la
continuation de la vie ; c'est ce phénomène qui
porte le nom de *respiration*, fonction à laquelle le
Créateur a assujetti l'homme, comme tous les autres mammifères.

La loi qui préside à la respiration est, en effet,
si impérieuse que nul mortel ne peut s'y soustraire, même pendant quelques secondes, sans
danger de périr asphyxié. C'est ce qui arrive aux
imprudents qui se renferment dans des chambres
où brûlent des charbons ardents sans issue possible pour la fumée qui s'en exhale ; c'est ce qui

advient à ceux qui se plongent dans l'eau sans
savoir nager; c'est ce qui arrive, enfin, à tous ceux
qui, par une cause quelconque, empêchent l'air
atmosphérique d'arriver jusqu'au fond de leur poitrine, et de permettre ainsi au sang d'y puiser l'oxigène réparateur, comme il puise le chyle alimentaire dans les replis du tube digestif.

CHAPITRE IV.

DE LA SANTÉ.

L'on comprendra aisément, d'après ce qui précède, les applications utiles, indispensables que l'homme peut faire de cette impérieuse fonction à sa santé. En effet, le moindre trouble qui aura lieu dans la respiration de l'homme pourra non-seulement compromettre sa santé, mais, porté à un certain degré, il déterminera la mort de l'individu dans un laps de temps plus ou moins éloigné ; c'est ce que nous voyons tous les jours chez nos amis, chez nos parents, parmi nos voisins, car nul ne peut échapper à cette inviolable loi : *respirer pour vivre.* Or, il est facile de juger du nombre des causes de perturbation qui viennent abréger, sous ce rapport, la vie de l'homme, quand on pense que la tristesse, l'inaction, les affections de poitrine et l'insuffisance ou l'altération de l'air atmosphérique sont de la catégorie de celles qui agissent sur nous de la manière la plus fâcheuse !

Éviter donc soigneusement toutes ces causes de
maladie est le premier devoir de tout homme qui
se respecte lui-même, qui vit dans la crainte de
Dieu et qui est réellement pénétré d'amour pour
ses semblables. Car dédaigner ces causes morbides ou les rechercher, c'est porter volontairement
atteinte à sa propre existence, c'est encourir le
blâme mérité par les suicides qui désertent leur
poste avant l'heure. C'est cependant ce que font
la plupart des hommes, quand ils sacrifient leur
santé pour satisfaire au moindre caprice, au moindre désir, au moindre appétit. Combien de malades, en effet, qui se donnent la mort pour le plaisir de goûter à un peu de pain? Combien de sujets
en bonne santé qui se tuent pour s'être placés le
soir, par exemple, dans l'embrasure d'une croisée,
exposés à un courant d'air frais pendant qu'ils ont
très-chaud? Deux jeunes sujets ont péri, à ma connaissance, victimes d'un pareil oubli des règles de
l'hygiène. Combien enfin qui, pour se rafraîchir,
ne craignent pas, l'été, de se baigner hors de Paris
dans les eaux de la Seine, quoique ne sachant pas
nager; et combien périssent victimes d'une telle
imprudence? Pendant que j'habitais Charenton
dans la belle saison de 1840, un jeune homme
périt ainsi dans le fleuve qui, après avoir reçu les
eaux de la Marne, se dirige de ce village en serpentant vers Paris. Tous les ans les journaux rapportent des faits semblables. Mais une telle facilité

à satisfaire un simple besoin instinctif est-elle digne d'une créature raisonnable? Non, sans doute, et une meilleure éducation suffirait pour faire éviter aux familles tant d'accidents fâcheux de ce genre, pour leur épargner les larmes et les regrets qu'ils entraînent à leur suite....

Pour éviter donc autant que possible d'entraver l'effet salutaire de la respiration, non-seulement l'on doit rechercher une société gaie et se procurer les distractions nécessaires, non-seulement on doit faire chaque jour une certaine somme d'exercice en plein air; mais il faut aussi avoir à sa disposition, durant toute la vie, l'air indispensable pour l'accomplissement normal de cette fonction.

L'on a évalué à **20** mètres cubes environ l'air atmosphérique qu'un adulte respire en bonne santé dans les **24** heures. En prenant donc ce terme comme la mesure la plus approximative de l'air qui est nécessaire à l'homme pour vivre, il en résultera que toutes les fois que cet air diminuera de quantité, l'individu qui le respire deviendra malade. Or, il peut arriver que l'air respirable n'ayant pas diminué de quantité, le sujet qui doit le respirer présente à cet agent physique des organes pulmonaires malades et·dont la capacité a diminué par conséquent de la moitié ou des trois quarts! Qu'arrive-t-il alors? C'est que l'air qui pénètre dans la poitrine, dans un temps donné, diminue nécessairement aussi de la moitié ou des

trois quarts. Les poumons, il est vrai, en fonction-
nant plus vîte s'efforcent d'établir l'équilibre; mais,
à la longue, l'insuffisance de l'air se fait sentir sur
tout l'individu, et des signes non équivoques an-
noncent l'appauvrissement du sang qui entraîne,
peu à peu, la mort du sujet. Toutes les affections
de poitrine négligées peuvent avoir ce résultat : la
bronchite, en déterminant l'emphysème et l'oc-
clusion des bronches, par la sécrétion de mucosités abondantes; la pneumonie, en congestant les
poumons et en altérant leur tissu; la pleurésie, en
rétrécissant considérablement la poitrine et la capacité des organes respiratoires; les tubercules, en
envahissant le parenchyme pulmonaire, etc. Comment se fait-il donc que les hommes soient, en
général, si peu soigneux de leurs organes respiratoires? comment se fait-il qu'ils négligent même
de les soigner malades tant qu'ils ne sont pas forcés de s'arrêter dans leurs travaux ou d'interrom-
pre leurs habitudes journalières? L'ignorance où
on les a laissés, depuis leur enfance, sur tout ce
qui regarde leurs plus chers intérêts, est la seule
cause à laquelle on puisse, raisonnablement, attribuer cette incurie.

Il peut arriver également que les poumons étant
sains, l'air atmosphérique qu'ils ont à leur disposition soit insuffisant aux besoins de l'économie.
C'est malheureusement ce qui arrive aux ouvriers
qui sont obligés de coucher la nuit chez des lo-

geurs, dans des chambres de petite dimension,
en compagnie de plusieurs autres personnes. En
effet, en supposant qu'une chambre à coucher ait
30 mètres cubes de capacité et que le logeur y
place trois lits pour six personnes, il est évident
que chaque individu n'aura que cinq mètres cubes
d'air à respirer. Or, pour peu que cette chambre
soit occupée ainsi, la nuit et le jour, comme cela
arrive à Paris, l'on conçoit que l'air y devienne insuffisant. Que cela soit ainsi, c'est une vérité sur
laquelle l'on ne peut élever de doute, puisqu'il
m'a été assuré par maintes personnes dignes de
foi, que dans les *chambrées* les lits sont si serrés
l'un contre l'autre, qu'ils se touchent; ce qui, par
parenthèse, arrive aussi quelquefois dans les maisons d'éducation où sont élevés les enfants des riches.

Mais si l'air dans les chambrées peut être insuffisant, au point que chaque adulte n'en ait que
deux mètres cubes à respirer pendant les heures
qu'il lui est donné de consacrer au sommeil, une
insuffisance non moins dangereuse peut se présenter pour celui qui occupe un garni tout seul. J'ai
vu une chambre de cette nature n'offrir que neuf
mètres de capacité, occupée par un jeune homme
de dix-huit ans arrivé depuis six mois à Paris et
mort en dix-huit heures de temps d'une attaque de
choléra asiatique. Tous les domestiques que j'ai
connus occupant des chambres d'une pareille di-

mension, ont passé comme ce jeune homme de la
plus florissante santé aux plus graves maladies!
L'on peut donc devenir très-malade par l'insuffisance de l'air, quoique couchant seul, lorsque la chambre que l'on occupe se réduit à un petit cabinet.
Mais en supposant que la capacité d'une chambre à
coucher ou de l'appartement que l'on habite d'ordinaire soit assez grande, l'air peut y devenir insuffisant s'il n'est pas assez fréquemment renouvelé,
ou si les ouvertures destinées à cet effet ne remplissent pas le but d'une manière convenable. C'est
pourquoi, dans l'intérêt de la santé individuelle,
chaque sujet doit éviter de coucher, autant que
possible, dans la compagnie d'un autre; avoir, au
contraire, une chambre à part de vingt-cinq mètres
au moins de capacité, avec des ouvertures suffisantes pour son aération, et tout ce qui peut enfin
en rendre le séjour salutaire. Si l'air, d'un autre côté, devient insuffisant à l'individu qui se
renferme l'hiver dans son appartement pour s'y
livrer à ses occupations journalières, à plus forte
raison le deviendra-t-il à tous ceux qui sont forcés, par leur position, de se renfermer dans des
classes étroites, des salles d'étude étouffantes, des
amphithéâtres ou des ateliers trop étroits où l'a-
varice du maître, pour économiser un peu de
combustible, ne permet pas qu'on renouvelle convenablement l'air intérieur. De pareils lieux sont
des foyers de maladies, et l'on devrait fuir leur

présence comme celle de la mort, car l'homme a besoin d'air pur et en quantité suffisante pour vivre; il ne saurait exister à d'autres conditions, pas plus qu'une montre ne saurait continuer à marcher sans ressort, malgré tous les calculs et tous les stratagèmes possibles du plus sordide égoïsme.

L'air atmosphérique peut devenir insuffisant non-seulement par sa quantité, mais aussi par ses qualités. En effet, nous savons que l'air que l'homme expire est mortel pour l'homme qui le respire. D'où il résulte évidemment qu'en supposant des ateliers très-vastes, des appartements très-grands, l'air peut encore y devenir insuffisant parce qu'il aura été altéré par l'haleine de ceux qui l'ont respiré sans avoir égard à son renouvellement. Ce fait d'observation générale doit engager tous les hommes raisonnables à aérer plusieurs fois par jour les pièces dans lesquelles ils demeurent, quelle que soit d'ailleurs leur dimension, à moins que des ventilateurs bien faits ne les dispensent de ce soin important. Les animaux, les plantes, les fleurs même que l'on place dans les appartements, y vicient aussi l'air destiné à la nourriture de l'homme.

Mais l'air peut être altéré par d'autres causes que par celles que je viens d'énumérer : dans les fabriques de céruse, dans les manufactures de glaces, dans les ateliers de dorure, dans les fabriques de produits chimiques, etc., l'atmosphère

peut être surchargée de gaz, de molécules délétères, dont l'action sur la peau et la muqueuse bronchique peut donner lieu aux plus graves accidents
et trop souvent à la mort des malheureux ouvriers
que la misère y appelle. Ces espèces de guets-a-
pens, pour la santé des pauvres ouvriers, devraient
être fuis comme des sources inépuisables de maladies et de mortalité! Combien en ai-je vu périr,
en effet, en proie aux coliques et à l'éclampsie
saturnine, après avoir traîné une vie languissante
dans les hôpitaux de la capitale? Et cependant
c'étaient tous de bons et de vaillants ouvriers, qui,
pendant le chômage de leurs métiers respectifs,
aimaient mieux aller chercher la mort dans des
travaux malsains, que de tendre la main aux pas-
sants....

O société! ô douleur!.......... *Quousque tandem?*
Enfin, l'air peut être altéré par des émanations
s'échappant des substances animales et végétales
en putréfaction, comme cela a lieu près des fosses
d'aisance, des amas de fumier et partout où il y a
des étangs, des eaux croupissantes ou des marais.
Si le voisinage des fosses d'aisance mal entrete-
nues a causé des accidents réels pour l'homme, si
la mort a sévi quelquefois sur les ouvriers chargés
de les vider; si les ordures accumulées autour des
habitations ont porté un préjudice évident à la santé des locataires, rien n'est comparable aux maladies et à la mortalité occasionnée par les effluves
marécageux.

Ces derniers, en effet, en s'exhalant des foyers de putréfaction, portent au loin leurs ravages destructeurs. Il est par conséquent du devoir de tout homme de bien de poursuivre, par toûs les moyens légaux, le dessèchement des marais, et d'apporter, dans la poursuite d'une mesure si urgente et si utile, toute la sollicitude digne d'un intérêt aussi important.

CHAPITRE V.

DE LA LÉGISLATION.

Si l'ignorance empêche ordinairement les hommes de veiller sur leur santé, il faut convenir que la loi humaine ne fait presque rien pour protéger une chose aussi précieuse. Bien au contraire, dans la question qui nous occupe ici, la législation semble avoir pris à tâche d'épaissir les ténèbres qui pèsent déjà si lourdement sur l'esprit humain, et d'empêcher, par la loi de l'impôt sur les portes et fenêtres, les plus éclairés comme les plus ignorants de respirer à leur aise, chez eux, l'air que le Créateur a mis si largement à la disposition de toutes ses créatures. Lorsque, dans notre législation, on rencontre une loi aussi barbare, l'on ne peut pas revenir de la surprise que l'on éprouve. L'on ne comprend pas, en effet, comment, chez les nations policées, il peut exister des lois de ce genre, des lois qui, détruisant l'harmonie de la nature, viennent contrecarrer les lois éternelles du

Créateur, et porter la plus vive atteinte à son ouvrage. Car la loi de l'impôt sur les portes et fenêtres, envisagée au point de vue de l'Auteur
Suprême, est évidemment une loi impie, une loi
sacrilége, une loi de lèse-humanité. Loi incompréhensible quant à sa nécessité, loi destructive
et homicide quant à sa tendance. L'idée d'imposer
l'air atmosphérique est, en effet, par elle-même si
étrange, qu'elle a dû dépasser la prévoyance du
Créateur! L'homme seul, que dis-je? l'égoïsme de
l'enfer a pu seul l'enfanter!...

Quoi qu'il en soit, cette loi impie existe, et il appartient aux législateurs modernes, autant qu'aux
populations chrétiennes d'en poursuivre et d'en
obtenir l'abrogation légale. Ce sera là un des faits
les plus glorieux et les plus utiles dont puisse
s'enorgueillir le XIXᵉ siècle.

Mais ici ne s'arrêtent pas les réformes que les
exigences de la fonction respiratrice nécessitent,
sans délai, pour le bien-être et en faveur de la
santé des hommes, pour l'amélioration et le perfectionnement de la race humaine. Nous avons
déjà vu, en effet, que l'air peut être insuffisant,
non-seulement par défaut d'ouvertures extérieures
dans les habitations, mais aussi par défaut d'espace, car nul n'ignore aujourd'hui que l'avarice
des propriétaires entasse les créatures humaines
dans des espaces si étroits et si resserrés, que pour
peu que la chose continue ainsi, on assimilera

bientôt l'homme des villes aux *harengs saurs* que
les marchands de la Hollande entassent et foulent
dans des barils pour en faciliter le débit! Eh!
pourquoi non? L'intérêt qui les fait agir réciproquement, exagération à part, n'est-il pas le même?
Jusqu'ici, cependant, nul remède à un si grand
mal! La loi est muette à cet égard; et malgré les
plaintes des hommes de l'art et des philantropes,
l'on ne peut guère espérer que la législation in-
tervienne pour protéger le faible contre le fort, le
pauvre contre le riche, le simple ouvrier contre
l'usurier d'un nouveau genre qui lui mesure l'air
respirable avec une parcimonie réellement effrayante. Des hommes de bonne foi ont demandé
depuis longtemps une loi qui réglât le nombre des
locations d'après les dimensions et la capacité des
appartements ou des maisons; mais une loi si
sage, si juste et si équitable se trouverait en opposition flagrante avec la loi impie sur l'impôt
des portes et fenêtres par les charges effrayantes
qu'elle imposerait aux propriétaires de maisons!
Pour pouvoir l'établir, il faudrait donc commencer
par abolir celle qui s'oppose à cette réforme indispensable; il faut abolir la loi qui pèse de tout son
poids sur l'air que nous respirons (c).

Quand le législateur aura fait ces réformes nécessaires, il n'aura qu'ébauché l'œuvre immense
à laquelle les besoins de l'économie humaine le
convient désormais. Entrant alors dans une voie

nouvelle d'institutions durables, se conformant autant que possible aux lois du Créateur, le mandataire de la nation descendra avec l'ouvrier dans les ateliers et les fabriques où ce dernier passe la plus grande partie de sa vie; il entrera avec le mineur au fond des mines, et son œil scrutateur veillera sur les besoins des Français de tous les âges, de tous les sexes, de tous les états et de tous les métiers, dans quelque condition qu'ils se trouvent, dans quelque situation qu'ils se présentent; pendant que son bras protecteur les défendra partout et toujours contre l'oppression d'un maître dur, despotique et sans entrailles. Cette protection générale que je réclame ici en faveur de l'universalité des Français, n'est d'ailleurs qu'un devoir de la part du législateur, c'est un droit pour quiconque est né sous l'égide et la protection toute-puissante de la loi fondamentale de la France.

Je ne me dissimule pas cependant les difficultés que le législateur aura à vaincre pour réussir dans une entreprise aussi délicate; je ne me cache pas les intérêts qu'il aura à froisser pour faire adopter les règles et les mesures les plus simples de l'hygiène à des hommes qui ne connaissent que l'intérêt du moment; je reconnais la peine qu'il aura pour décider un maître avare, par exemple, à agrandir ses ateliers et à y établir les ventilateurs nécessaires pour y renouveler convenable-

ment l'air atmosphérique ! Mais ces mesures sages et d'autres analogues, applicables à tous les
lieux de réunion, en général, deviennent elles-mêmes insuffisantes toutes les fois qu'il s'agit de métiers ou d'arts insalubres. Dans ce dernier cas, en
effet, il est urgent que les ouvriers qui y sont
employés puissent faire usage des moyens pro-
phylactiques nécessaires, tels que les boissons
minérales, les aliments appropriés, les bains de
propreté et tous les soins de ce genre qui peuvent dépouiller la peau des molécules toxiques
qui se déposent à sa surface et s'y amassent en
formant une espèce de mortier crasseux avec la
sueur qui les délaie et les combine. Enfin, toutes
les précautions de cette nature seront insuffisantes
tant que la loi ne proportionnera pas les heures
de travail au danger résultant de la profession que
chaque ouvrier exerce. Effectivement, lorsqu'il
s'agit de métiers ou d'arts insalubres, il est de
toute évidence que les ouvriers, que la misère ou
le désespoir attire d'ordinaire dans de pareils
lieux, ne pourront pas, sans les plus grands pé-
rils, travailler autant d'heures par jour que les autres ouvriers employés dans les autres fabriques,
que ceux occupés aux travaux champêtres, par
exemple.

Comment se fait-il cependant, que l'ouvrier employé dans une fabrique de *céruse* travaille 4 et 5
heures de plus que celui qui bêche la terre? La rai-

18

son en est simple. Le salaire des ouvriers occupés
dans ces sortes de fabriques est proportionné aux
heures de travail, et le malheureux qui n'a pas
de pain pour manger ni de gîte pour dormir, aime mieux encore mourir à la peine, quand il a de
l'honneur, que d'être ramassé sur la voie publique
en état de vagabondage. Et l'on ne viendra pas
m'objecter que les ouvriers employés dans les fabriques de préparations saturnines sont le rebut
de la société! Tous ceux que j'ai vu malades dans
les hôpitaux de Paris m'ont paru, au contraire,
des hommes choisis autant pour la force physique, que pour l'énergie morale. Interrogés sur les
causes qui les avaient conduits à embrasser des
travaux aussi malsains, tous m'ont répondu que
leur *état* habituel ayant chômé pendant cinq ou
six mois, ils avaient été forcés de choisir cette
occupation dangereuse, faute d'autre ressource
pour vivre.

Cependant, trois semaines suffisent aux uns, six
semaines aux autres, pour être affectés gravement
d'accidents saturnins; les plus heureux ne dépassent jamais six mois sans être atteints de la même
maladie. A peine guéris, ces ouvriers sans travail quittent l'hôpital pour retourner à la fabrique insalubre où ils ont contracté leur première
maladie, et ce manége dure jusqu'à ce que, recon-
nus incurables, les plus heureux succombent dans
les hôpitaux à leurs infirmités, ainsi que j'en ai

vu des exemples, un entre autres, en 1838, à l'Hôpital Beaujon, chez un homme dans la force de
l'âge. La loi ne peut rester plus longtemps muette sur un pareil sujet, sur un pareil trafic, sur
un pareil commerce de chair humaine ! Elle ne
peut pas souffrir qu'une minorité imperceptible
exploite ainsi la vie d'un grand nombre de Français, nés comme les autres sous la garde tutélaire
de la constitution nationale. Or, que doit faire ici
le législateur? Il doit évidemment proportionner
le salaire à la peine, la paie de l'ouvrier aux dangers qu'il court, etc. Est-il rien, à la fois, de plus
juste, de plus naturel et de plus raisonnable? Mais
si une telle loi de sûreté et de salubrité publiques,
doit lier l'égoïsme du maître de fabrique, elle doit
enchaîner également l'ambition de l'ouvrier, en
fixant, en déterminant d'avance les heures qu'il
peut accorder par semaine aux travaux insalubres.

Une pareille loi ne s'offrira pas aux législateurs
futurs comme une innovation dangereuse, attendu
qu'elle trouve des antécédents favorables dans les
législatures passées. En effet, la loi de 1840, en
fixant d'avance les heures de travail pendant lesquelles les enfants au-dessus de huit ans peuvent
être employés dans les manufactures, n'a fait que
répondre à un besoin analogue à celui en faveur
duquel je réclame, à mon tour, l'attention du législateur. Et l'on ne me dira pas que la vie de l'ouvrier enfant importe plus à la société que celle de

l'ouvrier adulte, car un pareil raisonnement serait
faux de tous points. L'on n'arguera pas davantage
de la faiblesse de l'un et de la force de l'autre, car
tous sont amenés à travailler par le même motif,
c'est-à-dire, par la misère qui écrase aujourd'hui
les classes ouvrières dans une foule de contrées
de l'Europe (*d*).

Une loi équitable fixera donc, sur le sol protecteur de la France, les heures de travail que chaque ouvrier pourra consacrer par jour aux arts
insalubres, sans danger pour sa santé. Je sais bien
qu'une pareille mesure jettera le trouble dans l'esprit du maître de fabrique qui sera obligé de diminuer la main d'œuvre, pendant qu'il se verra forcé
d'augmenter proportionnellement le prix du travail. Mais, en supposant que le prix de ses produits n'augmentât pas dans la même proportion,
le législateur n'a-t-il pas entre les mains un moyen
de diminuer les heures de travail sans obliger le
maître de fabrique d'augmenter sensiblement le
salaire de l'ouvrier? Oui; car, si un homme gagne
4 francs par jour en travaillant 14 heures sur 24,
et si 4 francs sont à peine suffisants aujourd'hui
pour le faire subsister, lui, sa femme et ses enfants, il est possible de le mettre à même de vivre
tout aussi bien en ne gagnant que la moitié de son
salaire et en donnant seulement, en retour, la moitié de son travail. Ceci paraîtra aux personnes ir-
réfléchies un lourd paradoxe! Cependant aucun
calcul n'est plus simple à faire que celui-ci.

N'y-a-t-il pas, en effet, des pays où le simple ouvrier gagne moitié moins qu'en France, et où il vit cependant très-heureux? Ce fait est hors de doute pour tous ceux qui ont voyagé. Quel en est donc le motif? C'est tout bonnement que les denrées et les objets de première nécessité y sont à meilleur compte. Eh bien! est-ce qu'il serait impossible à une grande nation comme la France d'avoir des objets de première consommation au même prix que dans quelques États absolus du Nord et du Midi? Non, sans doute. Que faudrait-il donc faire? Il faudrait tout simplement que le législateur abolît une fois pour toutes ces lois fiscales et anti-humaines qui, sous les noms mensongers d'*octrois de bienfaisance*, d'*impôts* et de *contributions indirectes*, pèsent comme une atmosphère de plomb sur le sein oppressé de la France. Oui! il ne faudrait que cela pour permettre au législateur moderne de diminuer les heures de travail sans en augmenter sensiblement le prix, et, à l'ouvrier français, de vivre à son aise avec la moitié du salaire qu'il avait précédemment. Tant que ces lois impies existeront effectivement, elles absorberont de fait, toutes seules, plus de la moitié de ce que le pauvre gagne à la sueur de son front! A ceux qui oseraient en douter, je me contenterai d'opposer les chiffres suivants empruntés au budget des recettes de l'exercice de 1843 :

Droits de consommation des sels, perçus soit à l'extraction, soit à l'intérieur. . . . fr. 65,044,000

Droits sur les boissons 94,430,000

Sucre indigène 7,035,000

TOTAL général . . . fr. 166,509,000

En voyant l'énormité du montant de ces trois articles de première nécessité, l'on pourrait croire que c'est là, en France, une année exceptionnelle que j'ai choisie à dessein. Le lecteur me permettra dès-lors de citer les chiffres du premier semestre de 1842, qui me tombent sous la main; les voici :

Droits sur les sucres des colonies françaises . . . . fr. 16,834,000

Droit de fabrication du sucre indigène. . 4,984,000 ci fr. 21,818,000

Droits de consommation des sels, perçus à l'extraction sur les côtes. . . . . fr. 25,909,000

Droits de consommation des sels perçus à l'intérieur. . . 4,381,000 ci fr. 30,290,000

Droits sur les boissons 45,776,000

TOTAL général . . . fr. 97,884,000

Si l'on double cette somme l'on aura un total de fr. 195,768,000 pour l'année entière. L'excédant de cette somme, sur celle de l'année suivante, est dû évidemment aux droits du sucre colonial que je n'avais pas portés sur l'année 1843.

Ces chiffres parlent assez haut d'eux-mêmes. Je citerai, en temps et lieu, les autres à l'appui des intérêts et des droits sacrés que je défends; car il s'agit ici de la *peau humaine!* (*e*).

Maintenant, je me demande, pourquoi un pareil surcroît des charges publiques, aussi contraire à l'humanité qu'à la raison, existe? Dira-t-on, par hasard, que ces lois d'exception, enfantées par les calamités de la guerre, sont utiles en temps de paix? Et pourquoi? Serait-ce pour tracer des routes, pour creuser des ports, etc.? Ce n'est pas là ordinairement l'emploi que l'on fait des revenus de l'octroi, par exemple, dont les charges accablantes dépassent toute prévision! L'on se contente, au contraire, de dissiper les millions provenant des sueurs et de la misère du pauvre peuple, en embellissements, en promenades, en bâtisses splendides en faveur de la capitale ou du chef-lieu de département qui en absorbent, comme villes centrales, la plus grande partie. Et que me font, à moi, vos fastueux hôtels et vos somptueuses places publiques, ô riches de la terre! lorsque je vois une partie de mes frères, hâves et décharnés, se mourir de froid et de faim, se mou-

rir de besoin, se mourir d'inanition au coin d'une
borne, comme cela arrive presque tous les hivers
à quelque pauvre ouvrier de Paris?... Pensez-vous,
par hasard, que je trouve la mort moins hideuse
et repoussante parce qu'elle se présente à moi,
avant l'heure, en habits de fête? Non, détrompez-
vous; les saillies aiguës de son affreux squelette
et sa faux affamée de larmes et de sang humain
que j'aperçois sous sa robe de pourpre, m'inspirent toujours la même horreur!

Mais j'entends dire, à cette occasion, de toutes
parts, qu'une partie des fonds de l'octroi est employée pour les hôpitaux et hospices ouverts à
l'indigence. A l'indigence! et à l'indigence de qui?
A celle sans doute des pères de famille que la cupidité de quelques égoïstes et l'existence de lois
écrasantes et surannées ont envoyés dans ces lieux
de misère et de pleurs.... Est-ce là la marche normale d'une société chrétienne, d'une société civi-
lisée au XIX siècle? d'une société qui ne saurait
plus vivre sans octrois de bienfaisance, sans hôpitaux, sans hospices et sans tout cet attirail de lois
qui ne font qu'agrandir les maux que le passé
nous a légués?... Comment! vous dépouillez le
pauvre, vous le frustrez du fruit de ses sueurs,
vous le surmenez comme une bête de somme,
vous le rendez malade de fatigue et de privations,
et puis, vous le jetez, par philantropie! dans une

salle d'hôpital dont il a payé d'avance et les frais
de construction, et les frais d'ameublement, et les
frais mêmes que vous faites pour essayer de le
rendre à la santé, afin de pouvoir lui imposer de
nouvelles charges? Mais, en supposant qu'un pareil calcul ne tournât pas immédiatement au détriment de la société et à celui de la richesse générale du pays, comptez-vous donc pour rien les
cinq ou six enfants que ce pauvre père de famille,
ainsi traité, laisse à votre propre charge au milieu
de la plus profonde misère?... Et ne comprenez-
vous pas que le mal que vous semez, de la sorte,
vous est rendu au centuple par ce même peuple
que vous opprimez?...

L'empressement du législateur ne sera pas moins
grand, son attention paternelle ne sera pas moins
éveillée quand il s'agira des populations que les
effluves pestilentiels des marais déciment, d'année
en année, par les fièvres intermittentes simples et
pernicieuses. Les représentants d'une grande nation comme la France, instruits surabondamment
par l'expérience du passé, fermeront l'oreille dans
cette occasion à tous ces raisonneurs intéressés
qui vivent des maux d'autrui, pour ne s'occuper,
au moyen de lois sages, que du dessèchement des
marais et de leur transformation en prairies arti-
ficielles, en champs de céréales et en vergers pro-
ductifs, destinés à quintupler les richesses natio-

nales. Ils transformeront ainsi, par un seul vote,
des contrées malsaines, des centres de mortalité, en foyers inépuisables d'aisance et de vie! Ils
mériteront enfin la reconnaissance des siècles futurs (*f*).

CHAPITRE VI.

DES MŒURS.

L'on pourrait croire que la violation des lois naturelles n'influe pas sensiblement sur les mœurs. Cette erreur capitale est une de celles qui nuisent le plus aujourd'hui aux intérêts les plus chers de la société. Évidemment, les personnes qui, par une cause quelconque, ne respirent pas l'air nécessaire à l'entretien de leur santé, offrent des mœurs différentes de celles des personnes qui sont placées dans des conditions opposées. Ainsi voyons-nous les sujets affectés de tubercules pulmonaires, par exemple, être enclins, en général, au vice de la luxure et à tout ce qui peut abréger le terme de leur trop fugitive existence! Nous voyons aussi que les mœurs des ouvriers qui vivent, depuis leur enfance, dans les ateliers resserrés et étroits des manufactures, présentent ordinairement une tendance funeste à la débauche et au libertinage. Il a été également reconnu que l'air

des marais semble relâcher considérablement les
liens sympathiques de la famille, en rendant les
humains moins sensibles aux maux de leurs semblables et à ceux de leurs proches. Enfin, il est
certain, en thèse générale, que tout ce qui tend
à détériorer la santé de l'homme, tend à corrompre en même temps et à dépraver ses mœurs. Or,
rien n'est plus capable de produire ce résultat que
l'insuffisance ou l'altération de l'air respirable. Un
mal plus grand encore résulte, pour les mœurs,
de l'état de la législation actuelle, relativement
à la fonction qui nous occupe. Je veux parler de
ce pêle-mêle d'ouvriers de toute sorte qui couchent habituellement dans les *chambrées*. Si une
brebis galeuse suffit, en effet, pour infecter tout
un troupeau, à plus forte raison, un mauvais sujet suffira-t-il pour pervertir, en peu de jours, tous
ses compagnons de lit (*g*).

Le même inconvénient a lieu dans les garnis où
des familles pauvres couchent ensemble dans une
seule pièce : mélange fâcheux dont la conséquence
est, pour les enfants du malheureux ouvrier, la perte prématurée de l'innocence ! Mais, hélas ! un mal
encore plus grand se remarque dans quelques contrées de l'Irlande et de la Bretagne, où l'on voit des
animaux domestiques partager la couche de l'homme ! Peut-on se dissimuler l'effet funeste qu'une
telle société peut avoir sur les mœurs de l'enfance
et sur celles de l'âge adulte ? Quelle confusion que

celle qui consiste à faire coucher, dans la même pièce, la chèvre, la brebis, le chien et la truie domestique avec les enfants du roi de la création!... (*h*).

Et il ne faut pas se le dissimuler, une des causes principales de tous les maux que je signale ici, dérive de l'impôt qui pèse sur l'air atmosphérique ; impôt que le pauvre ne peut pas payer et qu'il élude par conséquent de son mieux en couchant et en vivant dans la compagnie des bêtes. Voilà comment la loi qui devrait élever l'homme au-dessus de lui-même, le dégrade et l'avilit, peu à peu, pour avoir à le punir ensuite. Et tout cela tient, dis-je, à un impôt de 31,778,604 fr. que le fisc percevra encore sur l'air atmosphérique qui circule dans l'intérieur des maisons françaises, soit en moyenne 75 cent. par ouverture, en l'an de grâce et de paix 1843!........

LIVRE DEUXIÈME.

Fonction d'Exhalation.

—◦—

CHAPITRE PREMIER.

DE LA PEAU.

La peau, étant le siége principal de la fonction d'exhalation qui nous occupe, je commencerai par jeter un rapide coup d'œil sur sa composition organique.

Placé à la périphérie du corps, le tissu *cutané*, ou *dermoïde*, enveloppe l'homme de tous côtés, et constitue tout autour de lui le vêtement le plus riche, le plus délicieux, le plus doux, le plus souple, le plus élastique et, à la fois, le plus parfait qu'intelligence humaine pût jamais imaginer!

Œuvre divine, la peau ne laisse pas seulement entrevoir les formes nobles et majestueuses du roi de la création, mais elle possède, en outre, cette grande et vive sensibilité qui la place, comme une sentinelle avancée, tout autour du camp mobile et ambulant, sur lequel le Très-Haut s'est plu à faire flotter l'étendard éternel de son intelligence infinie. La peau est une armure sublime et vivante qui surpasse, en bonté, toutes celles dont Homère, le Tasse et Virgile, et l'Arioste, et Byron ont pu nous laisser de poétiques descriptions. C'est une armure, enfin, dont les mailles déliées et la trame subtile défient l'acier, l'airain, l'or et le diamant.

Ici ne se bornent pas cependant les perfections délicates que nous présente la robe, dont le Créateur a daigné revêtir ses enfants. La flexibilité de son riche tissu, la merveilleuse beauté de sa trame organique, suffisant à tout et s'adaptant d'une façon si ingénieuse au but multiple que l'Éternel lui assigna; ses liaisons, sa connexité, ses sympathies avec toutes les muqueuses du corps humain, sans exception, sont quelque chose de si artistement combiné que toute science humaine en demeure comme humiliée et confondue.

Et qui entreprendrait, en effet, avec quelque chance de succès, la description exacte et approfondie de cette étoffe sublime, communément connue sous le nom trivial de *peau*? Qui l'oserait? Quel peintre assez parfait pourrait en saisir les étonnants détails? Quel tisserand assez habile, en imiter la savante trame? Quel sage, en approfondir les mystères? Quel anatomiste, enfin, nous guider, le scalpel à la main, à travers ce labyrinthe magique, objet d'étonnement et d'admiration? « Les uns, s'écrie à ce sujet Saint-Au-
» gustin, admirent la hauteur démesurée des

» montagnes et les flots de la mer courroucée; les
» autres admirent les révolutions diurnes des as-
› tres et le cours prolongé des plus grands fleu-
» ves; et, s'oubliant eux-mêmes, ils ne s'admirent
» pas!... »

L'enveloppe cutanée peut donc se diviser, pour
notre objet, en trois couches essentielles : *interne,
externe* et *moyenne*. La première se compose particulièrement de tissu cellulaire adipeux, plus ou
moins lâche, plus ou moins dense, plus ou moins
riche en graisse ou en substances séreuses et hui-
leuses, suivant les parties du corps où on le considère, suivant l'état de parfaite santé ou de maladie des individus chez lesquels on l'observe. La
nature de cette couche permet à la peau de s'adapter exactement, par sa partie adhérente, à tous les
points de l'économie animale qu'elle est chargée de
couvrir, sans en gêner aucunement ni les organes,
ni leurs fonctions, mais bien, au contraire, en protégeant les premiers et en facilitant ces dernières.
La seconde couche se compose plus spécialement
d'un premier feuillet ou réseau de vaisseaux et de
nerfs (*nervoso-vasculaire*) parsemé d'un nombre
indéfini de *cryptes exhalants,* petites poches vési-
culeuses connues aussi sous le nom de *follicules
de la peau,* et principalement destinées à la sécrétion de la sueur. Ces petites poches communiquent
à l'extérieur par de petites ouvertures microscopiques, dont l'épiderme est criblé. L'on désigne ces

ouvertures par le mot *pores*. La dite couche présente à l'observation un autre réseau vasculaire
plus superficiel et plus mince (*feuillet vasculaire
muqueux*) juxta-posé au premier et essentiellement
composé de vaisseaux absorbants et exhalants. Les
derniers d'entre eux, ou vaisseaux exhalants, paraissent plus particulièrement destinés à la sécrétion du *pigmentum*, substance diaphane à laquelle
la peau doit en grande partie sa couleur, et qui, par
la dessiccation de sa lame la plus superficielle, donne naissance à l'épiderme. Celui-ci, de nature écail-
leuse et cornée, sert à protéger avantageusement
les papilles nerveuses médiatement situées au-dessous de lui et qui appartiennent, pour ainsi dire,
au premier feuillet de la couche que nous étudions
en ce moment, feuillet qui porte, comme nous l'a-
vons vu, le nom de *nervoso-vasculaire;* tandis que
les vaisseaux absorbants sont chargés de reporter
dans l'économie les matériaux devenus inutiles à
la surface du *derme*.

La couche externe est, comme on le voit déjà,
la plus importante de la peau, soit à cause de sa
vitalité, soit à cause de ses nombreuses fonctions.
C'est elle qui se trouve, en effet, en contact immédiat avec le monde extérieur. C'est elle aussi
qui met l'homme en relation avec tout ce qui l'a-
voisine. Le réseau vasculaire muqueux, dont je
viens de parler en dernier lieu et que Malpighi
paraît avoir étudié le premier, tapisse, de son cô-

té, l'intérieur des follicules sécréteurs de la sueur, et recouvre les faisceaux formés par le réseau nervoso-vasculaire, faisceaux qui entourent les orifices folliculaires, et qui sont connus sous les dénominations diverses : de *houppes*, de *villosités* et de *papilles nerveuses*.

Maintenant, la division établie entre le feuillet profond et le feuillet superficiel de la seconde couche cutanée, est-elle exacte? évidemment, non! elle ne l'est pas plus que les divisions précédentes, mais on l'admet pour faciliter l'étude de cet important organe. Nous dirons donc, pour nous rapprocher davantage de la nature des choses, que les vaisseaux du feuillet nervoso-vasculaire communiquent avec ceux du réseau vasculaire muqueux (dont ce dernier n'est, en quelque sorte, que l'épanouissement) et *vice-versâ*.

La couche moyenne du derme consiste, à son tour, principalement en une lame de tissu cellulaire fibreux destiné à réunir ensemble les deux premières couches dont je viens de parler, et plus particulièrement à servir comme de canevas et de support à la couche externe. La peau, enfin, ne diffère, comme on le voit, des muqueuses de l'économie, que par la présence de la partie concrète du pigmentum, ou épiderme, dû à l'action de l'air extérieur. D'où nous pouvons, dès à présent, déduire que les sympathies pathologiques, qui existent entre la peau et les muqueuses, aussi bien que les sympathies physiologiques de ces mêmes membranes, sont dues autant à la continuité qu'à l'analogie de leurs tissus respectifs.

CHAPITRE II.

DE LA CHALEUR ET DE LA TEMPÉRATURE AMBIANTE.

Quand il s'agit d'esquisser à grands traits un sujet de l'importance de celui-ci, l'on est naturellement saisi de crainte; l'on craint, en vérité, de devenir obscur, l'on craint de heurter, trop souvent, contre l'écueil de la plus grande confusion.

Qu'est-ce, en effet, la chaleur? et qu'entend-on par *température ambiante?* Les savants de la terre eux-mêmes seraient fort embarrassés d'en donner une définition satisfaisante; à plus forte raison le serai-je, accoutumé à chercher la lumière en tâtonnant!

Afin d'échapper donc, autant que possible, à l'écueil de la confusion, je dirai, d'une manière générale, qu'il y a autour de l'homme trois sources principales de chaleur, ce sont : la terre, le soleil et les foyers incandescents. Or, la terre a sa chaleur propre; c'est *sa vie.* Le soleil, indépendamment de sa chaleur propre (comme corps *vivant*), est entouré d'une *atmosphère lumineuse,* centre de chaleur et de vie universelle, commun à tout notre système planétaire. Enfin, les foyers incandescents émettent de la chaleur, et la communiquent aux objets les plus proches, grâce à la combustion des matières végétales ou minérales dont ils s'alimentent.

Il y a, en outre, pour l'homme, une autre source de chaleur, c'est la chaleur qu'il puise au dedans de lui-même et qui fait partie intégrante de son existence ici-bas (*i*).

Si l'on voulait ensuite généraliser davantage, en laissant à chacun la liberté de choisir une définition à sa convenance, nous dirions (n'en déplaise aux Moïses modernes, aux doctes du siècle) que la *chaleur,* quelque part qu'on l'envisage, de quelque manière qu'on se plaise à la considérer, n'est, en définitive, que la manifestation pure et simple d'une des merveilleuses propriétés de la *lumière naturelle;* ou, si vous aimez mieux, un des phénomènes de la grande loi proclamée par le Législateur hébreux, dans le premier chapitre de sa Genèse, en ces termes : « .... Et Dieu dit : *que la lumière soit.* Et la lumière fut; et Dieu vit que *la lumière était bonne....* Ce fut le premier jour. »

Il y a actuellement une infinité de causes qui font varier, pour ainsi dire, presque constamment

la température ambiante, ainsi qu'il est facile de
s'en assurer par l'observation journalière de la colonne de mercure renfermée dans le tube d'un
thermomètre. La plupart de ces causes tiennent
à des phénomènes météorologiques, ou à de brusques changements survenus dans l'état de l'atmosphère ; ce sont : les vents et leur direction, les
brouillards, les nuages, les pluies, etc., phénomènes qui peuvent être dus, en grande partie, à
l'action de l'électricité, appartenant aussi, comme
l'on sait, à la grande loi Mosaïque ; phénomènes,
enfin, que la colonne barométrique est destinée à
constater à l'avance ! Je ne m'étendrai pas davantage sur cet important sujet. De plus heureux que
moi reprendront quelque jour la besogne.

Je me bornerai à faire remarquer comment Dieu,
en revêtant l'homme d'une robe aussi fine, aussi
délicate et aussi sensible que celle de la peau, a
eu soin de le placer dans un milieu ambiant en
rapport avec la sensibilité et la délicatesse de ce
tissu divin !

Mais le Créateur, dans sa sainte prévoyance et
avec les trésors de sa charité sans limites, à
fait plus encore : il a multiplié les climats avec les
latitudes ; il a exhaussé les plaines et formé des
montagnes, afin d'enchaîner l'irruption des vents
froids ; il a multiplié les bois pour servir à l'homme de combustible et d'abri ; il a entassé dans les
entrailles de la terre des mines de charbon fossile ;

il a donné, dans l'épaisseur des forêts, au globe lui-même un vêtement; et, en dernier lieu, il a donné à l'homme l'intelligence, moyennant laquelle celui-ci pût ajouter vêtement sur vêtement, robe sur robe, parure sur parure, au vêtement qu'il tient de Dieu!

Que dis-je? — Le Père de la nature a mis à la disposition de l'homme : la laine des moutons, le poil des chèvres, et le crin des coursiers; il a mis à la disposition de ses enfants : le duvet du cotonnier, les nervures subtiles du chanvre et du lin, les fils de neige élaborés par les vers à soie, les plumes du cigne et les fourrures mêmes de tous les animaux sauvages, pour lui servir d'ornement agréable, de lit confortable, de chaude couverture et de puissante égide contre tous les changements tant ordinaires qu'extraordinaires de température.

CHAPITRE III.

DE L'EXHALATION CUTANÉE PROPREMENT DITE.

Toutes les fois donc que l'organe cutané se trouvera en présence de son modificateur hygiénique (la chaleur), dans des proportions convenables et en rapport avec les lois qui régissent cette importante fonction de l'*exhalation*, la peau exhalera, en effet, de la vapeur d'eau, tantôt d'une manière insensible et tantôt d'une manière apparente, suivant les circonstances, et selon que la vapeur exhalée se condensera en gouttelettes de sueur à la surface de la peau, ou se dissipera sans laisser de traces. Cette vapeur d'eau provient, en général, de la sérosité du sang qui circule dans les vaisseaux artériels et veineux.

A mesure, effectivement, que la chaleur ambiante dilate les *pores* de la surface cutanée, en même temps qu'elle excite, par une espèce de titillation, les villosités médiatement situées au-dessous de l'épiderme, le sang afflue dans le réseau

nervoso-vasculaire du derme, et il y dépose une
partie de ses éléments hétérogènes que les vaisseaux exhalants (cachés dans les parois des follicules de la sueur) sont chargés de porter au-dehors.

Si la chaleur ambiante augmente, la transpiration cutanée s'accroît ; si la température, au contraire, baisse, la transpiration diminue. C'est que
le sang afflue dans le premier cas vers la surface
périphérique, tandis que, dans le second, il reflue
vers les organes internes. Ce mouvement centri-
pète du fluide sanguin nous est annoncé alors
par la sensation de froid succédant au sentiment
d'une vive chaleur qui l'avait précédé; phénomène
d'autant plus sensible, désagréable et dangereux
pour la santé, que le changement de température
est plus brusque.

Quand, en effet, à une grande élévation de température succède brusquement une température de
quelques degrés au-dessus de zéro ($+0$), la per-
spiration cutanée s'arrête, et avec elle la plupart
des exhalations séreuses ou muqueuses, ainsi que
bon nombre de sécrétions.

C'est que non-seulement, dans certains cas, un
excès de stimulus et de pléthore a lieu vers les
organes exhalants et sécréteurs internes (paraly-
sant ainsi le jeu régulier de leurs fonctions), mais
le sang lui-même, habitué à se débarrasser par
l'exhalation cutanée des principes morbides survenus accidentellement dans sa composition, se

trouve surchargé de principes acres et irritants.
Ces principes le rendent et plus stimulant, et plus
épais, et plus pernicieux pour tous les organes qui
le contiennent en plus grande abondance, et, de leur
nature, plus sensibles. Or les muqueuses, les séreuses et tous les parenchymes de nos organes,
en général, sont précisément dans ce cas! C'est
pourquoi les bronchites, les néphrites, les phlegmasies articulaires, etc., surviennent immédiatement après ces accidents.

A quoi a-t-il donc servi au Maître du monde
d'avoir pris tant de minutieuses précautions en
faveur des créatures de sa prédilection? A quoi
ont abouti et sa tendresse de Père et sa solici-
tude sans bornes, dès que l'homme, objet privilégié de tant de soins (comme en révolte contre
lui-même) a fermé les yeux devant la lumière et
les oreilles à la voix toute-puissante de Jéhovah!...

CHAPITRE IV.

Pour échapper aux nombreux inconvénients dont nous venons de parler, qu'avons-nous à faire? Que doivent faire les hommes, en général? Que doit faire l'individu en particulier, afin d'éviter cette source inépuisable de maladies, désignée sous le nom vulgaire de *refroidissement?*

Lorsqu'on connaît l'organe et son modificateur hygiénique; quand on connaît les fonctions vitales qui naissent de leurs relations intimes, de leurs rapports réciproques et du jeu régulier des lois qui les régissent, il me semble que rien n'est plus simple que d'arriver au but, que d'atteindre le résultat désirable à ce sujet.

De quoi s'agit-il, en effet? Nous avons vu que, comme celle de la respiration, la fonction de l'exhalation cutanée est une loi impérieuse de notre nature; loi, à laquelle nul mortel ne peut se soustraire sans s'exposer immédiatement aux peines

inhérentes aux maladies et à la mort! Que faut-il
faire, je le répète, dès-lors? et quel parti plus sage
avons-nous à prendre? — Nous devons nous soumettre humblement et sincèrement à cette loi naturelle; nous devons éviter soigneusement, tous les
jours de notre vie, de jamais l'enfreindre; car les
maladies et la mort viennent à la suite, ai-je dit,
de notre indolence à cet égard.......

Pour arriver à cet heureux résultat, il ne suffirait pas, croyez-le bien, de rechercher une douce
température en émigrant suivant les saisons, ni
d'avoir à sa disposition d'abondantes provisions de
bois de chauffage, ni une habitation heureusement
bâtie, ni des tours de lits, ni des habillements à
vendre, ni une bonne nourriture, ni des occupations actives. Il faut surtout être doué d'intelligence et de bonne volonté, afin de fuir autant que
possible toutes les causes de refroidissement; et,
lorsque l'on ne peut les éviter, afin de savoir remédier, à temps et à propos, à leurs fâcheux inconvénients.

Si donc, pendant que vous êtes en sueur ou
en proie à une chaleur étouffante, vous ne pouvez
éviter, cher lecteur, la pluie froide du jour ou la
rosée glacée des nuits, changez, du moins, vos
habits humides et mouillés aussitôt que vous le
pourrez; ou bien, faute de mieux, séchez-les auprès d'un bon feu; prenez des boissons chaudes,
légèrement stimulantes; faites, enfin, que l'exer-

cice ou le repos du sommeil, suivant les cas, ra-
mène dans votre économie les forces épuisées, ou
rétablisse l'équilibre rompu. Encore moins, par
conséquent, vous jetterez-vous à l'eau, sans nécessité, lorsque vous serez ruisselant de sueur!...

Que de maladies, cependant, faute de prendre
les plus simples précautions! Que de jeunes personnes j'ai vues, pleines de sève, d'avenir, d'a-
mour et de vertu, succomber à la fleur de l'âge
pour avoir violé ces divines lois! Elles osèrent
passer des journées, avec les extrémités inférieures de leur corps plongées dans l'eau limpide de
nos froides rivières, alors même qu'elles étaient
dans une période critique.... Eh quoi! la sagesse
divine, par la bouche de Moïse, n'avait-elle pas
prescrit aux femmes de se retirer même de la société pendant ces circonstances?

J'ai dit que l'Auteur de l'univers avait ajouté
à la parure cutanée de l'homme, la robe resplen-
dissante de l'intelligence. Eh bien! Qu'est-ce à dire? et que faut-il en penser, si ce n'est que cette
robe divine doit lui servir comme de rempart
contre toutes les perturbations météorologiques?
perturbations qui, par un refroidissement subit
de l'atmosphère, peuvent compromettre sa santé!
Oui! Dieu a donné à l'homme l'intelligence, afin
qu'il pût faire, pour ainsi dire, à son gré, le chaud
ou le froid, ou du moins les mesurer tous deux.
Oui! Dieu a donné à l'homme l'intelligence, et,

avec l'intelligence, les matériaux nécessaires, afin que, grâce à ceux-ci, il pût se vêtir à son gré de vêtements doubles et chauds, de vêtements simples et frais, suivant les lieux, les temps, les climats et les heures de la journée, suivant les sexes et les âges, suivant les dispositions individuelles, les occupations et les saisons!...

Admirable bonté du Père! tendre sollicitude de notre Dieu! Et l'homme, pourtant (cet enfant gâté) s'est joué de tous ces bienfaits! Que dis-je? Il les a souverainement méprisés, et, dans son aveugle folie, il a mieux aimé vivre contrairement aux divines lois; il a préféré se suicider, mourir avant l'heure; il a préféré déserter son poste, quitter le champ de bataille avant d'avoir vaincu; il a préféré, enfin, dans sa sombre barbarie, léguer un germe impur, fatal et souillé à sa postérité, plutôt que de se soumettre tout bonnement, comme les autres créatures vivantes, à la volonté du Très-Haut.

Les précautions que j'ai signalées plus loin ne suffiraient pas, cependant, pour la conservation de la santé et par rapport à la fonction qui nous occupe, si l'on n'usait en même temps des moyens indispensables de propreté; si les bains, les lotions, etc., ne permettaient pas aux vaisseaux absorbants et exhalants de la peau, de remplir convenablement leurs fonctions, en les dépouillant ainsi de l'espèce d'enduit crasseux qui peut en obstruer les ouvertures.

L'arrêt de la transpiration ne donne pas, enfin, uniquement lieu aux phlegmasies des méninges, du cerveau, du péritoine, etc., suivant les circonstances; mais il occasionne surtout ces catarrhes muqueux interminables, affectant les bronches et le tube intestinal : catarrhes, en quelque sorte, à répétition, dont les suites sont plus souvent mortelles qu'on ne le pense généralement.

CHAPITRE V.

Si ce que nous venons de dire est vrai, si telle est la réalité, je le demande, quels devoirs n'impose pas aux législateurs futurs la fonction dont nous nous occupons? quelles obligations, aux docteurs de la loi? « Eux qui, suivant l'expression du » Christ, chargent les hommes de fardeaux, qu'ils » n'oseraient pourtant pas toucher du bout de leur » doigt? » Comprendront-ils que, pour se développer et pour vivre, les plus pauvres de leurs semblables ont besoin, aussi bien que les plus riches, indépendamment du gîte pour s'abriter, de la laine pour se couvrir, du drap pour se vêtir, de chemises pour se sécher? Et comment les plus pauvres de nos frères auront-ils de quoi se procurer ces objets de première nécessité? Car les salaires sont trop modiques, les heures de travail suffisantes, et les maîtres ne font pas assez de bénéfices pour pouvoir améliorer, d'eux-mêmes, le sort des bons ouvriers!

Augmenterez-vous le salaire? Diminuerez-vous indéfiniment les heures de travail? — Vous ne le pouvez pas. Car, dans la production universelle, la concurrence vous écrase! Et vous ne pouvez continuer à occuper honorablement votre rang sur les lieux de consommation que par le bon marché d'une part, et la supériorité de vos produits, de l'autre.

Voilà où nous en sommes! voilà le fruit du travail des siècles! voilà l'impasse où semble nous avoir jetés, sans défense, l'indifférence de ceux qui nous précédèrent dans la carrière!... Voilà le résultat de l'égoïsme, considéré chez l'individu, comme chez les nations!... Point d'amour en tout cela, point de philantropie.

Est-ce que l'Auteur de toutes les choses aurait erré? Est-ce qu'*il* se serait trompé en établissant et en marquant ainsi la loi éternelle du progrès? — Je ne puis le croire. Le remède, en effet, est très-simple. Dégrevez autant que vous pouvez les matières premières. Que le fabricant puisse se les procurer à meilleur marché, et il lui sera plus facile de les livrer, de même, une fois manufacturées. Imposez, au contraire, les objets de luxe, et si vous devez prélever un droit, que ce soit sur les tissus eux-mêmes en raison directe de leur finesse (*j*).

C'est là , à mon avis, le meilleur moyen de
permettre à l'ouvrier laborieux de s'habiller sainement, chaudement, et à des prix en rapport avec
le salaire qu'il gagne. Songez que cet ouvrier ou
ce laboureur a, le plus souvent, une famille, des
enfants et de vieux parents à sa charge! Rappelez-vous qu'il produit, *à la sueur de son front :*
pour le député qui le représente à la chambre;
pour le capitaliste qui le représente dans la cité;
pour l'honnête propriétaire, enfin, qui est souvent
son seul soutien et son unique appui dans la soli-
tude et les travaux des champs! Ayez sans cesse
présent à l'esprit les dures fatigues du pauvre
laboureur pendant l'hiver ; ses pénibles travaux
pendant l'été, exposé qu'il est aux pluies , au
froid, à la chaleur, au vent, à la poussière, aux
neiges, aux émanations putrides, aux vapeurs malfaisantes..... Lui, qui verse pour vous le plus pur
de son sang sur les champs de bataille, pendant
qu'il fertilise de ses sueurs le sol de la patrie!...
Pendant combien de temps encore sera-t-il condamné à s'appliquer à lui-même ces déchirantes
paroles de son divin Maître : « Les loups et les re-
» nards ont leurs tanières, mais *le fils de l'homme*
» n'a pas où reposer sa tête! » Faut-il oublier toujours qu'une société sans *travailleurs* serait comme
un état-major sans soldats? Que feraient, en effet
les hommes de plume et les hommes d'épée, les
penseurs et les hommes de cabinet? — Sans les

millions de bras qui bêchent, sans les millions de
bras qui trafiquent, sans les millions de bras qui
desservent l'industrie, ils seraient réduits, j'ose le
dire, à mourir d'inanition! (*k*)

Prenez donc, vous aussi, heureux de la terre
un peu de peine; vous surtout, législateurs, devenez vous-mêmes économistes; devenez écono-
mes du sang, de la sueur et de la vie du pauvre,
de la vie de ces hommes qui, mieux dirigés, mieux
administrés, feront votre gloire et votre bonheur,
la grandeur de la France et l'honneur de l'humanité. Il faut, en vérité, que les législateurs modernes ne perdent jamais de vue cet intéressant sujet
d'inépuisables richesses.... Il faut qu'ils se rappellent, qu'ils se rappellent constamment, qu'en dehors de la loi écrite, il y a la *loi de nature*, dont
les droits aussi bien que les devoirs, quoi qu'en
disent Aristote et sa *longue suite*, ont un caractère
qui les rend ineffaçables et imprescriptibles! (*l*).

Ce que j'ai dit, au sujet des habillements, doit
s'étendre, par conséquent, au bois de chauffage,
à la houille, et d'une façon plus générale, aux lavoirs, aux bains publics, etc. Car, si le pauvre a
besoin plus que personne de se vêtir chaudement,
il n'a pas moins besoin de tous les moyens de
propreté nécessaires pour se bien porter (*m*).

Enfin, s'il est vrai que la France ne puisse pas
produire de coton brut, il ne l'est pas moins qu'en
revanche, elle peut élever un grand nombre de

moutons et produire ainsi, d'elle-même, la laine
à meilleur marché. — Que chaque propriétaire
achète donc une partie de ces intéressants bestiaux, et, en enrichissant son champ par d'heureux engrais, il augmentera l'aisance publique à
l'aide du produit de ses riches troupeaux (*n*).

CHAPITRE VI.

DES MŒURS.

Après ce que l'on vient de lire, qui s'étonnera que l'infraction à la loi naturelle qui nous occupe en ce moment, soit de nature à porter une atteinte cruelle aux bonnes mœurs? Et ne savions-nous pas d'avance que l'immoralité est la première et la plus terrible punition de notre désobéissance?

Voyez ici, plutôt, l'enchaînement inévitable de peines qui s'attachent à toutes nos fautes! — La malpropreté de l'organe cutané n'entraîne pas seulement après elle une série indéterminée d'affections morbides tant internes qu'externes, mais, par l'irritation maladive qu'elle développe sur le tissu tactile, elle rend l'individu puissamment enclin au libertinage. Ce fait, d'observation vulgaire, n'avait pas échappé à Moïse; et Mahomet, lui-même, en a tiré un puissant parti en faveur de ses coreligionnaires, chez lesquels les bains, les ablutions, les lavages réitérés et les mille précautions de pro-

preté ont plus particulièrement ce motif à la fois
hygiénique et religieux pour but!... des mœurs
chastes et un cœur pur. Car, s'il est vrai que la
misère engendre l'immoralité, c'est surtout et bien
souvent par la privation des moyens de propreté
qu'elle y conduit les hommes d'une façon morbide, et, pour ainsi parler, inévitable.

Dans l'intérêt donc des bonnes mœurs, l'on ne
saurait vivre assez proprement. Il ne suffit pas
pour cela, en effet, de laver la surface du corps
fréquemment, mais il faut aussi changer de linge
souvent, en ayant bien soin qu'il soit fort propre
et bien séché, avant de le mettre. Cette propreté
doit s'étendre, non-seulement à l'habillement, en
général, mais à tous les objets de literie, aux meubles, et à toutes les choses destinées à notre usage.

Enfin, quelle atteinte cruelle pour les mœurs,
lorsqu'un père n'a pas de quoi cacher entièrement
sa nudité, au milieu de son humide demeure, même vis-à-vis de ses enfants! une mère, devant sa
fille, un mari devant sa femme, un frère devant
sa sœur!... Ah! juste Ciel! daignez remédier à tant
de misères! Prêtez votre secours à l'humanité dé-
faillante, et permettez qu'elle ensevelisse dans l'oubli la source la plus féconde de nos malheurs, qui
sont nos vices dévorants et nos erreurs cruelles....

Si la plus grande propreté n'est pas entretenue,
ai-je dit, autour du corps, non-seulement l'homme devient un objet repoussant pour tous les êtres

sensibles comme lui; mais il s'expose encore à contracter des maladies qui sont le fléau de son espèce! La syphilis et la plupart des affections cutanées
sont dans ce cas. Enfin, les affections saturnines,
les coliques de cuivre, les tremblements mercu-
riels, que l'on remarque chez les ouvriers employés
dans les fabriques de céruse, dans les manufactures de glaces, etc., sont d'autant plus fréquents
et opiniâtres que ces ouvriers vivent moins proprement.

Nous savons, en outre, que l'état météorologi-
que de l'atmosphère est si puissant sur nous, que
l'on a noté, et je crois avec raison, que les temps
humides et pluvieux sont, en général, ceux pendant lesquels il se commet le plus d'attentats contre
la pudeur. Certainement, si l'homme était habitué
à sentir plus moralement que physiquement; s'il
avait été dressé à se laisser guider par sa conscience; si le moral, en d'autres termes, l'emportait
chez-lui sur le physique, il échapperait aisément
à ces causes perturbatrices de sa frêle machine,
de sa faible raison. Tel est, en effet, le but de la
nature, mais l'éducation sociale se charge malheureusement trop bien de la contrecarrer partout.
Elle s'ingénie à faire des coupables, afin, dirait-on,
qu'une partie de la société soit occupée à punir
l'autre (o).

LIVRE TROISIÈME.

Fonction de la nutrition ou d'assimilation.

———◁◦▷———

CHAPITRE PREMIER.

DE L'APPAREIL DIGESTIF.

Si l'homme doit respirer pour vivre, il ne peut continuer à vivre sans manger. Or, se conformant lui-même à l'ordre qu'il venait d'établir à ce sujet, l'Éternel accorda à l'homme l'appareil digestif, appareil indispensable à sa condition présente.

Cet appareil organique se compose : 1° d'un long tube flexueux, présentant, dans son trajet, divers renflements ; 2° d'un certain nombre de glandes, connues sous le nom d'*annexes* du tube digestif.

Ce dernier présente, à son tour, diverses dispositions à mesure qu'on l'observe suivant sa longueur ; ainsi, à sa partie supérieure, ce sont : les lèvres, organes de préhension ; la langue, organe du goût ; les dents, organes masticateurs ; les glandes buccales, organes d'insalivation ; les piliers, le voile du palais et les muscles du pharynx, organes de déglutition. — A sa partie moyenne : c'est l'œsophage, conduit de transport; l'estomac, renflement membraneux , dans l'intérieur duquel se passe la coction ou la chymification des aliments; le duodénum, dans lequel a lieu le *départ* ou la séparation entre le chyle et le détritus de la digestion; l'intestin grêle, organe d'absorption. — A sa partie inférieure : c'est le gros intestin, réservoir commun des matières excrémentitielles ; enfin , l'ouverture externe par laquelle ces matières s'échappent.

Parmi les annexes proprement dits du tube digestif, nous trouvons : le foie et le pancréas; le premier fournissant la bile, le second, le suc pancréatique, à l'opération précitée, connue sous le nom de *départ*. Enfin, la rate, organe de décharge de la masse du sang, appartient plus spécialement aux vaisseaux de la poche stomacale de l'appareil qui nous occupe.

Mais , indépendamment des glandes que nous venons de citer, tous les organes sécréteurs, en général, de l'économie animale, et surtout les follicules de la peau , peuvent être considérés, sinon comme des annexes du tube digestif, comme des auxiliaires au moins de cet important appareil!... Les organes respiratoires, l'appareil de la circulation et l'appareil innervateur sont, d'un autre côté, si intimement liés à l'appareil digestif, que l'on ne saurait étudier ce dernier avec quelque profit, qu'en les considérant tous comme étroitement unis et dépendants les uns des autres.

Car, à mesure que l'on avance dans l'étude de l'homme, à mesure que l'on observe son organisme et les lois qui le régissent, l'on est de plus en plus frappé de cette solidarité étroite d'organes et de fonctions, qui fait de tant de parties distinctes, de tant de mécanismes divers, un tout compacte, aussi parfait qu'harmonique! Tout solidaire, tout sympathique; lequel se rattache au monde extérieur, comme la plus petite fraction d'une grande masse, comme une parcelle vivante et distincte du globe, s'associant par conséquent à son mode d'être, de sentir et de souffrir, à la fois.

CHAPITRE II.

DES ALIMENTS.

Si la complication organique, si le solidarisme de l'appareil digestif nous ont justement étonné, quel ne sera pas notre étonnement, en présence de la multiplicité d'aliments que notre Père céleste a répandus à profusion, autour de nous, dans la nature? Quel ne sera pas notre étonnement, en présence de ce concours général de tous les êtres et de tous les éléments pour préparer la nourriture de l'homme? Quelle ne sera pas notre admiration, en présence de cette solidarité, sans bornes, comme sans limites, solidarité qui embrasse et étreint tout ce qui est? Quel ne sera pas notre saisissement, en présence de cette immense, de cette frappante réalité du monde physique, *l'assimilation universelle?* — Et quelle intelligence humaine, en la considérant de près, ne se sentira pas comme anéantie? Quelle imagination n'en sera pas confondue?.... Que dis-je?

Et qui est-ce qui pourrait soutenir ce spectacle
géant, ce fait capital, ce phénomène colossal et,
pour ainsi dire, surnaturel du monde physique,
sans se sentir comme terrassé? Qui oserait soulever un coin du voile de ce profond mystère?
Qui oserait l'envisager de sang froid, sans se sentir
défaillir, sans être menacé d'en perdre l'*être* et la
raison?... Oui! sans en perdre la raison, à moins
que la Foi n'accourût à son secours! à moins que
cette divine Vertu ne soutînt, de son bras, l'homme chancelant; et, s'il n'avait été donné à ce dernier, grâce à Elle, de pouvoir s'endormir, après ce
grand effort, dans les bras et sous la sauve-garde
de son Dieu!

C'est ici le cas de dire, que la difficulté du sujet que je traite, et qui fait l'objet de ce chapitre,
ne tient pas à l'insuffisance, mais bien à la sura-
bondance immense des matériaux!... Le Fabrica-
teur Souverain, en effet, non content d'offrir à
l'homme des aliments particuliers, et en rapport
avec ses facultés digestives, les a multipliés et di-
versifiés à l'infini!... selon les goûts, les besoins,
les convenances, et, pour ainsi dire, suivant les
appétits de chaque espèce animale en particulier, selon le mode de sentir de chaque créature!
Sachant bien et prévoyant d'avance que ce qui
serait *miel* aux uns, serait *poison* mortel aux autres, il a tout combiné, tout apprêté et tout disposé suivant l'ordre immuable qu'*il* imprima, dès

le premier jour, au monde physique, en conviant ainsi généreusement au banquet de la vie tous les animaux terrestres sans exception.

Or, le fait que nous avons déjà noté, au sujet des organes de l'hématose, par rapport à l'air atmosphérique *(aimantation*, par manière de dire, *des globules du sang)*, trouvera à plus forte raison son application en ce lieu. C'est-à-dire, que l'appareil digestif de l'homme a été fait pour une certaine classe d'aliments, comme ceux-ci avaient été faits pour l'estomac de l'homme. A cette dernière catégorie appartiennent précisément les viandes de presque tous les animaux domestiques, celles de plusieurs animaux sauvages, la chair d'un grand nombre de poissons, la pulpe de certains fruits, la fécule des céréales, les tubercules farineux de quelques plantes herbacées, les huiles douces, les gommes mucilagineuses, les matières sucrées, l'eau, le jus du raisin, etc., etc.

Entrer maintenant dans la description suivie de ces divers aliments, n'est pas le but de cet ouvrage. Il doit me suffire de les avoir énoncés sommairement. Nous en déduirons, ensuite, les applications utiles à la santé, aux mœurs et à la législation.

Avant d'aller plus loin, cependant, il est bon de constater encore une fois, que Dieu a été prodigue envers nous d'aliments, comme il l'a été, ai-je dit, d'air atmosphérique et de toute chose

nécessaire aux hommes. Mais, malgré cette prodi-
galité somptuaire, illimitée et fastueuse, n'oublions
jamais que bon nombre de nos frères manquent
encore d'air pur pour respirer, d'habillements pour
se vêtir et d'aliments pour se nourrir.... Or, non-
seulement, il faut à l'homme des aliments pour
vivre, mais il les lui faut sains, de bon choix,
proprement et hygiéniquement apprêtés par les
soins de la famille, quoi qu'en puissent dire, à
l'encontre, les rêveurs de tous les âges!..... Il ne
faut, enfin, jamais perdre de vue que les aliments, en tant qu'agents physiques, sont les modificateurs hygiéniques de l'estomac, sac membraneux si délicat, si mince et si sensible que le
moindre excès, le moindre trouble, le plus petit
écart de régime, le plus léger dérangement, suffisent souvent pour le rendre douloureux, malade
et souffrant.

CHAPITRE III.

.

Digérer, c'est se nourrir ; tandis que manger pour le plaisir de manger n'aboutit ni à une chose, ni à l'autre. Comme le chyme se forme dans l'estomac, et le chyle dans le *duodénum*, moyennant la digestion des matières alimentaires, le sang, après s'être mêlé au chyle nouveau, se vivifie dans les poumons par l'appropriation de l'oxigène qu'il emprunte à l'air atmosphérique.

Ainsi enrichi et augmenté, possédant la vitalité nécessaire à sa destination, le sang se porte dans tous les plus petits recoins de l'économie, et il y répand la sève avec la vie, en alimentant de sa propre substance, en bon père nourricier, tous les organes qu'il rencontre sur son passage.

Grâce donc à la loi de la nutrition, l'estomac assimile d'abord les aliments que l'on confie à son action, le sang en absorbe le produit chyleux ensuite, et, enfin, tous les organes de l'économie animale s'assimilent, à leur tour, les éléments que leur offre le sang. Ainsi, l'homme se nourrit de pain, et ce pain devient chair, et cette chair devient l'instrument de la pensée! Et de la pensée jaillit la vie.... La *pensée,* en effet, féconde le sol, elle imprime sa forme à tous les ouvrages issus de la main de l'homme, et elle devient l'aide précieux de la nature!

Grâce à la grande loi de l'assimilation universelle, une pincée de poussière se transforme en grain, celui-ci en farine, la farine en pain, le pain en chyle, le chyle en sang, le sang en substance cérébrale, et la substance cérébrale en organe pensant.

D'où il résulte, avec évidence, que suivant les idées de Galien et de Pythagore, suivant les idées de Brillat-Savarin et de Cabanis, l'homme peut, en effet, modifier tout ce qui l'entoure, afin d'en être heureusement modifié à son tour!...

Aux incrédules, en cette matière, je dirai : observez ce qui se passe dans les maladies; n'est-il pas vrai que le médecin modifie, par de sages précautions, la température ambiante dans laquelle il place son patient? N'est-il pas vrai aussi qu'il change, à la fois, les boissons et la nourriture de ce dernier? N'est-il pas vrai, enfin que, par des combinaisons savantes et par des manipulations habiles, le pharmacien modifie les matières médicamenteuses minérales, végétales ou animales

qui doivent modifier, à leur tour, la manière d'ê-
tre et de sentir du malade?

Or, pourquoi n'en serait-il pas de même dans
l'état ordinaire de santé? Serait-ce parce que l'action des agents physiques, sur notre organisme,
étant plus constante, deviendrait moins efficace?
— Non, certainement! et il serait beaucoup plus
sage d'user, même dans l'état de santé, de chaque
chose, de chaque agent naturel, en général, comme l'on use d'un médicament, comme l'on use
d'une chose utile à la conservation du corps et à
la perfection de l'âme.

Les fonctions digestives, effectivement, se dé-
rangent avec facilité à la moindre souffrance partielle d'un point quelconque de notre organisme;
et un simple petit furoncle, ou le gonflement d'une
gencive, suffit quelquefois pour nous donner la
fièvre et nous inspirer de l'aversion pour les aliments!

Indépendamment des dérangements de la fonction de nutrition, qui dérivent des souffrances individuelles de nos organes, il y a les dérangements
qui dérivent de l'état électrique, hygrométrique et
thermométrique de l'atmosphère au milieu de laquelle nous vivons.

L'état électrique (ou le temps orageux) jette le
trouble dans toutes les économies animales, en
général, mais plus particulièrement chez les personnes nerveuses (*p*); l'état hygrométrique (ou les

temps humides) bouleverse une infinité d'organis-
mes, y compris ceux de bon nombre d'insectes,
celui entr'autres de la blatte *kakerlac,* que j'ai observée dans les pays chauds, et qui, en pareille
circonstance, devient comme folle. Parmi les hommes, ceux qui sont habituellement affectés d'hé-
morrhoïdes, ou plus sujets aux phlegmasies des
viscères, les tempéraments sanguins, éprouvent,
aux approches des grandes pluies, des troubles
de la digestion, des douleurs atroces d'estomac,
lesquelles se dissipent avec une facilité qui nous
étonne par le retour du beau temps et d'un air
sec. Enfin l'état thermométrique (ou le temps qui
passe subitement du chaud au froid, de même que
tous les extrêmes de température) affecte dan-
gereusement l'homme, les animaux et les végétaux, et il affecte non-seulement la fonction dont
il s'agit, mais toutes les fonctions animales en général. La simple exposition, la constatation de ces
faits, d'observation vulgaire, prouvent donc mieux
que tout autre argument la nécessité dans laquelle
l'homme se trouve de modifier les agents physiques au milieu desquels il a été placé par une
Main Suprême! Et, s'il est évidemment condamné
à améliorer de lui-même sa condition physique,
ne sera-ce pas là une preuve matérielle de plus en
faveur de la doctrine de Jésus-Christ qui nous enseigne à travailler sans cesse à notre perfectionne-

ment moral, afin de nous enfanter, comme de nous-mêmes, à la vie des immortels?

Or, les lois qui régissent la fonction qui nous occupe n'ont d'autre but précisément que celui de régler l'usage que nous devons faire des aliments solides, aussi bien que des aliments liquides ou des boissons, dans l'intérêt de notre santé et de notre perfectionnement soit physique, soit moral.

CHAPITRE IV.

DE LA SANTÉ.

Nous venons de voir un appareil digestif convenablement disposé pour recevoir la nourriture
de l'homme, nous avons vu cette nourriture dissé-
minée sur tous les points habitables du globe, et,
enfin, la fonction qui naît des rapports de cet appareil avec son modificateur hygiénique.

Nous devons en tirer les conséquences nécessaires pour en faire une heureuse application à
l'entretien de la santé. Dans l'intérêt donc de celle-
ci, le choix des aliments et leur préparation soignée sont les premières règles d'hygiène auxquelles l'on doive avoir égard. Mais la tempérance
en tout! mais la tempérance, surtout en fait d'a-
liments, est le premier élément d'une vie longue
et saine (q).

Oublierai-je cependant, que la plupart des hommes, non-seulement ne sont pas en état de bien
choisir leurs aliments, mais que très-souvent ils

n'en ont d'aucune sorte pour apaiser leur faim?... la faim de leurs femmes, de leurs enfants et de leurs vieux parents! Et qui est-ce qui pourrait, à cette occasion, oublier la plaie qui nous travaille, nous dévore et nous tue, sous le nom de *plaie du paupérisme?* Plaie hideuse, qui fait la honte de l'humanité (*r*).

Il n'est que trop vrai, en effet, que la plupart des créatures, faites à l'image de Dieu, sont vouées ici-bas à souffrir la faim! tandis que d'autres sont condamnées à se nourrir, d'un bout de l'année à l'autre, des aliments les plus malsains; jusqu'à ce que l'impitoyable faux de la mort leur rende le service de mettre un terme à leurs privations et à leurs souffrances....

Et où voyez-vous, lecteur équitable, dans ce portrait social, calqué d'après nature, quelque chose qui ressemble à la *fraternité* philosophique et politique tant prônée depuis le siècle dernier? Et était-il bien besoin de graver ce nom saint sur les murailles, au-dessus de la porte des corps-de-garde, à l'entrée des villes, à l'angle des rues, sur les places et aux carrefours?... Fallait-il parodier ainsi l'œuvre de Dieu? Lui, qui a eu soin de graver ce sentiment si profondément dans tous les cœurs! Lui, qui l'a déclaré par la bouche d'Isaïe, par celle de Jean, par la bouche de Jésus-Christ, et par celle de Saint-Paul, le plus noble, le plus grand et le plus élevé de tous les sentiments humains ! Et n'est-ce pas là, en effet, le sentiment *inné* de la *charité?*

Ce n'est pas sur les murailles, en vérité, qu'il fallait l'écrire ce nom auguste et sacré! Non, pas sur les murailles, comme par dérision! Non, pas sur les murailles, comme les Juifs dégénérés écrivirent, au haut du Golgotha, ces mots énigmatiques : J. N. R. J.! Mais il fallait s'attacher à cultiver, avec le plus grand soin, ce sentiment divin, ce germe précieux, au sein de l'enfance, par une bonne, saine et sage éducation, afin qu'il pût produire en abondance, et comme de *lui-même,* tous les fruits qu'il renferme, tous les fruits annoncés par le Christ et les Prophètes!... (*s*). Malheureusement, par cet oubli du plus fécond des principes, du premier devoir, l'on peut dire, avec l'accent du plus cuisant chagrin, que les nègres esclaves de l'Amérique sont bien moins à plaindre que bon nombre de *blancs,* dits *libres,* de notre Europe!... (*t*).

Dans cet état de choses, quels conseils donnerai-je à mes semblables? quelles règles d'hygiène poserai-je? quelles applications heureuses pourrai-je faire à la santé des hommes, des lois déduites de la fonction nutritive? — Fortement embarrassé dans ma marche, par les obstacles qui se présentent de tous côtés sur ma route, je dirai néanmoins aux riches : *mangez le moins que vous pourrez,* car vous ne vous en porterez que mieux!

et donnez ensuite aux malheureux le surplus de
vos tables. — Je dirai aux pauvres : préférez *vous-
mêmes manger moins*, et nourrissez-vous sainement! car, si vous mangez constamment des substances lourdes, indigestes et malsaines, vous ne
tarderez pas à perdre la santé qui est votre unique patrimoine en ce bas-monde. Rappelez-vous
que, si l'estomac est si sensible, dans l'état de
parfaite santé, pour avoir mérité d'être considéré
par les *anciens* comme un *second centre sensitif*,
sa sensibilité est d'autant plus vive qu'il est plus
malade. N'oubliez pas que ses affections entraînent
souvent, avec elles, après une vie languissante, la
perte de l'individu. Lorsqu'il vous arrive donc de
fatiguer votre estomac, sachez garder la diète; et
souvenez-vous que l'eau tiède, d'après l'avis de
l'illustre Sydenham, est, dans ces cas-là, le meilleur digestif.

Cependant, je dois à la justice de reconnaître
que nos frères *les plus pauvres*, c'est-à-dire, la
classe la plus utile, celle des travailleurs *salariés*,
sont ceux qui ont le plus besoin de nourriture;
car ce sont eux aussi qui font le plus de pertes
à cause de l'exercice musculaire auquel ils se livrent constamment; exercice qui, dans l'hypothèse
d'une bonne nourriture, ne ferait que raffermir
davantage leurs jours et les rendre éminemment
plus utiles à la grande famille humaine.

Comment arriver à ce résultat? Comment at-

teindre ce but désirable, ce but si utile pour l'ordre, le perfectionnement et le bonheur social?
Comment y arriver? Car tant qu'on n'y parvien-
dra pas, nous aurons à lutter, d'une manière per-
manente, contre les infirmités du pauvre, en en-
tassant hôpital sur hôpital, hospice sur hospice,
prison sur prison, misère sur misère, « Pélion sur
Ossa! » Et, loin d'escalader ainsi le ciel, nous aurons à craindre, à chaque seconde, l'irruption effrénée d'une mer de vices qui menacent, ores et
déjà, de faire périr l'humanité! (*u*)

La misère, en effet, conjointement à l'ignorance,
nous rappelle la *boîte* de Pandore. Et rien n'est
plus propre à rendre l'esprit des populations abruti
et méchant, généralement parlant, qu'une nourriture insuffisante et mauvaise, plus digne des animaux immondes et voraces que de *celui* que l'É-
vangile a proclamé « enfant de Dieu! » La nourriture malsaine tue effectivement le corps, en
même temps qu'elle abrutit l'esprit.

Les boissons alcooliques sont dans ce cas! Et
c'est précisément par celles-là que l'ignorance
achève, chez les pauvres, ce que la misère avait,
d'ailleurs, si bien commencé, c'est-à-dire, l'anéan-
tissement physique et moral de l'individu! Par elles, l'homme, né à la lumière de l'Évangile, devient
un être ténébreux; par elles, l'homme, né pour
faire le bien, pratique le mal; l'homme appelé *enfant du Ciel*, préfère être appelé désormais *enfant*

de perdition! l'être privilégié qui, jusques-là avait
offert ses sacrifices à Dieu, n'aura, à l'avenir, que
des sacrifices pour les *démons et leurs furies!* l'ange déchu, enfin, appelé une seconde fois à la vie
spirituelle par la voix de Moïse, par la voix d'Isaïe,
par la voix d'Ezéchiel, par la voix de Jean-Baptiste
et par la voix tonnante de Jésus-Christ, aimera
mieux croupir, comme un vil reptile, dans la fan-
ge ténébreuse et nauséabonde de l'*intempérance,*
source de tous les vices, de toutes les souillures,
de tous les maux et de tous les crimes qui depuis
la mort d'Abel jusques à nous ont ensanglanté la
terre! « Et la terre vomira ses habitants!... » (*v*).

CHAPITRE V.

DE LA LÉGISLATION.

Qui plus que le législateur peut apporter un remède salutaire à l'état menaçant sus-énoncé? Nul, si ce n'est Dieu! Nul autre, si ce n'est Dieu *lui-même*, de la Sagesse infinie duquel le législateur serait, dans cette circonstance, l'instrument privilégié!....

Hâtez-vous donc, législateurs, hâtez-vous! Hâtez-vous, pendant qu'il en est encore temps! Fermez le gouffre béant qui menace, comme un antre dévorant, de nous engloutir tous! Songez bien, et n'oubliez pas, que la plupart des révolutions humaines ont puisé leur impulsion, leurs désordres, leur fureur, leur énergie atroce, dans de longues souffrances, dans de grandes privations! *dans la misère publique et privée!* N'oubliez pas que les ambitions perverses sont à l'affût, afin d'exploiter à propos cette mine révolutionnaire, que tous les *meneurs,* les meneurs de tous les régimes, tiennent en réserve contre vous!

22

Veillez constamment à ce que chacun possède, ou puisse acquérir par son travail au moins le plus strict nécessaire, les choses les plus indispensables à la vie ; et, ce jour-là, vous n'aurez plus de révolutions à craindre ; car la mine des révolutions aura été comblée. Vous l'aurez fermée vous-mêmes par de sages et providentielles lois ! Le jour, en effet, que chacun pourra avoir son existence et l'existence de ses enfants assurées, moyennant le travail, tous les *révolutio-philes* seront désappointés, et tous les *meneurs* de révolutions seront montrés au doigt, comme des ambitions personnelles déchues ! Et alors notre belle France, cette terre héraldique de braves, d'où partira ce grand et noble exemple, sera proclamée, suivant une vieille légende, GRANDE ET MÈRE-NATION ! par tous les peuples de la terre, réunis en congrès universel.... Ce sera là le nouveau soleil d'Austerlitz, soleil de paix et de bonheur commun, aux éblouissants rayons duquel tous les enfants de la terre pousseront des cris de joie et d'allégresse (*x*).

Afin de hâter ce jour heureux, législateurs de ma patrie, occupez-vous constamment, je le répète, à modifier les tarifs, la loi des douanes, suivant les temps et les besoins. Modifiez les octrois de manière à ce qu'ils ne soient plus un obstacle au commerce intérieur de la France. Faites en sorte que le Midi puisse échanger aisément ses pro-

duits, le superflu de ses comestibles, avec l'excédant des produits territoriaux des provinces du
Nord (*y*). En baissant le tarif des octrois aux barrières des grandes villes, Paris s'embellira moins,
il est vrai, mais il sera plus heureux et plus tran-
quille; et, d'ailleurs, les embellissements des grands
centres de population sont une affaire de temps (*z*).
Modifiez, de même, les tarifs qui pèsent sur les
bestiaux étrangers, jusqu'à ce que la France, par
les progrès de sa culture, puisse se suffire à elle-
même avec l'excédant de ses troupeaux! Faites
enfin, que le pauvre puisse se nourrir sainement
et à bon compte (*aa*).

Encouragez, à cet effet, l'agriculture en l'hono-
rant, le commerce en le protégeant, et l'industrie
en facilitant, par des lois sages, par des traités
équitables, ses nombreux débouchés. C'est là, ce
me semble, le trépied sur lequel s'asseyent la grandeur, l'aisance et la vie des nations; principalement, la grandeur, l'aisance et la vie de la France!
De bonnes mœurs privées et publiques suffiront
pour les rendre durables; et ce sera l'objet de l'é-
ducation nationale.

CHAPITRE VI.

DES MOEURS.

L'influence néfaste qu'exerce effectivement sur les mœurs des populations la mauvaise nourriture, est incalculable! L'on a dit, avec une grande vérité, que quiconque digère mal n'a que des idées sombres, des idées tristes, résultant de ses souffrances physiques. La mauvaise alimentation surcharge l'estomac d'un travail au-dessus de ses forces. Elle use, en pure perte, une grande partie de la puissance mentale de l'individu par l'emploi d'une large portion du fluide nerveux que le cerveau est obligé d'envoyer au ventricule digestif, moyennant les nerfs *pneumo-gastriques*.

La mauvaise alimentation rend l'homme comme hébété! ses mœurs se ressentent de son mauvais régime diététique. Le défaut de ressources pour subvenir aux besoins alimentaires de ses enfants, le conduit souvent à l'ivrognerie. Le manque d'une nourriture saine, dans l'intérieur de la famille, le conduit aux barrières des grandes villes, aux guinguettes des champs, où il use, dans une seule ripaille, et en mauvaise compagnie les ressources produites par un mois d'économies! Ce qui aurait été mieux placé, pour le dire en passant, à la caisse d'épargne.... Le désespoir le pousse ensuite au jeu, et le jeu au vol, et le vol au meurtre de ses semblables!... C'est la pente du mal, la montagne taillée à pic (*bb*).

C'est que le pauvre, en général, ne peut se procurer d'autres distractions que celles de la gargote; car, pour lui, les douceurs mêmes de la famille sont taries. Sa maison est une maison de pleurs et de misères! Le manque d'aliments conduit une partie de ses enfants à mendier, soit pour eux-mêmes, soit pour leurs vieux parents; et la mendicité, à cet âge, âge d'accroissement physique, de développement intellectuel et d'illusions de tout genre, est une triste école pour l'enfance! école de dissimulation, de vices et de paresse....

Ceux que la faim presse, cèdent facilement aux mauvaises suggestions de la bête, tandis qu'ils n'ont pas d'oreilles pour écouter les bons conseils! Ils se laissent facilement entraîner au mal. Ceux, au contraire, qui n'ont à leur disposition que des mets indigestes, sont naturellement enclins au désordre, et..... j'ose le dire, au libertinage.

Quel amour, après ces déductions de la grande loi de la nutrition, pourra naître et germer dans le cœur de ces infortunés en faveur de leur *prochain*; quel sentiment de *charité*, quand ils se voient déshérités et délaissés dans leur détresse? L'isolement obligatoire dans lequel ils vivent serait propre à les rendre vicieux! A plus forte raison le deviendront-ils par l'accablante privation du strict nécessaire!

L'on a dit, avec justesse, « *cuor allegro Dio l'ajuta!* » Pourquoi cela? Parce que la bonne humeur s'allie ordinairement à une heureuse santé; la santé dépend surtout d'heureuses digestions, et avec de bonnes digestions, il est plus naturel de ressentir de hautes et nobles inspirations en faveur de nos semblables, au profit de la société! Il est également plus naturel de fuir les mauvaises compagnies, et de tenir une parfaite conduite.

Recherchons donc, pour nous, aussi bien que pour nos semblables, une bonne nourriture, une nourriture saine et suffisante pour les besoins de l'économie humaine. Travaillons à rendre les autres heureux, en nous efforçant de fournir à tous, moyennant le travail de leurs bras, le strict nécessaire et le confortable du chez-soi, au milieu de la paix et du bonheur domestiques, bonheur que seule procure la famille, au sein de la société et du commerce des hommes!

C'est là, certes, d'après Pythagore, d'après So-
crate, et d'après Platon son disciple; d'après Jean-
Baptiste, et d'après Jésus-Christ, l'unique moyen
d'atteindre à la perfection sociale, en aspirant aux
félicités célestes.

LIVRE QUATRIÈME.

Fonction de l'innervation, ou de relation.

———◦◦◦———

CHAPITRE PREMIER.

DE L'ORGANE PENSANT ET DE L'APPAREIL
INNERVATEUR.

L'appareil qui fait l'objet de ce chapitre se compose de la masse encéphalique proprement dite, et de ses prolongements ou dépendances, tels que la *moelle épinière* et les *nerfs*.

La masse encéphalique, logée dans la cavité cranienne présente le *cerveau* et le *cervelet*; le premier, plus spécialement destiné aux perceptions et à l'élaboration des idées; le second, aux mouvements et à l'*amour physique*.

La moelle épinière, logée dans la cavité de la colonne vertébrale, fournit à toutes les parties du corps deux espèces distinctes de nerfs : la première appartient aux mouvements et aux sensations, et doit être considérée comme le prolongement de la masse encéphalique; la seconde est entièrement affectée à la vie de nutrition, et dépend plus spécialement de la moelle épinière, dont elle ne paraît être que le parasite. Cette seconde espèce de nerfs forme, en effet, à elle seule, un système distinct connu sous le nom de *système nerveux ganglionnaire*, à cause des renflements qu'il présente, dans son trajet, le long de l'épine dorsale et dès son origine.

Voilà, en résumé, l'esquisse générale de l'appareil qui occupe, en ce moment, notre attention. Si l'on voulait entrer dans les détails qu'il offre à la plus légère observation, en étudier avec soin la structure et le mécanisme, il y aurait aisément matière à remplir plusieurs volumes. Mais tel n'est pas l'objet de cet *essai*. Laissons les arcanes de la science aux savants, et contentons-nous d'approprier au bien-être des hommes les faits bien démontrés que l'on peut en déduire.

D'après ce point de vue, nous dirons que la *masse encéphalique* est un organe multiple, ou, si l'on veut, une réunion d'organes, de centres, de ganglions nerveux, si étroitement unis et liés ensemble, qu'au premier abord, l'on dirait *un seul et même organe*. D'après sa composition organique, et les fonctions auxquelles il semble destiné, *l'encéphale* a été divisé en trois parties ou zones distinctes : la plus basse et postérieure affectée aux instincts purement physiques; l'antérieure et moyenne, aux perceptions et à l'intelligence ; la plus haute et supérieure, aux sentiments moraux!

L'encéphale est donc le *centre organique* de toutes les facultés, de tous les dons, de toutes les vertus accordées à l'homme par le Créateur. Pourquoi faut-il que nous en ayons abusé?... (*cc*).

Dans sa tendre sollicitude de père, Dieu ne s'est pas contenté, en effet, d'accorder à l'homme ces facultés, mais, en les lui donnant, il a agencé le cerveau et le cervelet de manière à ce que ces deux organes fussent doubles et symétriques dans toutes leurs parties, afin que, si un des côtés similaires (hémisphères de l'encéphale) devenait malade dans un point quelconque de son étendue, le côté opposé pût suffire, jusqu'à une certaine limite, aux besoins de la vie humaine.

Or, cette seule disposition, dans l'appareil important que nous étudions, ne suffirait-elle pas pour nous faire admirer cet ordre incompréhensible qui nous serre et nous presse de toute part? ordre si étonnant que, quelque naturel qu'on le trouve, c'est vraiment le premier des miracles que Dieu, notre Auteur, ait placé sous nos yeux!... Oui! c'est là, du moins, le plus grand des mystères!... car, quoi qu'en disent les doctes de la terre, c'est l'appareil innervateur qui paraît être l'organe principal sur lequel siège la vie! (*dd*)

Si vous aimiez, studieux lecteur, à pénétrer plus avant dans les secrets du Très-Haut, par l'examen attentif de ses ouvrages; si vous vouliez pénétrer plus profondément dans la structure de l'appareil innervateur, il faudrait vous représenter la *masse encéphalique*, comme un *appareil voltaïque* tout fait par la nature : appareil, dans lequel le *cerveau*, suivant la remarque de Napoléon, constituerait les *éléments* de la pile; le *sang* qui circule dans *ses* vaisseaux capillaires, le liquide excitateur ou l'*eau acidulée* de la pile; et les *nerfs* qui en dérivent, les *pôles* de la pile. L'encéphale, effectivement, se compose de deux éléments distincts ou substances diverses : la plus externe connue sous le nom de *substance grise*, et l'interne connue sous la dénomination de *substance blanche;* l'une et l'autre étant le résultat de la sécrétion du sang qui pénètre dans cette masse molle et délicate, à l'aide du réseau vasculaire qui constitue la *pia-mater*, ou enveloppe médiate de la périphérie du cerveau et du cervelet. Ces deux substances primordiales (grise et blanche) sont tellement adhérentes, tellement combinées, tellement liées l'*une* à l'*autre*, qu'on ne saurait mieux les comparer qu'à une série de *couples* voltaïques, ou d'*éléments* galvaniques, juxtaposés les uns aux autres (*ce*).

CHAPITRE II.

L'appareil précité présente également deux modificateurs hygiéniques. Le premier prend sa source, par manière de dire, dans la *lumière-mo-
saïque*, sous les noms de magnétisme animal, de
magnétisme terrestre, de magnétisme planétaire, etc.; le second a deux origines, l'une que j'appellerai *interne*, et l'autre, *externe;* c'est-à-dire,
les idées dues aux sensations intimes, provenant
du *moi*, et les idées dues aux sensations perceptit-
ves, provenant d'*autrui :* tout en considérant, bien
entendu, ces idées en général comme une *forme
magnétique*, de même que le fluide nerveux, ou le
magnétisme animal peuvent être considérés comme une des formes de la *lumière-naturelle;* tout
en considérant les idées, en d'autres termes,
comme un des phénomènes vitaux! (*ff*)

S'il en était ainsi, si dans ce grand arcane de la
vie, j'avais tant soit peu approché de la vérité; si,
Prométhée audacieux, j'avais osé, sans être enchaîné, arracher au Ciel un de ses secrets; si nou-

vel Icare imprudent, j'avais osé m'élever trop haut,
sans être foudroyé, le résultat n'en serait pas moins
de la plus grande importance! Car il s'agit ici des
modificateurs de l'appareil organique, le plus noble
de l'économie animale, de celui pour lequel tous
les autres semblent travailler, comme le mécanisme d'une lampe travaille pour produire la flamme
qui éclaire; auquel, enfin, tous les autres organes
de l'homme sont subordonnés.

Quoi qu'il en soit de ces données abstraites, et
dont le secret est le domaine de l'avenir, toujours
est-il que le fait principal demeure; c'est que les
idées et le magnétisme animal sont les modificateurs par excellence de l'appareil innervateur : les
idées tant internes qu'externes modifient plus particulièrement l'*organe pensant*, connu sous le nom
de *cerveau*, tandis que le magnétisme animal, soit
propre, soit communiqué, modifie tout l'appareil
innervateur à la fois....

Si, maintenant, l'on me demandait de préciser
davantage ce que j'entends par *idées* et par *magnétisme*, je répondrais : que les idées sont la repré-
sentation, l'image, plus ou moins fidèle des faits
et des choses auxquelles ces mêmes faits se rapportent; tandis que le magnétisme, c'est l'âme du
monde, l'âme universelle, suivant Pythagore, la
substance une et infinie de Spinosa, un des phénomènes de la lumière naturelle *selon* Moïse, un
agent physique tout-puissant d'après la science

moderne, enfin, une des manifestations les plus frappantes d'un Dieu-*triforme* pour les enfants de l'Évangile, conformément à la maxime de la sagesse antique du *gentilisme*, laquelle proclamait la lumière du soleil comme la plus belle image du Créateur (*gg*).

CHAPITRE III.

Les relations, les rapports existants entre l'appareil innervateur et pensant, que nous venons de voir, d'une part, et le magnétisme et les idées dont nous venons de parler, de l'autre, ont de tout temps présenté à l'observation de l'homme un nombre suffisant de faits, lesquels, après avoir été soigneusement coordonnés entre eux, ont formé différents corps de doctrine.

Si l'on voulait remonter le cours du temps et établir une sorte de généalogie de l'esprit humain, à cet égard, l'on se verrait forcé, en quelque sorte, de l'établir à peu près ainsi :

« Depuis Dieu jusqu'à Adam, et depuis Adam jusqu'à Enoch ; et depuis Enoch jusqu'à Noé, et depuis Noé jusqu'à Abraham ; et depuis Abraham jusqu'à Isaac, et depuis Isaac jusqu'à Jacob, et depuis Jacob jusqu'à Moïse ; et depuis Moïse jusqu'à Jésus-Christ, et depuis Jésus-Christ jusqu'à Napoléon.

23

« Et depuis Confucius (551 ans avant J.-C.) jusqu'à Platon, et depuis Platon jusqu'à Aristote (354
ans avant J.-C.); et depuis St-Paul jusqu'à St-
Augustin, et depuis St-Augustin jusqu'à St-Ber-
nard (1091 ère chrétienne); et depuis François
Bacon (1561) jusqu'à Descartes (1596), et depuis
Descartes jusqu'à Condillac (1715); et depuis ce
dernier jusqu'à G. Cuvier, en omettant à dessein
et Locke, et Malebranche, et Leibnitz, et Helvé-
tius, et Spinosa, et, afin d'abréger, toute la *pléïade*
philosophique du XVIIIe siècle. »

Pour nous, qui ne nous proposons pas d'embrasser dans son ensemble le vaste édifice scientifique, auquel les divers systèmes sur l'*entendement humain* ont donné lieu; mais bien d'étudier
soigneusement les données les plus utiles, fruit
éclos de ce grand labeur, afin de les appliquer à
la félicité de l'homme ici-bas; nous nous borne-
rons à constater que, dans ces derniers temps,
deux corps de doctrine ont paru résumer plus mé-
thodiquement le travail antérieur des siècles passés : je veux parler de la doctrine *psychologique* et
de la doctrine *phrénologique*. La première s'occupe plus spécialement des faits purement spirituels, ou de la filiation des idées; tandis que la
seconde s'occupe, à la fois, des faits matériels et
des faits spirituels, qui ont l'encéphale pour siége
et pour point de départ.

Négligeant donc la première, comme encore trop

abstraite, et comme s'éloignant trop de mon sujet,
je m'attacherai à prouver, moyennant la seconde,
que rien n'est plus simple que la doctrine de l'*entendement humain*, telle qu'elle résulte de l'étude
attentive de l'*organe pensant*, des *idées* qui le modifient, et de la fonction qui en résulte, sous le
nom d'*innervation*, ou de *relation*. Cette dernière
fonction, effectivement, est sujette à des lois fixes,
positives et permanentes, appelées *physiologiques*,
dans l'état de santé, et *pathologiques*, dans l'état
de maladie : lois dont le mécanisme peut être comparé à celui du *pendule*, et la progression à celle
de l'*engrenage* mis en mouvement!

Toutes les fois, en effet, qu'une idée quelconque viendra frapper l'esprit de l'homme, sa manière d'être et de sentir sera modifiée, pour ainsi
dire, à l'unisson de cette idée. S'agit-il d'une idée
triste? elle donne lieu à une irritabilité du sentiment, connue vulgairement sous la dénomination
de *mauvaise humeur;* s'agit-il d'une idée gaie? elle
réveille l'hilarité générale, aussi bien qu'individuelle, la sensibilité s'adoucit, en conséquence, et
notre manière de sentir prend le nom de *bonne
humeur;* s'agit-il d'une idée consolante, relative à
un objet qui nous est cher? la consolation même
nous arrache des larmes d'attendrissement! Il en
est absolument de la sorte, suivant que nous sommes affectés par une sensation douloureuse, comme le froid vif et humide, une extrême chaleur,

une brûlure, la faim, la soif, etc.; ou bien, par
une sensation agréable, comme celle qui résulte
d'un bon feu après le froid, d'un bon lit après la
fatigue, etc., etc. Le même phénomène a lieu lorsque l'origine des idées est purement *interne*. Ainsi
l'idée d'un Dieu nous rassure, l'idée d'un avenir
meilleur nous ranime, l'idée de faire du bien à
nos semblables nous enflamme.

Or, que nous enseigne la doctrine phrénologique, en mettant : *organe, modificateur* et *fonction*
d'accord? Elle nous montre, dans chaque *couche*
ou *circonvolution* de l'encéphale, l'organe d'une
faculté distincte! et cette faculté mise en jeu par
l'attrait même que l'organe éprouve pour son
modificateur hygiénique. Et de cette attraction
de l'organe pour son modificateur naissent toutes les fonctions. Car la *fonction* n'est autre chose
que l'effet de l'action de l'organe sur son modificateur, et celui de l'action du modificateur sur
l'organe. C'est précisément de ce jeu singulier que
naît la pensée, l'élaboration des idées ; la filiation, la production d'idées nouvelles! Ainsi, par
exemple, le besoin, presque instinctif, qui nous
porte à secourir nos semblables, nous fait éprouver une satisfaction telle, toutes les fois que nous
pouvons obtempérer à cette heureuse impulsion,
que nous concevons immédiatement un bonheur
supérieur à toutes les jouissances physiques, un
bonheur surnaturel, et, comme l'a dit Morelly,

c'est l'idée de bien faire qui nous conduit naturellement à l'idée d'un *Être-suprême, juste* et *bienfaisant!*

Si l'on voulait actuellement disséquer davantage, par façon de parler, la fonction dont nous nous occupons, et pénétrer plus immédiatement dans le mécanisme de la pensée, je dirais que les *idées* étant une *forme*, une expression *magnétique* (magnétisme animal), et le cerveau n'étant, lui-même, de sa nature, qu'un appareil magnétique, il est facile de concevoir les rapports nombreux qui existent entr'eux, les affinités, les attractions qui les lient, et enfin la fonction qui doit en être la conséquence! C'est par le moyen de cette dernière, en effet, que l'homme se met en relation avec le monde extérieur et que, non content d'analyser et de modifier tout ce qui l'entoure, il franchit sa prison d'argile pour s'élancer dans les régions de l'*infini*, appuyé sur ce *fluide* magnétique et innervateur, qui est sa vie et son élément! — Il parcourt et visite les mondes du firmament qui l'a vu naître, s'élance à travers des firmaments nouveaux, sonde les profondeurs des cieux, et en mesure les astres errants.... Il explore leur surface, interroge leurs habitants, s'intéresse à eux sans les connaître, et, enfin, animé par l'idée d'un Dieu, qui est son guide et son soutien, il se promène dans *ses* terres et dans *ses* mondes, jetés, par manière de dire, au delà des bornes du *possible*, et dont nul

télescope ne pourra jamais faire présumer l'existence. Pressentant ainsi d'avance, en digne enfant
du Très-Haut, les destinées que l'avenir lui réserve, lorsque son corps caduc n'aura plus l'atmosphère terrestre pour prison, et l'enceinte d'une
ville pour cellule!... (*hh*).

Ce que je viens de dire de la *pensée*, en particulier, est d'autant plus applicable au magnétisme,
en général. C'est ce dernier, effectivement, qui, par
son action constante sur tout l'appareil innervateur, donne lieu à tous les actes, à tous les phénomènes *physiques* de relation, par le moyen desquels l'homme imprime la trace de sa fugitive
existence sur tous les points du globe qu'il occupe. Que dis-je? Surpassant les travaux fabuleux
d'Hercule, il prend le monde, comme à bras-
le-corps, et le subjugue à sa volonté! ou bien, il
le malaxe entre ses mains, comme le faible in-
secte pétrit la dure argile pour bâtir un nid à ses
petits!...

Pendant que, d'un autre côté, grâce à ce modificateur puissant, il communique à *autrui* les impressions qu'il reçoit, il se nourrit, se développe
et vit, sans s'apercevoir, ou à peine, du vaste mouvement auquel le fait seul de son existence donne
lieu, au dedans de lui-même!.... C'est là l'effet ou
le résultat de l'action du modificateur magnétique
dont nous parlons, sur l'*appareil nerveux ganglionnaire*. La fonction de ce dernier est celle précisé-

ment de porter la vie, avec le sang, dans tous les points de l'organisme animal. C'est pourquoi les branches très-déliées du système nerveux ganglionnaire accompagnent, dans tout son trajet, le système vasculaire artériel....

Pénétrerai-je plus loin, dans ce rapide examen, au sujet de la fonction que je traite? Et ne dois-je pas craindre de me brûler le bout des doigts? Justement, je dois le craindre! mais, cependant, je ne puis passer sous silence le *solidarisme* qui existe entre la fonction de l'innervation et le monde extérieur, ce qui corroborera davantage l'aperçu qui précède.

S'il est vrai, à ne pas en douter, que le magnétisme soit, en effet, le modificateur universel de l'appareil qui nous occupe, il sera aisé de comprendre combien la fonction dont il s'agit, pourra être facilement modifiée par l'action des agents tant externes qu'internes. Toutes les fois, effectivement, que l'atmosphère sera surchargée d'électricité, l'homme éprouvera un malaise tel qu'il se croira malade. C'est qu'il est, alors, sous la pression électrique, sous laquelle se trouvent en même temps tous les points de son horizon; jusqu'à ce que l'électricité du sol, se combinant avec celle de l'air ambiant par de violents éclats de tonnerre accompagnés de traînées menaçantes de lumière, l'équilibre magnétique soit rétabli, et que tout rentre dans l'ordre. De même que, ai-je dit, toutes

les fois qu'une digestion difficile et pénible sous-
traira une trop grande quantité de fluide nerveux
à l'organe pensant, l'homme sera triste, ses idées
seront sombres, sa pensée sera lente à se développer, et son imagination pesante (*ii*).

CHAPITRE IV.

DE LA SANTÉ.

La santé de l'individu dépendra donc, dans le cas dont il s'agit, non-seulement du fait des rapports et de l'équilibre exacts, existants entre l'appareil innervateur et ses modificateurs hygiéniques, mais aussi de la direction que l'intelligence, fruit de ces rapports mêmes, imprimera aux actions de chacun.

Ainsi, les veilles trop prolongées et répétées finissent par agacer tellement et irriter les sujets qui s'y livrent, qu'à la longue, ils en perdent la santé sans retour. L'on dirait, en effet, que, pendant le sommeil, l'appareil innervateur répare les pertes qu'il a faites pendant la veille. L'innervation épuisée se refait par la privation complète de toute sensation, et par conséquent le fluide animal s'accumule de nouveau dans l'appareil innervateur pour servir à de nouvelles émissions.........
C'est pourquoi, l'exercice excessif de l'organe sen-

tant produit des résultats assez analogues à ceux
des veilles, et quelquefois il donne naissance à
des affections mentales. Que faut-il, effectivement,
pour produire ce funeste résultat? Un travail constant, l'exercice abusif d'une de nos facultés sentantes. Aussi, rien n'est plus salutaire, par rapport
à l'appareil innervateur, que la diversité, la variété des objets dont on a lieu de s'occuper successivement. Enfin, l'intempérance en tout, dans le
boire, comme dans le *manger*, est funeste à la santé de cet appareil, en particulier, comme à celle
de tout l'organisme en général.

Le défaut, par conséquent, d'exercice physique,
semble exaspérer également le système nerveux;
l'emploi constant des organes visuels, surtout à la
lumière artificielle, non-seulement les affaiblit,
mais il irrite considérablement l'appareil sentant
tout entier. Les travaux de cabinet épuisent, la ré-
clusion tue. Il faut à l'homme l'air libre, et la lumière du soleil! C'est dans ces deux grands éléments de vitalité que l'homme réparera aisément
ses pertes, les pertes de son économie; surtout si,
placé dans ces heureuses circonstances, il se livre
à un exercice modéré, à un travail agréable et à
une vie active.

Les idées tristes ont une influence néfaste sur
la santé; rien n'est plus dépressif de l'innervation et plus destructif du système nerveux. Elles
agissent, dirait-on, à la façon des poisons lents.

C'est une raison pour laquelle il faut que l'homme recherche la société et fuie l'isolement, car la première vivifie, tandis que le second tue. Si les idées, en effet, sont les modificateurs du cerveau, ce sera dans le commerce des hommes que chacun aura occasion d'échanger ses propres idées, contre celles d'autrui, et d'augmenter ainsi, à peu de frais, le modificateur hygiénique de son appareil innervateur. Rien, effectivement, n'est hermaphrodite comme l'esprit de l'homme, car il a la faculté de se féconder lui-même, de féconder l'esprit des autres, et d'en être fécondé à son tour. Or, le résultat de cet hermaphroditisme intellectuel, c'est la génération et la multiplication des idées dans le règne de l'intelligence.

Il faut aussi à l'homme des distractions et d'agréables passe-temps, car l'arc trop tendu finit par se rompre (*jj*). Mais la paix de l'âme, la tranquillité intérieure, le bonheur domestique surtout, sont indispensables à la santé des hommes. Ainsi, lorsque le père de famille, après une journée agitée et pleine de soucis, rentre le soir au foyer domestique, il trouve dans les douceurs du ménage, dans les caresses de ses enfants, dans les visages riants qu'anime sa présence, quelque chose qui lui fait oublier momentanément tous ses maux. Aussi a-t-on remarqué, avec la plus grande justesse, que rien n'est plus fatal aux facultés mentales que les chagrins domestiques. Ceux-ci sont,

en effet, parmi les causes morbides, les plus funestes aux organes et à la fonction dont nous nous
occupons.

Le déchaînement des idées sociales, les troubles
civils, les désordres, les secousses révolutionnaires, sont pareillement désastreux pour la santé des
populations qui en sont le théâtre. Ils ont pour
résultat immédiat des épidémies mortelles : le *choléra* est de ce nombre ; et chez beaucoup d'individus, ils sont suivis par la perte de la raison.
Qu'y a-t-il en cela d'étonnant ? Ne savons-nous
pas les relations étroites et sympathiques qui lient
le cerveau à l'appareil digestif, dans le premier
cas ; et les conséquences qui se rattachent aux
émotions, aux épisodes révolutionnaires, dans le
second? Ne savons-nous pas, en outre, que bon
nombre de révolutionnaires sont guidés par des
illusions, ou par des ambitions personnelles? Or,
lorsque ces ambitions sont déçues, ce qui est le
terme ordinaire de toute révolution ; quand l'illusion dorée fait place à l'affreuse réalité, qu'y a-t-il
d'étonnant à ce que beaucoup de cerveaux, malades et fiévreux, aillent grossir le nombre des aliénés?... Considérez, ensuite, la position de ce père
de famille qui a vu sa fortune engloutie par une
catastrophe semblable! Considérez la veuve qui a
perdu son mari! la mère infortunée qui reste privée de ses chers enfants! et vous aurez une idée
assez juste de ces affreux résultats (*kk*).

L'ambition effrénée, toutes les passions déré-
glées, comme tous les vices, en général, peuvent
en effet nous amener à ce terme fatal, l'aliénation mentale; et, par elle, à l'état des huîtres, ou à
l'idiotisme consécutif!! Toutes les souffrances physiques, et plus spécialement les affections aiguës
et chroniques des principaux viscères modifient
diversement la fonction de l'innervation. Dans le
cas d'affections aiguës l'on voit survenir le délire;
dans le cas, au contraire, d'affections chroniques,
une irritabilité maladive altère, peu à peu, le caractère naturellement doux des personnes qui en
sont atteintes; les affections tuberculeuses des poumons sont de ce nombre.

Occupons-nous donc, autant qu'il dépend de
nous, d'éviter toutes ces causes de dérangement et
de maladie de nos organes sentants! Apprenons de
bonne heure à les connaître, afin de nous habituer
à les éviter! Ce sera là agir dans nos intérêts et
d'après les vues du Créateur.... Ce sera nous procurer la paix dès ce monde, et l'espoir d'une vie
meilleure après la mort (*ll*).

Enfin, il est des affections anémiques débilitan-
tes qui donnent lieu à un profond sentiment de
tristesse; cette tristesse, à son tour, déprime le
cerveau et par suite toutes nos forces; il y a là un
cercle de *cause à effet*, qui finit par miner sérieusement la vie, et conduire au tombeau les malheureux qui en sont atteints, d'une manière aussi inat-

tendue que prématurée. Dans tous ces cas le fluide
animal ne se reproduit pas assez abondamment
pour suffire aux besoins de l'organe innervateur,
d'où résulte la langueur de tout l'individu; c'est ce
qui a lieu dans la chlorose, aussi bien que dans
la *leutie*. Il faut alors, par l'usage des toniques internes, par l'exercice musculaire, par l'action du
soleil et du grand air, par des distractions agréables, ranimer les forces de l'individu. Tout ce qui
débilite la santé générale est, en effet, funeste à la
fonction innervatrice. Rien, à la vérité, n'est dans
ce cas comme les mauvaises habitudes : elles tuent
la vie dans sa source, en épuisant l'innervation;
l'abus du mariage produit, à peu de choses près,
les mêmes effets.

Je ne puis achever ce chapitre sans rappeler au
lecteur, avec quelle effroyable rapidité le fluide
électrique ou le magnétisme terrestre tue les individus qui se rencontrent sur son passage et dans
la sphère de son action, lorsqu'il éclate avec fra-
cas par la décharge des nuages, phénomène naturel désigné communément sous le nom de *foudre!* — Dans l'intérieur des maisons, il faut, en
pareille circonstance, éviter de tenir les portes et
les fenêtres ouvertes, afin de ne pas donner lieu
à des courants d'air; tandis que, dans les champs,
il faut avoir soin de s'éloigner des arbres, etc.

CHAPITRE V.

Le législateur doit s'occuper ici, surtout, d'exploiter en faveur de l'individu, comme en faveur de la société, la mine inépuisable qui nous occupe, au moyen de l'éducation privée et publique, au moyen de l'éducation nationale. Mais, que dis-je? Où en est aujourd'hui l'éducation privée et publique, l'éducation nationale? Mots vides de sens! Et où y a-t-il une éducation quelconque, en France, depuis 50 ans? Il y a bien des mots à la place de la chose, mais point la chose elle-même! Procédons avec méthode. Avant la grand révolution de 89, alors que le *pauvre peuple languissait dans l'ignorance*, il n'y avait pas d'éducation nationale, c'est vrai; mais il y avait des corporations religieuses enseignantes, c'étaient les moines; il y avait aussi des écoles, c'étaient les couvents! l'enseignement y était gratuit et le même pour tous ; pour l'enfant du riche, comme pour les

enfants du pauvre, avec cette seule différence,
que l'enfant du riche se nourrissait et s'habil-
lait suivant ses moyens de fortune et aux frais
de ses parents, tandis que les enfants du pauvre
étaient nourris et même habillés aux frais du cou-
vent.... (*mm*).

Et par quoi, je le demande, avez-vous remplacé
les couvents? Par des hospices, par des dépôts de
mendicité, par des hôpitaux, par force prisons, et,
dans les cas les plus heureux, vous avez transformé les églises mêmes de ces pieux asiles en ca-
sernes! Soit! Mais qu'avez-vous mis à la place de
l'enseignement religieux? De quoi avez-vous accouché au profit du pauvre peuple, abusé et trompé, depuis 50 ans d'infructueux essais? Je vais
vous le dire, moi-même : *parturiunt montes, na-
scetur ridiculus mus!* vous avez accouché des *écoles
primaires!* vous avez imaginé les *instituteurs primaires,* dont la plupart ont empoisonné le sol de
la France par les exemples les plus pernicieux et
les doctrines les plus fausses!.... (*nn*). C'étaient
sans doute là les primeurs de cette science que
vous aviez promise au peuple, les primeurs de votre savoir-faire! Mais vous avez voulu semer des
éteignoirs et vous avez ramassé des torches incen-
diaires; vous avez voulu jeter de la poudre aux
yeux des populations rurales et vous avez achevé
de les corrompre, grâce à votre enseignement bâtard et maudit!... (*oo*).

Vous avez inondé la France d'un tas de pédants, d'un tas d'ergoteurs, d'un tas d'endormeurs...., vous en recueillerez d'affreuses révolutions! Car, ou bien les enfants, dans vos écoles, n'apprennent que le mal, par la contagion des mauvais exemples, ou bien ils apprennent les moyens de nuire, plus tard, en appliquant à la société au milieu de laquelle ils vivent les doctrines de la *bonne* et de la *mauvaise presse.* — Il est vrai, en effet, que quelques-uns des jeunes élèves, sont, en sortant de ces fameux asiles de la *science moderne* (consistant dans le plus sombre égoïsme) en état de lire le journal!......... (*pp*).

Vous fabriquez ainsi, Messieurs, des *maillotins* pour l'avenir; car quels principes de morale leur enseigne-t-on? Quelles maximes religieuses suivent-ils? La main sur la conscience, vous seriez en peine de le dire. Non! ce n'est pas ainsi qu'il fallait faire! En détruisant les couvents, il fallait édifier quelque chose d'analogue pour l'éducation *morale* de l'enfant du pauvre. Ça valait la peine de s'en occuper, dans l'intérêt de l'enfance, de la famille et de la société; car, après tout, l'enfant du pauvre est constamment appelé à faire la grandeur et la gloire de la France, en répandant pour elle sa sueur et son sang!!.. Ce que vous n'avez pas déjà fait, le ferez-vous jamais? J'ai lieu d'en douter! Mais, du moins, ne vous plaignez pas des maux qui pleuvent sur vos têtes, et des tiraille-

24

ments qui déchirent le sein généreux de notre chère patrie! (*qq*).

Par ce qui précède, nous avons vu effectivement, que le Créateur, en faisant l'homme à son image, mit à sa disposition tout ce qui lui était nécessaire pour grandir et croître normalement, tant au physique comme au moral, sans rien laisser à désirer. Le Créateur plaça l'enfance sous l'œil vigilant des pères de famille et sous la tutelle sociale! Or, les pères de famille se sont endormis sur les tuteurs de leurs enfants, et les *tuteurs*, à leur tour, se sont endormis sur les instituteurs à 200 fr.!........ Ceux-ci, de leur côté, ont toujours cru trop faire pour un si piteux salaire! lequel leur laissait tout juste la ressource de mourir de faim!... Enfin, tant bien que mal, vous avez eu un fantôme d'enseignement : c'est le *fantôme rouge*, qui reparaît, dit-on, aux Tuileries!... (*rr*).

Vous vous êtes, en outre, attachés à développer l'ambition des richesses, la soif démesurée des biens de la terre; vous avez soigneusement cultivé tous les instincts de la brute, et vous avez oublié de cultiver la morale! c'est-à-dire, la partie la plus noble de l'homme. C'était, cependant, par là qu'il aurait fallu commencer, et le reste, c'est-à-dire l'instruction du pauvre peuple, vous l'auriez obtenue par surcroît. Comment! vous vous attachez, par une instruction purement nominale, dite *primaire*, à développer, dis-je, tous les instincts de la brute, et vous oubliez d'élever l'homme par une éducation morale?... Votre aberration, croyez-le, passe toutes les bornes...; vous l'escompterez par des larmes de sang (*ss*).

Il ne suffit pas, d'un autre côté, de donner une bonne éducation à tous les enfants de la France; il faut encore leur apprendre des métiers, des professions, et leur donner à tous un état; les diriger dans des carrières diverses, dans lesquelles ils puissent servir leur patrie en travaillant, et honorer Dieu en remplissant sa volonté! C'est un devoir pour le législateur; car, en supprimant l'oisiveté, vous effacez le paupérisme avec tous les maux qu'il traîne à sa suite (*tt*).

La France, quoi qu'en disent les trembleurs à courtes vues, aura de longtemps besoin d'employer plus de bras qu'elle n'en a, si l'on veut s'y occuper sérieusement d'agriculture, de commerce et d'industrie à la fois; mais, en supposant qu'un jour il y eût en France un excédant de population, ce serait alors le temps de coloniser une infinité de terres qui en deçà, comme au delà de l'Atlantique, attendent encore des masses de travailleurs........ (*uu*).

Vous devez également, législateurs, la paix et la sûreté publique à tous les citoyens laborieux; or, cette paix interne, vous ne l'obtiendrez que par la bonne éducation! et par des réglements sages qui veillent pour protéger le travail et expul-

ser de notre sein l'oisive paresse! (*vv*). Faites donc
des lois sages et nationales dans l'intérêt de l'éducation publique et privée, dans l'intérêt de l'éducation du peuple français. Rappelez-vous que, suivant Machiavelli : « Ce sont les bonnes mœurs
» qui font les bonnes lois, et c'est des bonnes lois
» que naît la bonne éducation. » Or, si vous n'avez
jamais de bonne éducation, comment prétendez-
vous posséder de bonnes mœurs? Vous prenez
tant de soin de la culture de la luzerne et de celle
du trèfle (qui ne sont que du vil foin) et vous négligez complètement la culture précieuse de l'enfance, la culture de l'espèce humaine? Vous êtes,
en vérité, de grands insensés, plus dignes par conséquent de Charenton que de la législature (*xx*). Si
vous vous attachiez, en effet, à cultiver les nobles
facultés que Dieu a déposées dans le sein de l'enfance, avec autant de soin que vous cultivez la
canne à sucre, par exemple, et la betterave, vous
recueilleriez des fruits, incomparablement et plus
doux et plus riches!...

Enfin, vous préférez semer votre route d'épines,
vous en recueillerez des ronces; vous préférez semer des dents de vipère, vous ramasserez des ser-
pents, qui vous étoufferont; vous préférez semer
des *mâchoires d'âne*, et vous récolterez des tigres
prêts à vous dévorer. Mais, ce jour-là, du moins,
soyez conséquents, et n'accusez que vous-mêmes
des malheurs de la patrie.

Comment voulez-vous, réellement, qu'une société puisse exister en dépit du bon sens, et contre toutes les lois naturelles? Quels modificateurs offrez-vous? Quelles idées jetez-vous en pâture aux cerveaux affamés des enfants? Votre conscience peut répondre, car vous le savez : « L'homme ne » vit pas seulement de pain, mais de toute parole » qui vient de Dieu!... » Or, si vous n'offrez, dans ces idées, aux enfants de la France, que des aliments malsains, impurs, indigestes, afin de satisfaire les besoins naissants de leur jeune intelligence, comment pouvez-vous prétendre en obtenir jamais des générations riches et fortes, riches d'avenir et fortes de raison? (*yy*) Non! vous ne le prétendrez pas, et, loin de le prétendre, si vous n'êtes pas déjà, vous-mêmes, égarés par le tourbillon dévorant qui nous entraîne, vous appréhenderez, au contraire, pour notre belle patrie! la fin prochaine de l'antique Rome! A moins que, par un juste retour vers le passé, vous ne croyiez encore avec nos pères que « Dieu protège la France. » Protection grâce à laquelle, je n'en disconviens pas, toutes les erreurs des hommes et toutes les forces de l'enfer ne prévaudront pas contre *elle*. Puisse cette heureuse croyance ne flatter personne en vain! (*zz*)

CHAPITRE VI.

DES MOEURS.

S'il n'est pas donné à l'homme, en effet, de pouvoir espérer, en naissant, une bonne éducation, il faut désespérer d'obtenir jamais de bonnes mœurs. Et, sans bonnes mœurs, point de société durable, point de société possible, point de bonheur sur la terre!...... Les mœurs privées et publiques seront infâmes, elles auront un caractère sombre, et seront empreintes d'un cachet atroce de lâche férocité, toutes les fois que, par le défaut de l'éducation, l'homme sera condamné à marcher d'erreur en erreur, de précipice en précipice, et qu'il ne trouvera dans son entendement, que des impulsions à nuire, que des tendances à malfaire! Et, il faut avoir le courage de l'avouer, c'est ce qui arrive au XIXᵉ siècle!......... époque fatale, temps d'arrêt, dans la marche de l'humanité, malgré les hauts faits et les merveilleuses découvertes dont sa première moitié est déjà illustrée. C'est que les mœurs de ce siècle ne répondent nullement à la vive clarté qu'il projette sur toutes les intelligences! (*aaa*).

J'ai dit que la cause de tout ce mal provenait du défaut, de l'absence d'éducation privée, publique ou nationale! Je le répète encore, avec cent mille autres, et je ne me trompe pas.

Cependant, comment espérer sans morale, d'atteindre les destinées auxquelles l'Éternel nous convie et nous appelle? Comment espérer jamais être d'accord avec ses vues toutes providentielles? avec sa bienveillance de Père? avec *ses* inscrutables secrets? Non! ce n'est pas possible, et croire le contraire serait le comble de la folie. Ne nous a-t-il pas donné des facultés parfaites pour sentir, pour réfléchir, et pour agir ensuite d'après les enseignements de la morale universelle? Eh bien! si, au lieu de nous laisser guider par cette voix intérieure qu'*il* a placée en nous, et qui nous crie sans cesse d'être bienfaisants; si, au lieu d'imiter l'ordre admirable qui nous environne; si, au lieu de suivre l'exemple des plus petits insectes, pour travailler et vivre en société; si, au lieu de nous soumettre à ses saintes lois, à l'exemple des mousses même et des fougères, nous sommes constamment en révolte ouverte contre le Ciel et ses immuables décrets, qu'avons-nous à attendre, si ce n'est misère sur misère, contagion sur contagion, abîme sur abîme, angoisse sur angoisse, douleur sur douleur!....... (*bbb*). Pas autre chose, en effet; et usant ainsi, en pure perte, le temps précieux de notre fugitive existence, légant nos impuretés à notre malheureuse race, nous n'avons d'autre perspective, que la honte des infanticides!... affreuse perspective, en vérité!... Et ne serait-il pas possible d'éviter cette grande honte, ce crime épouvantable? Oui! cela est possible; mais, pour cela, il faut non-seulement prendre la peine d'enseigner la morale à l'enfance, mais on lui doit aussi de bons exemples (*ccc*).

Or, si nous ne faisons ni une chose ni l'autre, si nous ne nous croyons obligés à remplir aucun de ces plus saints devoirs, il faut convenir que notre égoïsme dévergondé et notre sale lâcheté dépassent toutes les espérances des puissances infernales. Car, que nous avait fait l'enfance, en général, et que nous avaient fait nos enfants, en particulier, pour les assassiner de la sorte, moralement? (*ddd*) Comment prétendons-nous qu'ils auront à vivre, à leur tour, *dans cette vallée de larmes*, si nous leur enlevons même la ressource de croire en un Dieu unique, pendant la vie, et d'espérer dans une vie meilleure après la mort? (*eee*). Bons exemples donc chez les parents, éducation morale chez les enfants : voilà la réforme, voilà la seule qui puisse donner de bons fruits réels et durables, pour le présent comme pour l'avenir.

Toutes les autres réformes, sans celle-là, ne font qu'entasser abus sur abus, vices sur vices, calamités sur calamités, divisions sur divisions, et nous entraîner plus promptement à la ruine.... *(fff)*

LIVRE CINQUIÈME.

De la reproduction.

CHAPITRE PREMIER.

DES ORGANES REPRODUCTEURS.

Nous trouvons chez les deux sexes, et parmi les voies excrémentitielles, dans les parties les plus basses du corps, les organes reproducteurs de l'espèce humaine. Or, s'il est une chose qui doive nous étonner, lorsqu'il s'agit d'organes d'une aussi haute importance, c'est précisément le peu de soin que la nature semble avoir pris à leur égard ! De même que, en effet, chez les autres mammifères, et chez les êtres même les plus inférieurs de l'échelle animale, il semble que le Créateur n'a eu d'autre but, à cet égard, que les convenances de l'organisation. Car, si l'on se reporte, par la pensée, au produit de la conception, chez la femme, pendant la grossesse, et à son développement, l'on se convaincra bientôt que nulle autre partie du corps ne pouvait être affectée plus avantageusement à un pareil usage.

Je ne m'arrêterai point à la description des organes dont il s'agit, attendu qu'on peut la trouver
dans tous les ouvrages, dans tous les traités d'*anatomie* et de *physiologie*. Je ferai remarquer cependant, que les organes reproducteurs de l'homme
sont chargés de préparer la *liqueur fécondante*,
tandis que ceux de la femme sont particulièrement
chargés de sécréter l'*œuf humain*. La liqueur fécondante est préparée lentement par deux glandes
désignées sous le nom de *testicules*, et tenue en
réserve dans deux petites poches connues sous la
dénomination de *vésicules séminales ;* tandis que
l'œuf humain est sécrété par deux petits organes
glanduleux appelés *ovaires*. Ces derniers, aussi
bien que les vésicules séminales, sont logés soigneusement dans l'intérieur du corps, au lieu que
les testicules sont situés extérieurement. La femme possède, en outre, un organe creux, musculo-
membraneux, et de nature, pour ainsi parler, élastique, connu sous le nom de *matrice* et destiné à
contenir le fruit de la conception. Voilà, en peu de
mots, les principaux organes de la reproduction
chez les deux sexes; le surplus ne consiste guère
que dans des conduits, en quelque sorte mécaniques, de transport, et dans des organes excitateurs.

Dans cet appareil grossier des organes reproducteurs, envisagés chez les deux sexes, à la fois,
l'on ne sait pas ce que l'on doit admirer le plus,

la simplicité du mécanisme, sa perfection, ou
bien la négligence apparente, je le répète, avec
laquelle l'appareil générateur dont il est question
semble avoir été fait! Il eût été, effectivement, impossible à l'homme de concevoir un appareil moins
compliqué que celui-ci pour servir à une si grande
fonction! de même qu'il n'aurait jamais pu imaginer rien de plus parfait, quant à l'exactitude et
aux proportions, en quelque sorte mathématiques,
du bassin de la femme, par exemple, eu égard à
l'évolution du *fœtus* pendant le travail de l'enfantement! tandis que tout ce qui se rapporte aux
organes reproducteurs, envisagés isolément, ne
sort pas, ai-je dit, des proportions grossières des
organes excrémentitiels avec lesquels ils sont confondus.

Une haute leçon de morale, j'ai hâte de le dire,
peut ressortir de ce fait : c'est que, dans tout ceci,
la nature paraît avoir eu uniquement en vue la
reproduction de l'individu; et elle a voulu atteindre son but, avec le moins de luxe et de frais
possibles. Ce but a été atteint; car, c'est ce qui a
lieu, en effet! Que maintenant des cerveaux malades, et l'imagination de quelques versificateurs
en délire, aient pu voir en cela autre chose, on le
conçoit! Il suffit de se rappeler, à ce sujet, l'île
fameuse de *Barataria*, que le fanatique Don Qui-
chotte promettait solennellement à son malheureux écuyer Sancho Pansa!... La femme appelée,

en quelque façon, seule à faire tous les frais de l'enfantement de l'homme, présente encore deux autres organes très-importants; ce sont les *ma-melles*, glandes destinées à la lactation, ou à nourrir, moyennant le lait qu'elles sécrètent, le nouveau-né pendant les premiers 9 mois environ de sa vie extra-utérine; ce qui, pour le dire en passant, constitue à mes yeux une seconde grossesse, celle qui devra aboutir plus tard, à l'enfantement moral du jeune nourrisson.

Je ne dois point omettre, enfin, que le cervelet dans sa partie la plus déclive, est l'organe correspondant de l'encéphale affecté, chez les deux sexes, à l'*amativité* ou à l'*amour physique*, dont nous venons de voir les instruments.

CHAPITRE II.

DE L'AMATIVITÉ (SPURZHEIM).

L'*amativité* est, en effet, ce penchant instinctif qui porte les deux sexes à s'entre-aimer réciproquement : aspiration, idée, que je regarde comme le modificateur spécial des organes reproducteurs dont je viens de parler. L'homme cependant, il faut le dire, serait bien à plaindre si, dans l'amour qu'il porte à sa compagne, il ne savait s'appuyer que sur ce penchant là! La Bonté divine en a jugé autrement. Elle a enté cet amour, heureusement, dans notre espèce privilégiée, sur des sentiments beaucoup plus nobles, beaucoup plus stables et permanents! tels sont, l'amitié, l'amour des enfants, le respect, la bienveillance, etc.; sentiments qui sont, d'ailleurs, le ciment le plus indestructible de toutes les unions bien assorties.

Malheur! en vérité, malheur! à tous les jeunes couples qui contracteront le lien éternel du mariage, en dehors de cette voie, en dehors de la voie de Dieu, celle que sa sagesse a établie bien avant que la terre fût assise! (*ggg*). Car leur amour se dissipera comme un rêve fantastique de leur faible imagination, et comme le mirage des sables brûlants du désert! Et le dégoût le plus accablant succédera aux plus folles illusions.... Certes, s'il n'avait pas dû en être ainsi, l'Auteur de toute chose aurait pris plus de soin, croyez-le, dans l'agencement des organes de la reproduction, attendu que cela ne Lui aurait pas coûté davantage.

Je le répète donc, la position de ces organes, les fonctions excrémentitielles auxquelles ils sont en grande partie assujettis, tout prouve qu'ils n'ont d'autre but que le phénomène grossier, l'acte matériel de la reproduction. Tout prouve, dis-je, qu'aucune liaison durable ne peut être cimentée par des individus doués de raison, sur la satisfaction du besoin instinctif qui naît, chez les deux sexes, de l'existence des organes signalés plus loin. Bornons-nous à constater, par conséquent, que l'idée d'aimer et d'être puissamment payé de retour, constitue, chez les deux sexes, le modificateur par excellence, dans l'espèce humaine, des organes dont nous nous occupons. En cela aussi, l'homme, en effet, se distingue de toutes les autres espèces animales, puisque, chez elles, l'idée dont il s'agit, le penchant à la reproduction, ne se réveillent que dans les temps et la saison qu'il faut, selon qu'il a été fixé et arrêté d'avance par le Père des êtres, et par l'Auteur universel de toutes les existences (*hhh*).

CHAPITRE III.

DE LA REPRODUCTION.

Se reproduire, c'est se perpétuer! Tel a été réellement le but du Créateur, en établissant que l'homme mortel pût donner le jour à d'autres êtres semblables à lui, moyennant l'appareil dont nous venons de parler; afin que sa race pût se conserver jusqu'à la fin des siècles, et jusqu'au temps fixé par sa providence divine! suivant la loi qu'il a établie, disant : « Croissez et multipliez et remplissez la terre » (*Gen.* ch. I, v. 28); selon la punition qu'il infligea à Eve désobéissante, en ces termes : « Et toi, femme, tu enfanteras avec douleur » (*Gen.* ch. III, v. 16).

Si l'on considère, en effet, d'une part, la chaîne non interrompue de l'espèce humaine à la surface du globe terrestre; si l'on observe, de l'autre, les facultés sublimes qui détachent l'homme complètement du groupe de l'animalité qui s'agite à ses pieds sous des formes multiples et indéfinies, l'on

se voit obligé de convenir que ce fait invariable
et constant révèle, à notre égard, un but particulier chez le Père de l'univers! L'on ne saurait en
douter.

Or, la philosophie religieuse, aussi bien que la
profane, parfaitement d'accord à ce sujet avec la
révélation écrite, et j'oserais presque dire, parfaitement d'accord avec la révélation naturelle, nous
enseignent que l'homme a été créé pour une autre *vie*. « Car Dieu a créé l'homme immortel; il
l'a fait pour être une image qui Lui ressemblât »
(*Sagesse,* ch. II, v. 23).

Quoi qu'il en soit de cette croyance universelle
et contemporaine de la création, toutes les fois que
les deux sexes s'approcheront, suivant l'ordre organique et idéal que nous venons d'établir, il en
résultera nécessairement, dans la pluralité des cas,
un troisième individu, c'est-à-dire, celui qui (représentant fidèle de leurs qualités physiques et
morales) est appelé à perpétuer leur race sur la
terre! Et ainsi de suite.

Je ferai remarquer, à cette occasion, que le magnétisme animal joue un rôle, en quelque sorte
extraordinaire, dans le rapprochement des deux
sexes, et je suis porté à penser qu'il est l'agent
physique principal de la fécondation. Cette manière de voir est propre du moins à expliquer
beaucoup de grossesses anticipées, dues soit à
l'imprudence, soit à la dépravation des deux sexes,

à la fois, ou de l'un des deux coupables seulement!
dont les attouchements illicites ont été suivis par
le phénomène inévitable de la grossesse avant terme..... Non-seulement cela devait être ainsi, mais
tout ce qui précède est tellement naturel qu'il n'a
jamais pu faire l'objet d'un doute; et il ne faut
accuser que l'ignorance dans laquelle on élève la
jeunesse des deux sexes, au sujet des faits les
plus naturels, de tous les scandales qui affligent
la société à cet égard. Toutes les fois, en effet,
que l'*aura seminalis* des anciens arrivera jusqu'à
l'œuf maternel, celui-ci se gonflera, se détachera
de l'ovaire, et, cheminant par les trompes de Fallope, ira se greffer dans l'intérieur de la matrice
pour y grandir et s'y développer jusqu'au temps
de sa complète maturité, jusqu'au temps de son
expulsion....

Cette maturité, cette expulsion, ont lieu au bout
de neuf mois environ! alors que la femme, affectée
de vives douleurs, rend l'homme nouveau à la lumière, comme l'héritier de sa race sur la terre. Ce
dernier hérite, en réalité, de sa mère, de celle qui
l'a engendré et enfanté, toutes ses prérogatives
mortelles, au point qu'en naissant il pourrait s'é-
crier avec Job : « Pourquoi m'avez-vous tiré du
» sein de ma mère? Plût à Dieu que j'eusse péri
» avant d'avoir été vu de personne! Passant du
» sein de ma mère dans le tombeau, j'eusse été
» comme n'ayant jamais existé » (Job, ch. X, v.

18 et 19). Mais non! suivant les décrets du Tout-
puissant cet homme nouveau vivra et sa mère en
prendra soin, et elle l'allaitera de ses mamelles,
et le nourrira de son lait; elle l'enfantera de nouveau même, elle l'enfantera par sa tendresse à la
vie morale, à la vie des intelligences, jusqu'à ce
qu'il soit en âge de « choisir le bien et de fuir le
mal » (Isaïe, chap. VII, v. 16) (*iii*).

CHAPITRE IV.

DE LA SANTÉ.

Comment se fait-il cependant, que ce qui devait être, d'après les vues de Dieu, une cause inépuisable de vie dans l'espèce humaine, soit devenu, entre les mains de l'homme, un épouvantable principe de corruption, d'angoisses, d'immoralité dégoûtante, de discordes, de haines, de vengeances, de crimes, de tortures morales et physiques, de misères, de maladies et de souffrances sans fin? La manière d'élever les enfants peut répondre!.. C'est là la cause, en effet, de tous ces malheurs. En attendant qu'elle-même porte un remède salutaire aux maux dont l'éducation sociale nous accable, je ferai remarquer combien il serait facile d'éviter une foule de remords et de chagrins sans bornes, si l'on voulait considérer la fonction dont il s'agit, comme purement destinée à la reproduction de l'espèce; en d'autres termes, si l'on voulait être aussi raisonnable que les ânes et les moutons, si l'on savait respecter les lois précitées, les lois préétablies de la nature vivante, comme les respectent les tigres, les lions et les bêtes féroces des forêts!...

Je prierai le lecteur, à cette occasion, de noter combien il serait aisé d'éviter une infinité d'affections résultant de l'abus des organes générateurs, source pestilentielle de maux que nous transmettons à nos descendants, si l'on voulait se donner la peine de vivre selon l'ordre naturel des choses auquel le Créateur nous a assujettis, sous peine de mort prématurée et d'extinction totale de notre lignée (*jjj*). Je ferai observer combien l'homme serait moins à plaindre, dans le cours rapide de sa vie mortelle, s'il avait été appris à mettre le siège de ses véritables jouissances là où notre divin Auteur l'a placé; c'est-à-dire, dans les parties les plus nobles et les plus élevées de sa personne, dans les sentiments moraux qui, en nous faisant aimer et chérir la vertu, sont réellement la source de tout bien dans ce monde (*kkk*).

Indépendamment de l'observation stricte des lois naturelles, dans la question qui nous occupe, nous devons ne pas négliger d'user de tous les moyens de propreté que l'hygiène, aussi bien que la morale, nous prescrivent. Enfin, la mère de l'homme doit porter le soin de sa personne, dans l'intérêt de ses enfants, à toutes les choses dont elle se nourrit et qui sont destinées à son usage, en se rappelant bien que l'homme puise dans le sein de sa mère tous les éléments de santé et de vie nécessaires à son existence ici-bas.

CHAPITRE V.

DE LA LÉGISLATION.

La loi religieuse, aussi bien que la loi civile sont intervenues dans l'union des sexes; elles sont intervenues dans ce fait primordial, comme dans le fait le plus important des sociétés humaines. Les plus grands législateurs, tant anciens que modernes, se sont occupés tour-à-tour de cette union, connue sous le nom de *mariage*, — les législateurs civils, aussi bien que les législateurs religieux!...

En effet, depuis Dieu le Père, jusqu'à Moïse. — Depuis Moïse jusqu'à Jésus-Christ; et depuis Dieu, le Fils, jusqu'à l'empereur Napoléon, tous ont fait quelque chose en faveur du plus saint des liens! chacun selon sa puissance, chacun selon sa mission, chacun selon son temps, chacun suivant les besoins des peuples qu'il avait pour mandat d'éclairer, de guider ou de gouverner. Tous ont été, d'ailleurs, complètement unanimes pour dé-

clarer le mariage : le dogme civil, politique et religieux, constituant la pierre angulaire et la clef
de tout l'édifice social et humanitaire!

Que des rêveurs et des cervelles creuses aient
pu dire le contraire; qu'ils aient pu envier, sous
ce rapport, le sort de quelques tribus errantes et
sauvages de certains points de l'Afrique, cela se
conçoit! Car la dépravation morale conduit toujours au même terme sans acception de race. Mais
le contraire de ce qui a été éternellement établi
n'aura pas lieu tant que la civilisation l'emportera
sur la barbarie, tant que la lumière de la révélation l'emportera sur l'esprit ténébreux des mé-
chants.

C'est pourquoi le lien sacré du mariage impose
au législateur d'immenses devoirs! En effet, tous
les enfants issus d'unions légitimes, proclamées
telles par la loi de la France, auront en quelque
sorte un droit *inné* à la protection sociale, à la
tutelle de la société au sein de laquelle ils ont
pris naissance! Il ne suffit pas donc de s'occuper du sort de ceux qui se marient, conformément au vœu de la loi nationale, du sort des
pères et mères par rapport aux enfants, et de
ces derniers par rapport à leurs ascendants; mais
il faut s'occuper encore et principalement des
droits que ces mêmes enfants, appelés à la vie au
nom de la patrie, exercent en naissant vis-à-vis
de la société qui les appelle et les convie, et dont

ils réclament les éléments indispensables, afin de
pouvoir se développer, grandir et croître normalement dans son sein. Afin de se développer,
dis-je, au physique comme au moral, jusqu'à ce
qu'ils soient en état de s'acquitter envers la mère
commune de tous les devoirs qu'ils ont contrac-
tés envers elle, dès le jour de leur naissance et
par les soins prévenants qu'elle a pris de leur
éducation.

C'est là un point capital! le plus important, à
mes yeux, parmi ceux dont j'ai parlé : son évidence est si grande qu'il suffit de le signaler. Il
s'agit donc d'établir, une fois pour toutes, la nécessité, l'obligation pour la société, le devoir sacré
pour le législateur de veiller sur le sort des enfants
de la France! Il s'agit d'arrêter, par la sagesse des
lois, le mode meilleur, d'après lequel seront élevés les enfants du pauvre, le système d'après lequel ils seront dressés à servir Dieu et la Patrie,
à aimer Dieu et à chérir cette France dont la gloire
est leur héritage sur la terre. Il s'agit de donner à
tous une éducation physique et morale suffisante
pour se développer et grandir, pour grandir et vivre en pratiquant le bien, à l'ombre des replis glorieux du drapeau national et sous la protection de
cette auguste patrie dont ils sont appelés à perpétuer les richesses et à faire respecter la mémoire
immortelle....

Il s'agit de fournir à tous, au physique la nour-

riture corporelle, le pain quotidien, le gîte et les
habillements les plus indispensables, conjointement aux exercices corporels et à la plus grande
propreté : au moral, la nourriture spirituelle, une
nourriture forte et solide! une nourriture intellectuelle qui les forme et les accoutume, dès leur
jeune âge, à mener une vie sans peur et sans re-
proches! qui leur montre la bienfaisance comme
le bien suprême; qui leur apprenne à adorer Dieu
leur Auteur, leur Père commun; à honorer sa divine image dans la personne de leurs parents, et
enfin, à fuir l'oisiveté comme la source immonde
de tous les maux et de tous les fléaux sans exception....

La chose, ce me semble, n'est nullement difficile; et pourtant nul ne paraît y prendre garde, nul
n'y songe, encore moins y porte-t-on remède! C'est
donc à vous, législateurs de la grande nation française, qu'appartient la gloire de jeter les fonde-
ments de ce grand édifice, de cette éducation nationale et privée vers laquelle aspirent tous les
cœurs généreux, vers laquelle ont aspiré, envain,
tous les hommes de bien qui vous ont précédés
dans la carrière. Elle seule, en effet, peut mettre
un terme aux maux qui nous dévorent et nous
consument; elle seule peut préparer, pour l'avenir,
les générations d'hommes forts que Dieu et la
France attendent de vous. Car la loi providen-
tielle que je réclame en faveur de l'enfant du pau-

vre, et au nom de l'humanité, sera l'avant-coureur du règne de la Justice éternelle parmi les
enfants des hommes, selon qu'il est écrit dans le
livre de la Sagesse divine!........... (*lll*).

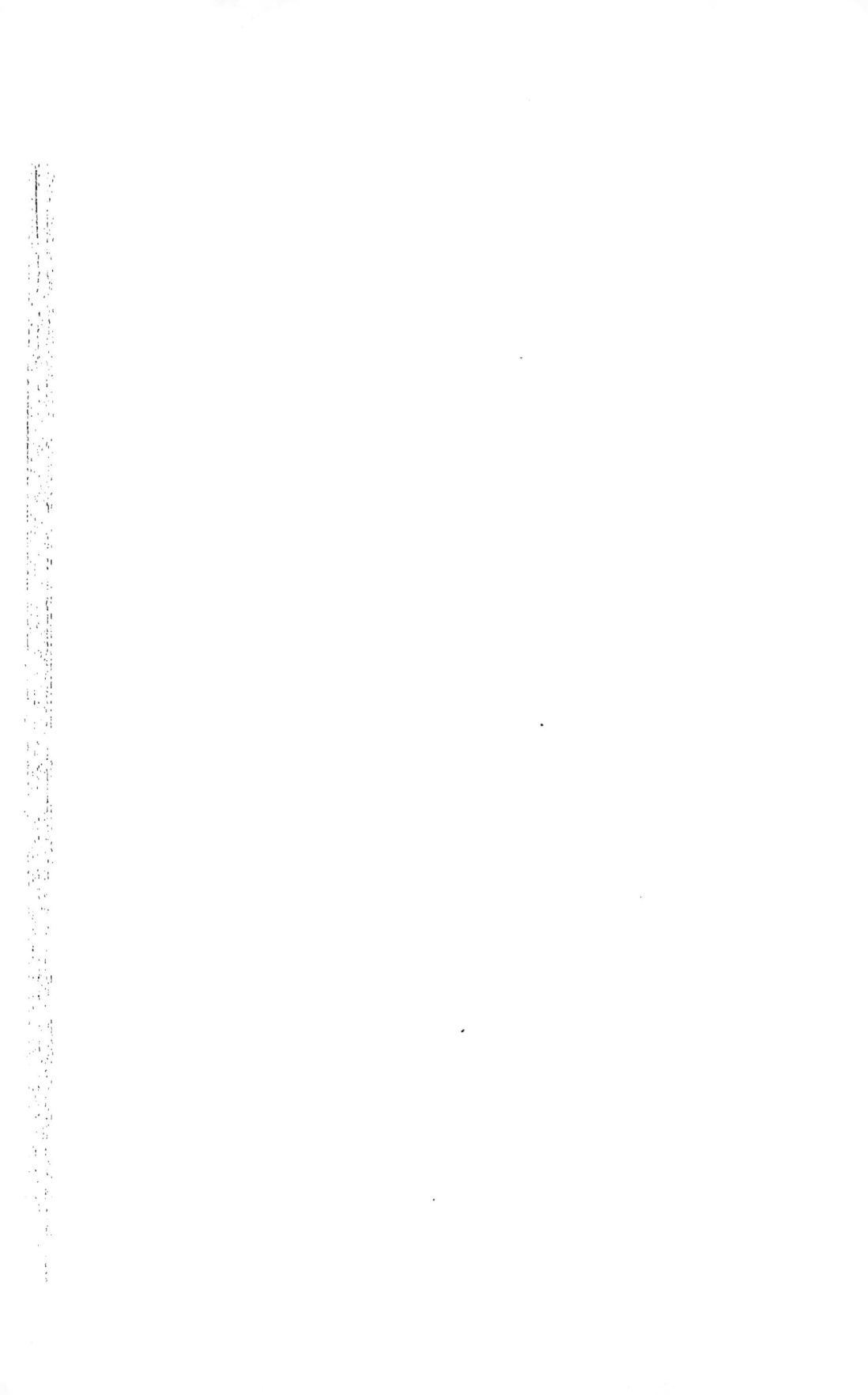

CHAPITRE VI.

DES MOEURS.

Les bonnes mœurs seules peuvent mettre un terme, en attendant, à un état de choses aussi misérable, aussi dégradant et aussi affligeant pour notre espèce, que celui que nous venons de signaler plus loin! Les bons exemples et les bonnes instructions des parents suppléeront, en partie, au défaut d'une éducation nationale, laquelle, sous quelque face qu'on l'envisage, est, politiquement et religieusement parlant, le fondement de toute société.

La chasteté dans les actes, la simplicité dans les paroles et la pureté dans les intentions, seront chez les pères de famille, et chez toutes les personnes âgées, en général, le premier principe des bonnes mœurs, le premier enseignement à donner à l'enfance. De bons préceptes et de bons conseils, des avis sages et salutaires, seront propres à guider les enfants, à guider leur cœur et

leurs jeunes années dans les sentiers droits, dans
le chemin de la vertu! Les bons exemples, enfin,
qu'ils auront constamment sous les yeux, les dres-
seront de bonne heure à cette vie sans tache pour
laquelle ils ont été créés.

Tous les moralistes, effectivement, ont considéré la luxure comme le vice le plus néfaste qui mine
l'espèce humaine! et J.-Christ a menacé tous ceux
qui ne respectent pas l'innocence des enfants, par
ces paroles terribles : « *Væ homini illi per quem
scandalum venit!* » Malheur à l'homme qui est
cause de scandale. Et l'Écriture Sainte nous déclare, que la postérité de ceux qui violent les lois
saintes de la morale à cet égard, s'éteindra sans
retour!... C'est ce qui a lieu, en effet; et c'est ainsi
que la mort même lave les souillures flétrissantes
imprimées à l'humanité par le contact empesté de
l'homme corrompu (*mmm*).

Que si les enfants sont dressés, au contraire, à
la pratique du bien, ils grandiront promptement
dans tous les dons du corps et de l'esprit. Devenus hommes, ils verront de plus en plus près, l'i-
mage de leur Créateur, jusqu'à ce que, arrivés au
jour de leur troisième et dernier enfantement,
c'est-à-dire, après leur mort, il leur soit permis
de voir Dieu *face à face*, suivant ces paroles pro-
phétiques de St-Paul : « Quand j'étais enfant, je
parlais en enfant, je jugeais en enfant, je raisonnais
en enfant; mais lorsque je suis devenu homme, je

me suis défait de tout ce qui tenait de l'enfant.
Nous ne voyons maintenant Dieu que comme en
un miroir et en des énigmes; mais alors nous le
verrons face à face. Je ne connais maintenant Dieu
qu'imparfaitement; mais alors je le connaîtrai,
comme je suis moi-même connu de Lui » (Première Épître de St-Paul aux Corinth., ch. XIII,
v. 11 et 12) (*nnn*).

FIN.

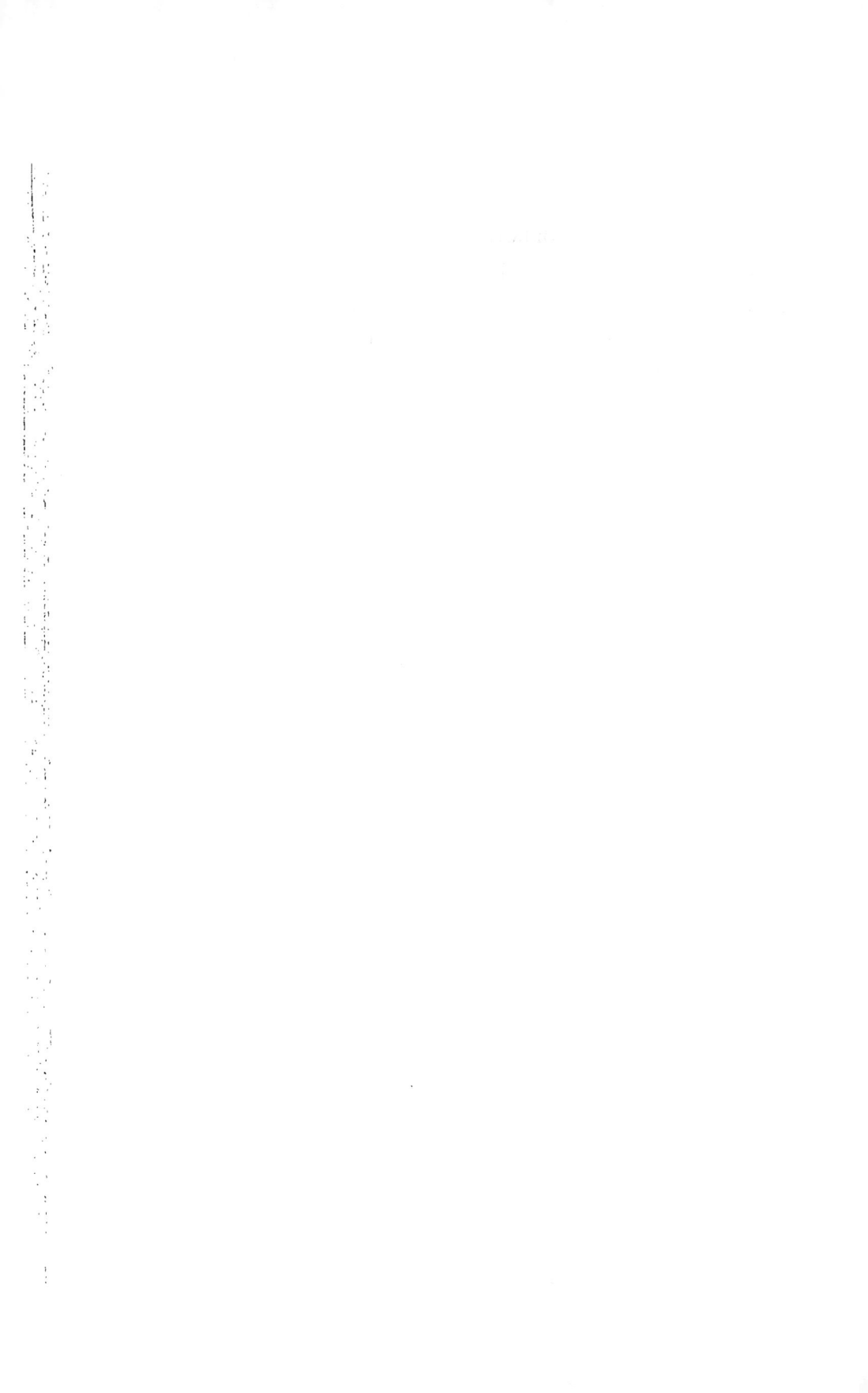

NOTES.

(*a*) « Il appartiendrait, dit Madame A. B. Palli, par conséquent à la société d'imposer une forme de vie sociale, qui
ne fût pas en contradiction avec les lois éternelles de l'honnête et du juste. »

(*Discorsi di una donna etc.* in-18°; Turin,
1851, p. 79.)

(*b*) Car, c'est d'après ces lois que doivent être formulées,
selon Destutt de Tracy, celles qui doivent régler les rapports des hommes entre eux :

« Ces lois, dit-il, ont besoin d'être conformes aux lois
» de la nature humaine, dont elles doivent être unique-
» ment la conséquence; sans cela elles seraient impuis-
» santes, transitoires et ne pourraient engendrer que des
» désordres. »

(*Comment. sopra lo Spirito delle Leggi*, p. 112,
in-8°; Napoli 1828.)

(*c*) Je n'ignore pas que si, d'une manière générale, « la
» critique est aisée et l'art est difficile », c'est surtout en
matière d'impôts que cet axiome doit trouver sa plus juste
application. Je sais, également, combien il est délicat de
toucher à l'assiette des impôts une fois établie. Aussi, en
signalant ses vices, n'ai-je d'autre but que celui d'offrir des
sujets de méditation aux législateurs futurs. C'est pourquoi

je ferai remarquer, en passant, que la contribution des portes et fenêtres pour le seul département de la Seine, s'est élevée, en 1851, d'après le tableau officiel de la même année, à fr. 4,210,094. — Soit l'impôt de l'air payé par les seuls habitants de Paris et des arrondissements de Sceaux et de Saint-Denis.

Quoique, depuis le temps dans lequel ce chapitre a été écrit, la législature de 1850 ait fait un pas considérable, dans le sens des améliorations que j'invoque, par son vote sur les *logements insalubres*, il n'en est pas moins vrai que, dans les démolitions pratiquées en 1852 pour le prolongement de la rue de Rivoli à Paris, l'on a trouvé dans la rue Jean-de-l'Épine, une maison portant le nº 13, présentant les circonstances suivantes, que j'emprunte au *Pays* :

« Quatre-vingt-quatre habitants de cet horrible bouge, » dit ce journal, vivaient entassés dans un espace de *trois » cent quarante-cinq mètres cubes*, ce qui donnait à cha- » cun une moyenne de quatre mètres cubes d'air respira- » ble, au lieu de dix-sept mètres, chiffre indispensable à » l'entretien de la vie humaine. »

(*Le Pays*, 12 février 1852.)

(*d*) On lit dans le *Courrier de Marseille* du 8 avril 1852 :
« On assure qu'un projet de loi ayant pour but de régle- menter l'exercice des métiers insalubres, sera présenté prochainement à l'examen du corps législatif. »

(*c*) Voici les mêmes droits perçus en 1851.
Sur les boissons . . . . fr. 102,393,000.
Taxe de consommation sur les sels . . . . .   26,509,000.
Id. de fabrication sur les sucres indigènes .   32,504,000.

Total . . . fr. 161,406,000.

On remarquera que la somme des droits perçus sur les sucres coloniaux et étrangers ne figure pas dans le total ci-dessus.

(ƒ) Une des preuves des progrès faits dans cette voie, depuis que les lignes précédentes ont été écrites, c'est le passage suivant emprunté aux journaux quotidiens :

« Dans la séance du 21 juin 1852, le Sénat, sous la présidence du prince Jerôme, après avoir entendu le rapport de M. Dumas sur la loi relative à l'assainissement de la Sologne, a déclaré ne pas s'opposer à la promulgation de cette loi. »

(g) Je cite à ce propos, avec une grande satisfaction, les lignes suivantes empruntées au *Moniteur Universel* du 14 mai 1853 :

« .... Nous verrons donc disparaître successivement ces misérables réduits privés d'air et de lumière, ces *chambrées* où les ouvriers, où de pauvres familles s'entassaient pêle-mêle au détriment de leur santé et de leur moralité, comme à la honte de notre civilisation.

» A la place de ces logements incommodes et malsains, s'élèveront des habitations où bon nombre d'ouvriers trouveront des logements salubres, chauffés, éclairés, bien aérés, avec de l'eau en abondance.

» .... Paris ne doit pas profiter seul de ces avantages. Le gouvernement est résolu d'étendre ce système aux grandes villes, aux centres manufacturiers où les ouvriers sont agglomérés.

» .... Le gouvernement connaît les maux auxquels il faut porter remède, et la persévérance de l'Empereur, infatigable tant qu'il y a du bien à faire, ne se lassera pas dans la recherche et l'application des moyens les plus propres à améliorer le sort des classes laborieuses. »

(*h*) Les faits que je signale ne sont pas étrangers (d'après l'enquête de la Chambre de Commerce) à certains quartiers de la capitale.

« Rue Mouffetard, rue Neuve-Saint-Médard, les logis *à la semaine* ne sont pas moins abominables de saleté et d'infection ; mais les locataires, presque tous chiffonniers, s'y trouvent plus domiciliés, si l'on peut s'exprimer de la sorte. Beaucoup vivent ou plutôt végètent de longues années dans ces maisons, au milieu des ordures, avec des chiens, des chats et des cochons d'Inde en abondance.....»

« Quant aux garnis, qui sont au nombre de 2,360 ; — 922 se trouvent dans de bonnes conditions ; 958 sont passables ; 230 sont mauvais, et 250 très-mauvais, véritables bouges, dit l'enquête ; quelquefois complètement privés d'air et de lumière ; remplis d'ordures et de vermine ; n'ayant pour mobilier que de misérables chiffons, et exhalant des odeurs fétides ou suffoquantes.... d'ordinaire une ou deux chambres sont divisées par des cloisons en cabinets contenant plusieurs lits dans chacun desquels couchent deux individus. On a trouvé des garnis où les deux sexes occupent la même chambrée. On compte 23,000 locataires sédentaires, et 4,000 passagers qui résident une ou deux nuits seulement, variété dangereuse évitant l'œil de la police par cette mobilité calculée. »

(*Constitutionnel* du 24 juin 1852.)

Voici, au reste, un extrait des bulletins de l'enquête dont il s'agit :

« 2ᵉ arrondissement, 2ᵉ garni. Les chambres sont malpropres, exiguës, privées d'air pour la plupart, ne prenant jour que sur une cour étroite et noire, qui ressemble à un puits. Les cabinets sont d'un aspect repoussant ; le plus spacieux n'a pas plus de 4 à 5 mètres carrés. Deux ou trois sont de véritables chenils, et l'on se figure difficilement que des hommes puissent y loger. L'un d'eux n'est qu'un trou de 5 pieds de profondeur sur 3 de largeur, pratiqué dans un mur, et ne prenant jour que par une petite lucarne. Il est habité par une malheureuse femme qui, en y entrant, est obligée de grimper sur le grabat qui l'occupe en entier, et sur lequel elle procède à tous les soins qu'exigent sa personne et son ménage.......... La maison, dans son ensemble, peut être considérée comme un foyer de maladies, ne recevant de locataires que pour les transmettre aux hôpitaux. »

(*i*) Dans une revue scientifique, sur la température animale, etc., j'extrais du *Constitutionnel* du 18 janvier 1852, les remarques suivantes :

« Le corps, dit le D*r* Roger, brûlé par la plus forte fièvre ne gagne pourtant que 3° ou 4° au dessus de 37° (température normale) : on n'a que rarement l'occasion, dans l'état pathologique, d'observer la *maxima* 42° ou 43°; à cette température excessive l'homme périt consumé. Quant à la réfrigération générale que la maladie détermine parfois, si elle peut être portée plus loin sans extinction immédiate de la vie, du moins l'existence est-elle fort compromise avec un froid de quelques degrés ; et dans les expériences de MM. Duméril et Demarquay la mort des animaux survenait aussi, lorsque les substances ingérées avaient amené un abaissement de température de plus de 4°; au delà, la vie s'éteint faute d'aliments. Ainsi, la locomotive s'arrête par manque de combustible, de même que trop chauffée elle saute; l'essieu crie et se rompt, et le char fracassé vole en éclats. »

(*j*) L'on ne m'accusera pas de demander une chose impossible dans la pratique si l'on considère par exemple que :
« Les chanvres qui paient de nos jours 8 fr. les 100 kilog. payaient sous Colbert 50 c. les 100 livres ;

» Les laines qui paient 20 fr. 0/0 *ad valorem*, payaient
2 fr. les 100 livres ;

» Les lins qui paient 5 fr. les 100 kilog. quand ils sont
bruts et 15 fr. quand ils sont peignés, payaient indistinc-
tement 16 sous les 100 livres ;

» Enfin les cotons qui paient 22 fr. le quintal en moyenne
ne payaient que 2 fr. les 100 livres. »

(Le Constitutionnel, 18 janvier 1852.)

Qu'il me soit permis de citer, à l'égard d'une question si
délicate, les idées émises par le Président de la république
française au milieu des exposants de 1849, et destinées à
faire connaître ses vues en matière de contribution :

« Le soin principal d'une administration éclairée et pré-
occupée surtout des intérêts généraux, disait-il, est de diminuer le plus possible les charges qui pèsent sur la terre.
Malgré les sophismes répandus tous les jours pour égarer
le peuple, il est un principe incontestable, qui, en Suisse,
en Amérique, en Angleterre, a donné les résultats les plus
avantageux, c'est d'affranchir la production et de n'imposer que la consommation. La richesse d'un pays est comme
un fleuve : si l'on prend les eaux à la source, on la tarit ;
si on les prend, au contraire, lorsque le fleuve a grandi,
on peut en détourner une large masse sans altérer son
cours. »

Par décret du 5 mars 1852, le Président de la république
française a réduit à 15 francs le droit perçu, *ad valorem*,
sur les laines provenant par navires français des pays situés au delà des Caps Horn et de Bonne-Espérance. Les
laines, au contraire, introduites par navires étrangers ou
par terre, restent assujetties au droit de 22 francs.

Or, les laines importées à Londres seulement, pendant
les années 1849, 50 et 51, s'élèvent, d'après l'*Observateur*
de Trieste (17 mars 1852), au nombre de 604,713 balles.
Sur ce chiffre, 102,844 balles provenaient d'Allemagne,

tandis que toutes les autres étaient tirées des Indes orientales et de l'Australie, Sydney, Van-Diemen, Nouvelle-Zélande, etc.

Le Conseil d'État, dans ses séances du 9, 10 et 11 juin 1852, a adopté un projet de loi établissant des droits proportionnels sur les voitures et les chevaux de luxe, sur la consommation de l'alcool, les chiens, etc.

C'est en fait d'impôts surtout qu'il faut éviter les extrêmes. Aussi, ne suis-je pas peu étonné de lire dans un des numéros du journal *La Semaine* du mois de janvier 1849, les lignes suivantes :

« Voici un projet de loi qui a été sérieusement présenté à l'assemblée nationale par M. Antoine, représentant du peuple pour le département de la Moselle.

» Art. 1er. Celui qui fait usage de l'habit paiera au percepteur de sa circonscription 100 fr. dans la première quinzaine du mois de janvier, sur quittance spéciale du percepteur ;

» Art. 2. Celui qui fera usage de chapeaux paiera la somme de 20 fr. au même titre et au même terme que dans l'art. 1er ;

» Art. 3. Celui qui fera usage de la redingote paiera 5 fr. comme à l'art. 1er ;

» Art. 4. L'uniforme civil ou militaire, la blouse, la veste et la casquette ne sont pas assujettis à la contribution indirecte. »

(*k*) Le *Times* du 8 janvier 1853 en parlant des droits perçus à la frontière française, sur les matières premières, s'exprime, à peu près, dans les termes suivants :

« Chacun de ces droits constitue une charge effective pour le manufacturier, lequel a à combattre, sur les marchés étrangers, des rivaux qui achètent, sans payer aucun droit, la laine, le coton, le charbon et le fer nécessaires à leurs industries.

» Un gouvernement éclairé, poursuit-il, devrait abolir
d'abord progressivement, puis d'une manière définitive les
droits dont il s'agit, et les remplacer par d'autres à percevoir sur les articles ouvrés ou mi-ouvrés.........

» Le premier résultat de l'application de ce système de
perception serait une puissante impulsion donnée au commerce ; impulsion due, d'un côté, au meilleur marché de
production, et, de l'autre à celui des choses les plus nécessaires à la vie.... »

(l) C'est en vertu de cette loi que Destutt de Tracy s'é-
crie : « L'homme a besoin de vêtements et non de cilices.
» Il faut que ses vêtements le protègent et l'abritent, mais
» sans l'incommoder ou le tourmenter. »

(*Comment.*, etc. p. 15.)

(m) On lit, à ce sujet, dans le journal *La Patrie* :
« Monsieur le Président de la république, dans sa sollicitude pour les classes ouvrières de Paris, vient de mettre
à l'étude de la section d'administration de la Commission
consultative un nouveau projet de bains et lavoirs publics. »

(Paris, 20 décembre 1851.)
On lit dans le *Journal des Faits* du 25 juin 1852 :
« Le ministre de l'intérieur vient d'allouer à la ville de
Mulhouse une somme de 12,810 fr. pour aider à la création
de bains et lavoirs publics.

» Cet encouragement forme le tiers des frais de construction de l'établissement dans lequel la population ou-
vrière de Mulhouse sera prochainement admise à l'usage
salutaire des bains hygiéniques et à l'emploi prompt et facile des moyens de lessivage perfectionnés. »

« *Si legge nella parte non officiale del* Moniteur *la se-
guente nota* :
« *L'Imperatore ha deciso che sarebbero eretti nei tre*

» *quartieri i più poveri di Parigi, tre stabilimenti di ba-*
» *gni e lavatoj pubblici modelli.*
   » *Le spese di questi stabilimenti saranno prelevate sul*
» *tesoro di S. M. Imperiale.* »

                  (*Monit. Tosc.* 24 décembre 1852.)

(*n*) « Dès-lors, dit M. Delamarre, l'agriculture aura des
engrais ; elle produira en abondance les denrées de toute
espèce ; elle atteindra le degré de splendeur où s'est élevée
sa sœur l'industrie. »

                  (*Patrie,* 24 décembre 1852.)

(*o*) C'est malheureusement ce qui arrive tous les jours,
tellement notre société actuelle est mal assise, grâce aux
mauvaises institutions, grâce surtout à la mauvaise éducation :

« L'homme, dit Mad. A. B. Palli, unique auteur des co-
des, prescrit à la femme dans le livre des lois, de veiller
sur elle-même, la menaçant du stygmate de l'infamie si
elle se laissait vaincre par un moment de faiblesse ; puis,
après avoir posé à peine la plume, il met en œuvre larmes,
prières et feints désespoirs pour la conduire lui-même à
la honte dont il l'a menacée. »

                  (Ouv. cité, p. 12.)

(*p*) « Quel effet les nuages font-ils sur nous ? Quelle influence exercent-ils sur celui qui les respire ? (se demandait
le prisonnier de Sainte-Hélène malade). Ils doivent amener
à chaque instant, poursuivait-il, une rupture d'équilibre.
déterminer une contraction musculaire, une tension qui ne
peut qu'être funeste et conduire à la mort; car, enfin, nous
sommes soumis aux lois qui régissent les autres corps ;
nous renfermons du fluide, nous le sentons, nous l'éprou-
vons à ces irritations nerveuses qui marquent les temps

d'orage. Placer un homme dans les nues, le faire vivre
dans la sphère d'activité de ces masses qui changent, passent, reviennent à chaque instant, c'est le condamner à
une série de chocs, de décompositions, qui doivent promptement épuiser la vie; c'est le soumettre à l'énergie de l'armure dévorante de Galvani. »

> (*Journal d'Antonmarchi*, 20 février 1821.)

(*q*) « Car, avec toute la raison d'un sage, l'abbé Orsini
à ce propos s'écrie :

« Mais qui pourrait compter les martyrs de cette infâme
divinité! (en parlant de l'intempérance) Ils sont plus nombreux que les feuilles des bois, qui tombent en automne,
et n'ont pas plus de souci du ciel. »

> (*Les fleurs du Ciel*, in-8°, Paris 1839, p. 321.)

(*r*) Ouvrons à ce sujet l'impassible *Moniteur*, au hasard,
et nous y puiserons de nouveaux renseignements :

« Il serait impossible de décrire, dit l'inspecteur supérieur de la section de Greenwich (Londres), l'état d'aban-
don des garnis antérieurement à la mise à exécution de la
mesure qui les concerne, la saleté des maisons, les lits in-
fects et remplis de vermine, l'entassement des habitants,
cause de maladies toujours renaissantes, et la dégradation
des individus qui fréquentaient ces lieux, la plupart vaga-
bonds, voleurs ou prostituées.......... »

> (22 mai 1853.)

(*s*) On lit dans *Il Conservatore costituzionale* de Flo-
rence, à la date du 12 janvier 1852 et sous la rubrique du 7
dito de Paris : « Une circulaire du ministre de l'intérieur
aux préfets ordonne la suppression des mots *liberté* et *fraternité* sur les édifices publics, etc. »

« Or il s'est toujours trouvé, dit M. J. Lemonne à ce su-

NOTES. 175

jet, que c'était dans les temps où cette devise ornait les édifices qu'il y avait précisément le moins de liberté, d'égalité et de fraternité. Et cela est tout simple, ajoute-t-il, car les lois morales ne sont généralement écrites dans les rues que lorsqu'elles ne sont pas dans les cœurs. »

(*Journal des Débats*, 9 janvier 1852.)

(*t*) Et cependant, d'après Mad. A. B. Palli : « Toutes les classes de citoyens d'un même pays sont liées entre elles par la même chaîne, et le bien et le mal, semblables à la secousse électrique, en parcourent tous les anneaux. depuis le haut jusqu'au bas. »

(Ouv. cit., page 3.)

(*u*) Ne désespérons pas, car voici les paroles qui sont tombées d'une bouche auguste, dans une occasion solennelle :

» .... *Ajutatemi*, a dit l'Empereur des Français en s'adressant au Corps législatif, *a stabilire su questa terra sconvolta da tante rivoluzioni un governo che abbia per base la religione, la patria, la probità e l'amore delle classi sofferenti.... Ricevete il giuramento che nulla io tralascerò per assicurare la prosperità della patria....* »

(*Corriere dell'Arno*, 7 décembre 1852.)

« *L'Impero*, a-t-il ajouté, en s'adressant au Sénat, dans une autre circonstance, *è la condizione delle classi laboriose e sofferenti divenuta l'oggetto d'una costante sollecitudine....* »

(*Monit. Toscan*, 9 décembre 1852.)

Enfin, « .... C'est par la prière, continuait-il, en répondant à Monseigneur de Beauvais, et par l'amour des classes souffrantes que nous atteindrons le but auquel nous devons tendre.... »

(*Patrie*, 20 décembre 1852.)

(*v*) « L'intempérance dit, en effet. Sénèque, a livré des nations hardies et belliqueuses entre les mains de leurs ennemis ; elle a ouvert les portes des villes qui s'étaient courageusement défendues pendant des années ; elle a fait passer sous le joug d'autrui des peuples opiniâtres et passionnément jaloux de leur liberté ; elle a dompté sans coup férir des gens qu'on n'avait pu forcer en donnant des batailles. »

(*Sen.* Epist. 78.)

(*x*) A ceux qui seraient tentés de me traiter de visionnaire je répondrai en citant les paroles prononcées par le Président de la république française, dans une occasion solennelle :

« Je veux, a-t-il dit, conquérir à la religion, aux bonnes mœurs, à l'aisance cette partie encore si nombreuse du peuple, qui, au milieu d'un pays de foi et de croyance, connaît à peine les préceptes du Christ, et, qui, au sein de la terre la plus fertile du monde peut avec beaucoup de difficulté jouir de ses denrées de première nécessité. »

(*Il Corriere dell'Arno*, 18 octobre 1852.)

(*y*) Car, « dans une grande nation, dit Destutt de Tracy.
» si chacune de ses parties reste isolée et sans communi-
» cation, elles seront toutes en état de dissolution et dans
» un état d'inaction forcée ; pendant que, en formant des
» liens entre elles, chacune profitera de l'industrie des au-
» tres, et elle y trouvera l'emploi et l'écoulement de ses
» propres produits.

(Ouv. cité. Aut. cité, p. 164.)

(*z*) En matière d'impôts, en effet : « il faut avoir égard.
» dit Montesquieu, aux besoins de l'État et à ceux des par-
» ticuliers. Il ne faut pas empiéter sur les besoins réels

» du peuple pour suppléer à des besoins imaginaires de
» l'État. »

> (*Lo Spirito delle Leggi* , p. 37, T. II , in 8°
> Florence 1822.)

(*aa*) Vous rappelant ces paroles de l'Esprit-Saint :

« Ne méprisez pas celui qui a faim, et n'aigrissez pas le
pauvre dans son indigence. N'attristez pas le cœur du pauvre, et ne différez point de donner à celui qui souffre. Ne
rejetez point la demande de l'affligé, et ne détournez point
votre visage du pauvre. »

> (*Ecclésiastique* , ch. IV, v. 2 et suiv.)

« Suivant *Le Courrier de Lyon*, le chiffre de la recette
de l'octroi de Lyon est pour 1851 de 3,118,214 fr. 74 c.; il
s'était élevé en 1850 à fr. 3,237,603. »

> (*Le Const.*, 10 janvier 1852.)

« D'après le relevé des octrois, dit M. Delamarre, il entre annuellement à Paris un peu plus d'un million d'hectolitres de vin, et cependant la consommation s'élève à un
million 500 mille hectolitres. De cette différence entre
l'entrée et la consommation, il ressort évidemment que
ces 500 mille hectolitres en plus sont demandés au crû
toujours complaisant de la Seine. C'est cinquante millions
de litres d'eau qu'on débite sans droits d'entrée au public sous apparence de vin, à part tous les mélanges,
toutes les falsifications délétères inventées par le mercan-
tilisme. »   (*La Patrie*, 10 janvier 1852.)

Le décret du 29 décembre 1851 paraît avoir également
pour but de corriger cet abus :

« Attendu que, dit l'auteur cité, l'art. 2 du décret auto-
» rise la fermeture des cafés ou cabarets, après une con-
» damnation pour contravention aux lois et réglements qui
» concernent ces établissements, c'est-à-dire, après une

» condamnation pour débit de boissons falsifiées ou alté-
» rées et de nature à nuire à la santé du peuple. »

(Même Journal.)

Enfin, à ceux qui croiraient la réduction que j'invoque sur les droits d'entrée des substances alimentaires, impossible dans la pratique, je soumettrai les chiffres comparatifs suivants :

Les bœufs étrangers paient aujourd'hui par tête 50 fr., tandis que sous Colbert ils payaient 3 fr. seulement :

Les viandes salées paient 30 fr. les 100 kil.; elles payaient 2 fr. les 100 livres ;

Le beurre paie 3 fr. les 100 kil. et 5 fr. salé, il payait 12 sous les 100 livres, indifféremment ;

L'huile d'olive paie 15 fr. les 100 kil., elle payait 10 livres les 300 livres :

Les moutons paient 5 fr.. ils payaient 15 sous ;

Les porcs paient 12 francs, ils payaient 20 sous ;

Les sucres coloniaux paient 45 fr. les 100 kil., les étrangers 65 fr. et les raffinés sont prohibés ; tandis que les sucres raffinés ne payaient au-delà de 4 fr. les 100 livres.

Si l'on ajoute à tout cela le décime de guerre. l'on verra qu'un bœuf paie 55 fr.. un mouton 5 fr., 50, etc.

(Le Const. du 18 janvier 1852.)

Le gouvernement paraît avoir senti la justesse des réclamations à ce sujet, puisque voici ce qu'on lit sur la matière, dans le rapport de M. Bineau, ministre des finances sur le budget de 1852 :

« Les octrois doivent donc être réduits. mais non supprimés.

» Vous réaliserez, Monseigneur, cette double pensée, si vous voulez bien adopter la disposition que j'ai l'honneur de vous proposer. Cette disposition consiste à supprimer le prélèvement du dixième que le trésor perçoit, aujourd'hui. sur le produit des octrois.

» Cette suppression diminue immédiatement d'un dixième la charge des octrois. Ils rapportent, aujourd'hui, 95
millions dont 69 millions et demi sont sujets au prélèvement du dixième.

» La suppression du dixième diminuera donc la charge
des octrois de 6,900,000 francs, et ce sera pour les villes
un soulagement considérable. »

(*bb*) « Allez dans nos hôpitaux, dit à cette occasion
l'abbé Orsini, et demandez qui a enchaîné tant de pauvres
misérables sur cette dure couche où règne l'insomnie, où
frissonne la fièvre, où chante et divague le délire?... l'intempérance. Visitez nos prisons. Qui a poussé ces enfants
du peuple au vol, au faux, à l'homicide?... Ne le lisez-
vous pas sur leurs pâles et hâves figures, dans leurs yeux
hagards et à demi éteints?... l'intempérance. Parcourez nos
provinces. Qui a morcelé ce magnifique domaine que des
usuriers vendent par petits lots? Qui a fait changer dix fois
de main cette belle villa qui fut possédée, sous une forme
plus gothique, par une seule famille noble pendant trois
siècles? Qui a jeté les descendants de son dernier posses-
seur à la pitié si froide, hélas! de la parenté, ou à celle
de la société qui, généralement parlant, a moins d'entrailles encore, quoi qu'elle en dise?... l'intempérance. Jetez
un regard dans la rue, voyez ces êtres abjects, déguenillés,
enlaidis, qui deviendront, au besoin, les sicaires de la ter-
reur, et les lâches valets du crime; gens qui font tache sur
l'humanité par leur démoralisation profonde, et qui semblent sortir de terre pendant les scènes de désordre. Qui
les a donnés en proie à cette pauvreté indécente et farou-
che?... l'intempérance. »

(Ouv. cité, p. 320 et 321.)

(*cc*) L'homme paraît être un agrégat d'individus divers :

27

depuis le ver rampant, par manière de dire, jusqu'au papillon léger... ; depuis le crapaud jusqu'à l'aigle ; depuis la brute jusqu'à l'ange : c'est le chaînon qui rattache la matière inerte à Dieu !...

(*dd*) « Déjà , en 1827, M. Flourens circonscrivait dans cette partie du cordon nerveux rachidien (désignée sous le nom de *moelle allongée*) un point qu'il appelait le point premier moteur de la respiration, le *nœud vital*, et lui assignait une étendue de *trois lignes ;* il croyait alors dire beaucoup ; aujourd'hui il dit bien davantage : ce point a *une ligne* à peine.

» Prenez , avec M. Flourens, le cerveau d'un animal, tracez sur la moelle allongée les limites du point vital ; la supérieure passe sur le *trou borgne*, l'inférieure sur la jonction des *pyramides* postérieures ; le nœud de la vie est entre ces deux limites , et de l'une à l'autre il n'y a pas une ligne entière.

» Plongez dans la moelle allongée un petit emporte-pièce dont l'ouverture a moins d'un millimètre de diamètre , en ayant soin que l'ouverture de l'instrument réponde au V de substance grise et l'embrasse ; isolez ainsi tout d'un coup le point vital du reste de la moelle allongée, des pyramides , des corps restiformes et , tout d'un coup, les mouvements respiratoires de la poitrine et de la face seront abolis simultanément.

» Un petit cercle embrassant la pointe du *V* de substance grise, marque donc, à la fois, et la véritable place et la véritable étendue du point vital ; tout ce qui du système nerveux reste attaché à ce point vital, et tout ce qu'on en sépare, meurt. Ce point n'est pas plus gros qu'une tête d'épingle, et pourtant c'est de lui que dépendent le fonctionnement des appareils de l'innervation, et par suite l'existence de l'animal. C'est dans cette demeure exiguë que loge la vie ; c'est de ce centre si petit qu'elle rayonne ; c'est dans ce cercle si étroit que M. Flourens, savant Popilius, a su l'emprisonner. »

(Dr ROGER.)

(*ee*) « Dans tous les corps organiques, dit M. A. de Humboldt, des substances hétérogènes sont en contact entre elles. Dans tous, les solides sont unis aux liquides. Partout où se rencontre l'organisation et la vie, il y a tension électrique ou jeu de la pile de Volta. C'est ce qui résulte des expériences de Nobili et de Matteucci, mais surtout des travaux admirables, tous récents d'Émile Dubois. Ce dernier physicien a réussi à démontrer « l'existence du cou- » rant électrique musculaire dans l'animal vivant tout à » fait intact. » Il a fait voir comment le corps humain, à l'aide d'un fil de cuivre peut à volonté et à distance faire tourner çà et là l'aiguille aimantée. (*Rech. sur l'élect. an.* par E. Dubois Reymond, 1848, T. I, p. 15.) J'ai été témoin, continue M. de Humboldt, de ces mouvements déterminés arbitrairement, et je vois, d'une manière inattendue, une vive lumière se répandre sur des phénomènes auxquels j'avais, plein d'espoir, consacré péniblement tant d'années de ma jeunesse. »

(*Tab. de la nat.* in 8° page 134 et suiv. Milan 1851.)

(*ff*) « *Stupenda cosa è*, dit Puccinotti, *che la dottrina delle correnti neuro-elettriche, che sembrava quasi adulta, non comincerà che oggi : ed io vo pensando che col procedere degli anni e delle sperienze, il galvanismo, la pila, il microscopio polarizzante, tanto per le forze che per l'intime forme dell'organismo, saranno per determinare sì nuove cose, da variare completamente l'aspetto della fisiologìa (perciò, aggiungo io, della psicologìa).*

Noi ci troviamo all'aurora di tali studj novelli e al man-
care della presente generazione ne saranno essi probabil-
mente ancora in sul crescere. Fortunati i posteri che gli
vedranno pervenuti alla loro maturità. » (Prefazione alle
Sperienze sull'esistenza e sulle leggi delle correnti elettro-
fisiologiche, ec., p. 5).

C'est pour moi, en effet, un besoin de déclarer que, lors
même qu'il serait démontré, que le magnétisme animal n'est
qu'une pure hypothèse , cette hypothèse serait encore la
meilleure méthode , connue jusqu'à présent , pour rendre
intelligibles (en les matérialisant par façon de parler) les
phénomènes ou procédés de l'entendement humain.

(*gg*) « La pensée, dit Richerand , n'offre rien de plus
rapide, de plus compliqué, de plus incompréhensible dans
ses phénomènes que les actions singulières du magnétisme , de l'électricité et du galvanisme ; ainsi finira-t-on ,
peut-être , par découvrir qu'un même principe répandu
dans toute la nature est la source et la cause primitive de
l'existence, et que tous les êtres n'en sont que des modifications diverses.... »

(*Nouv. élém. de Phys.* T. II, p. 124.)

(*hh*) « *Colla mente ci eleviamo*, dit à cette occasion
Monseigneur Tassoni, *fin sopra le sfere, passeggiamo fra*
l'immenso spazio dei corpi celesti , ne calcoliamo la mas-
sa , la forza, il movimento ; in un istante passiamo da
un pensiero all'altro lontanissimo , dal cielo alla terra ,
dall'oriente all'occidente, dall'esame d'un atomo alla
contemplazione dell'universo. »

(*La Religione dimostrata*, T. I, p. 83.
Pisa 1822, aut. cit.)

(*ii*) « *Concludo per tanto*, dit le prof. Verati, *che se*

non è provato, esser lo elettro-magnetismo quell'agente
il quale è causa di tutti quanti i mutamenti, movimenti,
eccitamenti, sia della vita organica, sia dell'animale ne-
gli universi enti che godono di essa, egli è però quell'uno
materiale (specialmente se vogliasi considerare, come è
assai ragionevole, una cosa identica col calorico e colla
luce) che ci presenti la natura atto a tale ufficio di azio-
ne operante sul sistema nervoso e muscolare, e mini-
strante ai sensi ed ai moti dei solidi e dei liquidi....»

(*Sulla Storia, teoria e prat. del magn. an.*

T. II, p. 553. Firenze 1846.)

(*jj*) « Il faudrait faire, dit à ce sujet **M. Hume**, à Édim-
bourg et à Glasgow ce que l'on a fait utilement à Londres,
où l'on a multiplié les lieux publics de récréation pour les
classes ouvrières. Ces délassements leur font oublier le ca-
baret ; aussi la moralité a-t-elle gagné à Londres, dans les
proportions suivantes :

» En 1831, le nombre des personnes prévenues d'ivrognerie était, en effet, dans la métropole de la Grande-Bretagne, de 41,000. Ce nombre aurait fléchi dernièrement à
23,000, quoique la population qui était, il y a 20 ans, d'un
million 500,000 âmes ait atteint aujourd'hui le chiffre de
deux millions. »

(Chambre des Communes, 18 février 1852.)

(*kk*) « On écrit de Bourg, 4 février 1852 : cinquante
femmes aliénées, extraites de l'hospice du département de
la Seine (Salpetrière), viennent d'arriver à l'hospice de la
Madeleine de Bourg, confié aux soins des sœurs de Saint-
Joseph.... Il paraît que depuis la révolution de février, les
cas d'aliénation sont tellement nombreux à Paris, pour les
femmes, que les établissements de ce genre de maladie
sont insuffisants. »   (*Constitutionnel*, 7 février 1852.)

(*ll*) Voici en quels termes Mad. A. B. Palli s'exprime en traitant des relations de famille :

« Il est permis, au milieu du sphacèle général des choses et des principes, de chercher dans la mer orageuse quelque ancre de salut : chacun la cherche à sa manière, mais nous sommes tous d'accord quant à la nécessité de la trouver. Les hommes, chose naturelle, la cherchent dans les colléges, les universités, les assemblées législatives : moi femme, je la cherche dans l'intérieur des maisons, près du foyer domestique ; je crois que le mal provient de ce que l'on a déserté celui-ci, et je voudrais que les hommes, les femmes, les garçons et les filles le repeuplassent, qu'ils en fissent le centre de leurs affections, l'asile sans tache de leurs joies, leur refuge dans la douleur : je voudrais, enfin, que l'éducation fût conduite jusqu'à la moitié pour les garçons au sein du foyer domestique, tandis que pour les filles je voudrais qu'elle fût achevée sans jamais le quitter. »

(Op. cit., p. 155 e 156.)

De tous les pays que j'ai visités, c'est l'Angleterre qui m'a offert la famille la mieux constituée, malgré les vices de sa législation à ce sujet. Et je ne doute pas que la Grande-Bretagne ne doive aux habitudes domestiques de ses enfants la plus grande partie de sa force, de sa puissance et de sa stabilité. C'est là que les douceurs, les joies, aussi bien que les douleurs de la famille sont un patrimoine commun à tous ses membres, un héritage moral sans cesse partagé, dans la pluralité des cas.

(*mm*) « *Difatti*, poursuit Mgr. Tassoni, *non vi erano scuole che nel ricinto delle chiese e de'monasteri : non v'erano maestri, che negli ecclesiastici.* »

(Op. cit., T. III, p. 227.)

(*nn*) Je dis *la plupart*, à bon escient, car j'en ai connu bon nombre, surtout dans la capitale, qui auraient remplacé fort avantageusement monsieur le Ministre de l'instruction publique.

(*oo*) On lit à ce propos, dans le *Monitore Toscano* du 24 novembre 1852, l'extrait suivant du rapport de M. le Ministre de la Justice sur la criminalité en France depuis 25 ans :

« *Gli attentati* (*al pudore*) *sui fanciulli anzitutto, che sono stati deferiti alle corti di assise, han più che triplicato in 25 anni per un progresso sempre crescente : la media annua è stata di 420 dal 1846 al 1850. Mentre dal 1826 al 1840 essa non era che di 136............* »

» *In questo spazio di tempo il numero dei furti semplici sottoposti alla giurisdizione correzionale si è accresciuto di 14,000 (da 9,871 che era nel 1826–1840 , a 24,332 che è stato nel 1846–1850). »*

Ce qui prouve, suivant le même rapport, que, s'il y a eu diminution dans les vols *qualifiés* , « la cupidité n'a » fait que changer de moyens; elle a substitué l'astuce à » la violence. »

C'est, en effet, ce que démontre l'observation la plus vulgaire. Et c'est ici le cas de répéter avec M. l'abbé Orsini : « Cet état de choses promet beaucoup pour l'avenir !... »

C'est une raison de plus aussi pour répéter avec Monseigneur Dupanloup, évêque d'Orléans :

« Je crois à la nécessité d'une éducation nationale qui ins-
» pire à la jeunesse les sentiments consacrés à un généreux
» patriotisme. »

(*Il Corriere dell'Arno*, 26 nov. 1852.)

(*pp*) « Capacité propre à les rendre , suivant Destutt de Tracy, l'instrument aveugle et périlleux de tous les no-

vateurs fanatiques et hypocrites, ou, voire même, des
illuminés et des philantropes. »

> (*Comment. sopra lo Spirito delle leggi.*
> p. 19 in-8°; Napoli 1828.)

« A un pareil régime, dit M. de la Guéronnière, la religion,
la famille, la pudeur, la civilisation, devaient périr. Il n'y
avait que le vice qui pût y gagner. Alors, je ne crains pas
de le dire, l'instruction, qui a pour but d'ennoblir l'homme, n'eût été qu'un fléau, car elle n'aurait ouvert son esprit que pour dégrader son âme. Mieux aurait valu cent
fois l'ignorance. Il est encore moins dangereux d'ignorer le
bien que d'apprendre le mal. »

> (*Rapp. à M. le Ministre de la police gé-*
> *nérale. Constitutionnel*, 9 avril 1853.)

(*qq*) « C'est à la minorité lettrée, dit M. Granier de Cas-
sagnac, secondée par un système d'éducation insensé, que
nous devons l'affaiblissement des croyances, le dédain de
tous les pouvoirs, et ces hideux systèmes de socialisme,
dans lesquels l'homme de lettres ne voit qu'un noble effort
de l'intelligence, et où le bon sens découvre ce que les
faits viennent de dévoiler si tristement, le pillage, l'assas-
sinat et la crapule. »

> (*Le Constit.*, 18 déc. 1851.)

« Savez-vous pourquoi, dit M. A. De La Guéronnière,
en France comme en Espagne apparaissent ces assassins
de gouvernement (attentat contre la vie de la reine Isa-
belle II) dont le crime fait frémir la conscience et rougit
l'humanité ?.........

» Cette cause c'est le mépris de l'autorité. Oui, partout
où il y a des écoles qui enseignent publiquement le mépris
et la haine des gouvernements, il y a des assassins pour
les frapper. »

> (*Le Pays*, 6 février 1852.)

« *L'educazione mal diretta o interamente trascurata* .
ajoute, dans son idiome maternel, Mad. **A. B.** Palli, *è una
delle piaghe più profonde della società attuale.* »

(*Discorsi di una donna, ec.* in-18° :

Turin 1851 , p. 103.)

(*rr*) A l'époque, où ce chapitre a été écrit, on parlait
déjà de ce fantôme dans les salons de Paris , voulant faire
allusion à la *république rouge*.

(*ss*) « Les ambitions extravagantes, dit à ce sujet l'abbé
Orsini, et ces secrets désirs que les classes pauvres cachent
en elles-mêmes , viennent briller quelquefois comme un
éclair livide, sur les ruines de leur raison. Les tristes asiles
de la folie regorgent de princes en guenilles qui drapent
un haillon en manteau royal, et se tressent une couronne
de brins de paille ; ce sont de pauvres folles du peuple qui
ont inventé un titre superbe qu'on ne trouve pas même
dans les contes arabes, celui de *reines de tous lieux*........
»......... Le peuple, alléché par le gain, a suivi, en hé-
sitant d'abord, puis plus hardiment, ses supérieurs dans
la voie de la fraude, et vous lui entendez dire aujourd'hui
avec beaucoup d'aplomb et de sang froid, *qu'avec de la
conscience et de la probité il n'y a pas de l'eau à boire.*
Voilà un état de choses qui promet ! »

(Ouv. cité, p. 312 et suiv.)

« Si la société semble menacer ruine de toutes parts, a
dit, dans une occasion solennelle, le successeur du cardi-
nal de Cheverus, c'est qu'il lui manque une autorité morale
qui la retienne et la ravive........ »

« Nous avions, en effet, perdu le respect. Cette parole
qui a eu un grand retentissement dans le monde, est, à
elle seule, l'explication la plus complète et la plus énergique de la maladie qui nous tourmente.

» Le respect, dont l'absence a été si douloureusement
sentie, il faut le remettre en honneur, si nous voulons travailler avec quelques chances de succès à l'œuvre si difficile et si importante de la régénération sociale. »

(*tt*) « M. Moreau Christophe estime à 20 milliards, par
exemple, les sommes dépensées par la charité légale et à
20 milliards les sommes dépensées par la charité privée
(dans la seule Angleterre proprement dite) depuis deux
siècles et demi. En tout 40 milliards qui n'ont servi qu'à
creuser le gouffre qu'ils avaient pour but de combler! 40
milliards qui, selon le mot du même écrivain, ont été ver-
sés dans le tonneau des Danaïdes. »
            (*Journal des Débats*, 21 octobre 1852.)

(*uu*) « Le gouvernement représentatif pur, dit à ce propos
» Destutt de Tracy, doit constamment s'occuper de propa-
» ger des connaissances saines et solides dans tous les
» genres : il ne peut exister qu'à cette condition : tout ce
» qui est bien et vrai est en sa faveur ; tout ce qui est mal
» et faux est contre lui. Il doit donc, par tous les moyens,
» favoriser le progrès des lumières, et surtout leur diffu-
» sion : par la raison qu'il y a encore plus besoin de les
» propager que de les accroître. Étant essentiellement at-
» taché à l'égalité, à la justice, à la saine morale, il doit
» combattre constamment la plus funeste des inégalités,
» celle qui entraîne toutes les autres à sa suite : l'inégalité
» des talents et des lumières dans les différentes classes de
» la société. Il doit tendre continuellement à préserver la
» classe inférieure des vices inhérents à la misère et à l'i-
» gnorance, et la classe riche des vices inhérents à l'orgueil
» et à une fausse présomption : il doit travailler à les rap-
» procher toutes les deux de la classe moyenne chez la-
» quelle domine, naturellement, l'esprit d'ordre, l'amour

» du travail, de la justice et de la raison, attendu que sa
» position et son intérêt la maintiennent également éloi-
» gnée de tous les excès. »

(Ouv. cité, p. 22.)

« Sans doute, dit à cette occasion M. le Bᵒⁿ Charles Dupin,
la superficie de notre terre est bornée, tandis que le champ
du travail manufacturier est sans limites. Eh bien, quand
la nation française sera devenue si nombreuse que le sol
de la patrie-mère ne pourra plus y suffire, nous trouve-
rons à notre porte l'Algérie qui tierce notre territoire, et
qui présentait à l'exposition de Londres tant d'admirables
produits naturels. »

(Compte-rendu de l'exposition universelle de 1851
présenté à S. M. l'Empereur des Français le 13
Juin 1853.)

(*vv*) Voici, à ce sujet, une maxime d'une grande importance, que je trouve dans le discours du trône prononcé
par la reine de la Grande-Bretagne, à l'ouverture du par-
lement Anglais, le 3 février 1852 :

« Rien, dit sa Majesté, ne tend plus à la paix, à la pros-
périté et au contentement d'un pays que la prompte et im-
partiale administration de la justice. » Je ne connais, en
effet, de maxime gouvernementale plus utile dans la pratique, car elle s'appuie sur la nature.

En effet, *l'indulgence pour le crime*, suivant M. de Mon-
talembert, *est elle-même le plus grand des crimes contre
l'humanité, et le signe irrécusable de la décadence sociale.*

(*Disc. académique*, février 1852.)

(*xx*) Bien avant le temps où ces lignes ont été écrites, il
n'a pas manqué de voix généreuses au sein de nos Parle-
ments en faveur de la thèse que je défends. J'ai déjà cité, à
ce sujet (dans un autre ouvrage) les éloquentes paroles

de M. de Tracy à la tribune nationale..... Et, depuis, qui
n'a pas présent à l'esprit le remarquable discours de M. de
Montalambert prononcé, dans la session de 1844, sur la liberté d'enseignement? Aujourd'hui c'est le tour de M. Duplan, membre du Corps législatif. — Qu'il me soit permis de
citer une partie des considérations émises par ce représentant dans la séance du 19 mai 1853 ; considérations que
j'emprunte au *Manuel général de l'Instruction primaire*,
d'après le Compte-rendu de la dite séance.

« Monsieur Duplan appelle l'attention de l'Assemblée sur
l'instruction primaire, qui doit avoir une si grande part
dans le bien-être moral et matériel des classes laborieuses.
Il annonce que son intention est d'examiner jusqu'à quel
point cette instruction est appropriée aux destinées de
ceux auxquels on a voulu la dispenser. Il veut rechercher
s'il ne serait pas possible de lui donner une direction plus
pratique et dont l'utilité fût moins contestable. Remontant à
l'origine même de l'institution, il dit qu'en 1832, le ministre
appelé à diriger le département de l'instruction publique
était trop dominé par l'esprit de doctrine et de secte pour ne
pas voir avec effroi que le catholicisme allait, au moyen des
congrégations religieuses, devenir maître de l'instruction
primaire. Il imposa aux communes l'obligation d'avoir un
instituteur laïque auquel elles fourniraient une salle pour
l'école, un logement convenable et une subvention en minimum de 200 fr. dont la rétribution fournie par les élèves
formait le complément. Pour l'exécution de ce plan, il ne rencontra naturellement pas d'opposition de la part des radi-
caux, qui ne se piquaient pas d'un catholicisme très-fervent.
L'orateur rappelle ensuite quels étaient les programmes
d'instruction adoptés pour ces écoles et comment fonction-
naient les écoles normales primaires qui devaient fournir
des instituteurs à placer dans les communes. La conséquence de cette création fut une profonde perturbation je-

tée dans les finances des petites communes rurales ; une
diffusion incomplète de cet enseignement repoussé par les
familles qui avaient confié leurs enfants aux congrégations
religieuses; une extension imprévue du role de ces instituteurs laïques, souvent érigés en professeurs des écoles se-
condaires, et par suite l'inscription au budget d'une somme
de 5 millions affectée à un service qui ne se concentrait
plus dans le département. Selon l'opinion de l'honorable
membre, le Ministre, auteur de la loi, avait manqué d'ha-
bileté, il n'avait aperçu cette grande question de l'instruction des classes laborieuses que sous une de ses faces, au
lieu de la faire reposer sur la triple base du sentiment religieux, du respect des lois et de l'utilité professionnelle. »
(Journal cité, 28 Mai 1853.)

(*yy*) « *Non isdegni*, s'écrie à ce sujet Monseigneur Tassoni, *il filosofo sollecito solo ed amante del corpo di fare
attenzione come i piccoli ragazzi sono naturalmente cu-
riosi, come domandano, ricercano, e vogliono saper
tutto. Cosa è questa curiosità in loro, se non uno spirito
famelico che ha bisogno anch'esso di alimentarsi? Dunque non si deve omettere la cultura dello spirito per la-
sciar il campo libero alla vegetazione del corpo, ma fa
d'uopo apprestare ad amendue a gradi a gradi il cibo
proporzionato. Quanto poco i filosofi di moda sono con-
seguenti! Non ricusano ai loro allievi tutte le altre istru-
zioni; tutte sono buone, fuori dell'istruzione religiosa;
questa sola dall'educazione della gioventù deve essere
esclusa.* »   (T. III, p. 197 et suiv., op. cit., aut. cit.)

(*zz*) Je dois à la vérité, et à la justice, de reconnaître
que la législature, par la loi du 15 mars 1850, et le gouvernement, par son décret du 7 octobre suivant, ont apporté des améliorations dans l'enseignement primaire, de-

puis que les pages que l'on vient de lire ont été écrites, ne
fût-ce que pour avoir fixé le traitement minimum des instituteurs communaux à la somme de 600 fr.

Or, les décrets du 9 mars 1852 sont encore un pas de
plus fait dans le sens des améliorations universitaires :

« .... On ne saurait assez, dit à ce sujet M. le D͏ͬ Vé-
ron, remercier le gouvernement du Président d'avoir compris que les hommes sont ce que l'éducation les fait, et
d'avoir entrepris de tarir à sa source le désordre qui, de
notre temps, a égaré tant d'esprits. »

(*Le Constitutionnel*, 12 mars 1852.)

(*aaa*) « *Ci sentiamo oggidì*, remarque à cette occasion
le prof. Bufalini, *assordare continuamente dal grido* PRO-
GRESSO CIVILE, PROGRESSO CIVILE : *e a udire tanti e tanti
che ne parlano, sembra che noi corriamo all'acquisto
della più invidiabile felicità della convivenza sociale.
Pure io non la intendo onninamente così; nè so tanto
consolarmi, dappoichè non saprei confondere il progresso delle umane cognizioni col progresso dei buoni
costumi : e senza di questi credo sia illusione infantile
sperare il bene sociale.* »   (*Discorsi pol. mor.*, p. 50.)

(*bbb*) « Ne rougissons donc point, dit M. De La Mennais, de nous soumettre à cette sublime autorité, sous laquelle ploient les anges mêmes, et qui règne encore plus
haut. L'univers matériel lui obéit, et ne la connaît pas. Une
voix a parlé aux cieux, et les astres dociles redisent inces-
samment, dans tous les points de l'espace, cette grande
parole qu'ils n'ont point entendue................. Se roidir
contre cette grande loi, c'est lutter contre l'existence ; il
faut, pour s'en affranchir, reculer jusqu'au néant. »

(*Essai sur l'indiffér.*, T. II, page 96 et
suiv., in-8° : Paris 1820.)

(*ccc*) « *Noi crediamo*, dit à ce sujet le professeur Bufalini , *d'allevare a nostro modo i figliuoli entro le mura
domestiche, e di farli similmente allevare nelle scuole dei
precettori ; ma questa è la minima parte d'educazione
che essi ricevono : il più s'insinua nei loro animi per
tutto ciò che continuamente veggono fare e ascoltano dire dalla comunità degli uomini in mezzo ai quali pur vi-
vono. E noi stessi impeciati delle stesse consuetudini ,
nolenti pur anche , porgiamo ad essi esempj che forse
talora sono contrarj al proposito stesso delle nostre sol-
lecitudini educative.* »

(*Discorsi politico-morali*, p. 51 , in-18°.
Firenze 1851 , aut. cité.)

(*ddd*) D'après le *Nouvelliste* journal de Marseille, sous
la date du 16 avril 1852, le tribunal de la Seine aurait condamné (à la suite d'une plainte portée à M. le Procureur de
la république le 17 février de la même année) une mère de
famille « à 3 années d'emprisonnement et à l'interdiction
» des droits civils pendant 10 ans, » sous l'accablante dé-
claration qui suit :

« La jeune fille déclare que c'est sa mère qui a fait le
honteux trafic par suite duquel , elle, enfant de 14 ans et
1/2 , a été livrée à un vieillard de 62 ans, à raison de 200
francs par mois. »

(*eee*) « Nul ne vit jamais , en effet , suivant Plutarque ,
» un peuple sans Dieu, sans prières, sans serments, sans
» rites religieux, sans sacrifices........ » Et, en présence de
ce témoignage universel (justement invoqué par le philosophe grec) Cicéron s'écrie : « *Omni in re consensio om-
» nium gentium, lex naturæ putanda est.* »

« Qu'on me nomme, poursuit sur le même sujet M. l'ab-
» bé de La Mennais. qu'on me nomme la contrée où ce trait

» de la nature *humaine* (*la croyance en un Dieu unique*)
» soit entièrement effacé, où le malheureux, l'innocent
» opprimé, la mère alarmée sur son enfant ne lève au ciel
» des yeux et des mains suppliantes....

» Refuser de croire en Dieu, en éteindre en soi le senti-
» ment, c'est essayer de se soustraire à l'une de ces lois
» naturelles qui sont pour tous les êtres les lois de l'exis-
» tence ; et nous ne devons plus être surpris que la mort
» de la société et la mort de l'homme soient le résultat de
» l'athéisme. Qui viole la nature des êtres, détruit les êtres
» mêmes : et il n'existe pas d'autre moyen de donner la
» mort....

» Et maintenant venez, ajoute-t-il, venez, hommes sans
» Dieu, superbes athlètes du néant, venez prendre pos-
» session de votre empire : vous l'avez conquis, il est à
» vous : mais ne vous y trompez pas, votre triomphe sera
» muet comme la mort.... Je cherche à me représenter cet
» état d'indigence totale, ce vide ténébreux de la raison,
» ce sourd mouvement de la pensée, semblable au travail
» intérieur de la putréfaction dans un cadavre ; ma vue se
» trouble, je ne vois que des ombres qui se pressent pour
» couvrir un mystère effrayant. »

(*Essai sur l'indiff.*, etc., p. 51 et suiv.
T. II, in-8°. 4ᵉ éd. Paris 1818.)

(fff) « Les passions, en effet, naissent et grandissent
avec nous, suivant la juste remarque de l'abbé Orsini ; ce
sont d'abord de frêles tiges d'herbe qu'un passereau cour-
berait de son aile ; mais avec le temps elles adhèrent à
nous, comme ces plantes grimpantes qui se nouent si
étroitement au tronc qu'elles embrassent, que rien ne peut
les en détacher. C'est dans le principe qu'il faut les combattre, c'est dans le cœur docile de l'enfant qu'il faut sar-
cler les plantes vénéneuses qui épuiseraient le cœur de

l'homme. Il y a des parents si faibles et si mal partagés du côté de la clairvoyance, qu'ils prennent à bon augure des actes de prétendue gentilesse juvénile, qui sont au fond les vraies semences de la cruauté, de l'astuce, de la trahison et de l'avarice. L'un des empereurs les plus sanguinaires de l'ancienne Rome débuta par tuer des mouches ; le voleur le plus renommé de l'Europe, par dérober des poires à une vieille marchande. Si les êtres misérables et déshonorés qui traînent le boulet d'infamie au fond de nos bagnes remontaient, anneau par anneau, la chaîne de leurs longs méfaits, ils seraient confondus en découvrant le premier pas qui les conduisit aux galères. »

(*Les fleurs du ciel*, auteur cité, p. 315 et
suiv., in-8°. Paris 1839.)

« Les anciens, poursuit à ce sujet Mad. A. B. Palli, considéraient la vie comme une lutte continuelle, la terre comme une arène dans laquelle l'homme descend dès l'enfance pour combattre contre ses propres passions, contre la destinée et contre l'antagonisme des autres hommes ; lui faire acquérir une force de réaction proportionnée aux forces de ses adversaires (*mondo*, *demonio e carne*) était le but principal, auquel tendait l'éducation dans ces temps reculés. Les modernes ont cru mettre les passions hors de cause en employant une méthode laxative ; au destin, ils n'y croient plus, et quant à l'antagonisme humain, la fraternité universelle doit, à leur manière de voir, en être le véritable remède.... »

(Op. cit., p. 127.)

(*ggg*) Qu'il me soit permis de citer ici les paroles de l'Empereur des Français, dans son discours aux grands Corps de l'État, à l'occasion de son mariage :

« Enfin (dit-il), en plaçant l'indépendance, les qualités du cœur, le bonheur de famille au-dessus des préjugés dy-

nastiques et des calculs de l'ambition, je ne serai pas moins
fort, puisque je serai plus libre. »

(Moniteur. 23 janvier 1853.)

(*hhh*) « L'homme se figure que c'est pour son plaisir
uniquement que cette passion (l'amour) lui a été donnée.

» C'est ainsi que, par le plaisir, par la douleur, il est
renfermé dans un cercle de devoirs et de corvées. »

(Une vérité par semaine ; ALPH. KARR).

(*iii*) Et ce faisant, cette femme, devenue mère, mé-
ritera cet éloge sublime échappé à la Sagesse divine, par
la bouche du roi Salomon :

« Qui trouvera une femme forte? elle est plus précieuse
que des richesses apportées de l'extrémité du monde. Le
cœur de son mari met sa confiance en elle, et elle ne manquera point de dépouilles. Elle lui rendra le bien et non le
mal, pendant tous les jours de sa vie. Elle a cherché la
laine et le lin, et elle a travaillé avec des mains sages et
ingénieuses. Elle est comme le vaisseau d'un marchand qui
apporte son pain de loin. Elle se lève lorsqu'il est encore
nuit; elle a partagé le butin à ses domestiques, et la nourriture à ses servantes. Elle a considéré un champ, et l'a
acheté; elle a planté une vigne du fruit de ses mains. Elle
a ceint ses reins de force, et elle a affermi son bras. Elle a
goûté, et elle a vu que son trafic est bon : sa lampe ne
s'éteindra point pendant la nuit. Elle a porté sa main à des
choses fortes, et ses doigts ont pris le fuseau. Elle a ouvert
sa main à l'indigent, elle a étendu ses bras vers le pauvre.
Elle ne craindra point pour sa maison le froid ni la neige,
parce que tous ses domestiques ont un double vêtement.
Elle s'est fait des meubles de tapisserie; elle se revêt de lin
et de pourpre. Son mari sera illustre dans l'assemblée des
juges, lorsqu'il sera assis avec les sénateurs de la terre.

Elle a fait un linceul et l'a vendu; et elle a donné une ceinture au Chananéen. Elle est revêtue de force et de beauté , et elle rira au dernier jour. Elle a ouvert sa bouche à la sagesse, et la loi de la clémence est sur sa langue. Elle a considéré les sentiers de sa maison, et elle n'a point mangé le pain dans l'oisiveté. Ses enfants se sont levés, et ont publié qu'elle était très-heureuse ; son mari s'est levé , et l'a louée. Beaucoup de filles ont amassé des richesses ; mais vous les avez toutes surpassées. La grâce est trompeuse, et la beauté est vaine : la femme qui craint le Seigneur est celle qui sera louée. Donnez-lui du fruit de ses mains , et que ses propres œuvres la louent dans l'assemblée des juges. »

(*Prov.*, ch. XXXI, v. 10 et suiv.)

« Je dois, disait l'Empereur, ma fortune à la manière dont ma mère m'a élevé ; je suis d'avis que la bonne ou la mauvaise conduite à venir d'un enfant dépend entièrement de sa mère.... »

(*Journal d'Oméara* , 10 juin 1817.)

(*jjj*) Par cette irrévocable sentence :

«Mais les enfants des adultères n'auront point une vie heureuse, et la race de la couche criminelle sera exterminée. Quand même ils vivraient longtemps, ils seront considérés comme des gens de rien , et leur vieillesse la plus avancée sera sans honneur. S'ils meurent plus tôt, ils seront sans espérance, et au jour où tout sera connu, ils n'auront personne qui les console. Car la race injuste aura une fin funeste. »

(*Sagesse*, ch. III, v. 16 et suiv.)

(*kkk*) La chasteté est de ce nombre, et c'est d'elle dont il est écrit :

« O combien est belle la race chaste , lorsqu'elle est

jointe avec l'éclat de la vertu ! sa mémoire est immortelle,
et elle est en honneur devant Dieu et devant les hommes.

» On l'imite lorsqu'elle est présente, et on la regrette
lorsqu'elle s'est retirée : elle triomphe et est couronnée
pour jamais comme victorieuse, après avoir remporté le
prix dans les combats pour la chasteté. »

(Sagesse, ch. IV, v. 1 et 2.)

« La chasteté, ajoute St-François de Sales, rend les
hommes presque égaux aux anges. Rien n'est beau que
par la pureté, et la pureté des hommes c'est la chasteté ;
on appelle la chasteté honnêteté, et la profession d'icelle
honneur ; elle est nommée intégrité, et son contraire, corruption. Bref, elle a sa gloire, tout à part d'être la belle
et blanche vertu de l'âme et du corps. »

(Maximes.)

(*III*) Disant :

« J'ai été créée dès le commencement et avant les siècles, je ne cesserai point d'être dans la suite de tous les
âges ; et j'ai exercé devant Lui mon ministère dans la maison sainte. J'ai été ainsi affermie dans Sion, j'ai trouvé
mon repos dans la maison sainte, et ma puissance est établie dans Jérusalem. J'ai pris racine dans le peuple que le
Seigneur a honoré, dont l'héritage est le partage de mon
Dieu, et j'ai établi ma demeure dans l'assemblée de tous
les saints.

» Je me suis élevée comme les cèdres du Liban, et comme les cyprès de la montagne de Sion. J'ai poussé mes
branches en haut comme les palmiers de Cadès, et comme
les plants des rosiers de Jéricho. Je me suis élevée comme
un bel olivier dans la campagne, et comme le platane qui
est planté dans un grand chemin sur le bord des eaux. J'ai
répandu une senteur de parfum comme la cannelle et le
beaume le plus précieux, et une odeur comme celle de la
myrrhe la plus excellente ; j'ai parfumé ma demeure com-

me le storax, le galbanum, l'onyx, la myrrhe, comme la goutte d'encens tombée d'elle même, et mon odeur est comme celle d'un beaume très-pur et sans mélange. J'ai étendu mes branches comme un térébinthe, et mes branches sont des branches d'honneur et de grâce. J'ai poussé des fleurs d'une agréable odeur comme la vigne; et mes fleurs sont des fruits de gloire et d'abondance. Je suis la mère du pur amour, de la crainte, de la science, et de l'espérance sainte. En moi est toute la grâce de la voie et de la vérité; en moi est toute l'espérance de la vie et de la vertu.

» Venez à moi, vous tous qui me désirez avec ardeur, et remplissez-vous des fruits que je porte; car mon esprit est plus doux que le miel, et mon héritage surpasse en douceur le miel le plus excellent. La mémoire de mon nom passera dans la suite de tous les siècles. Ceux qui me mangent auront encore faim, et ceux qui me boivent auront encore soif. Celui qui m'écoute ne sera point confondu, et ceux qui agissent par moi ne pécheront point. Ceux qui me trouvent auront la vie éternelle. »

(*Ecclésiastique*, ch. XXIV, v. 14 et suiv.)

(*mmm*) Voici, par quelles expressions énergiques, Mad. A. B. Palli flétrit les femmes mariées qui méconnaissent la sainteté de leur mission à ce sujet :

« *Ahi! femmina stupida ed infame! essere poteano le vostre gioje quelle della virtù, egli poteva sposarti, possederti solo, e non volle; ora cerca in te la donna che soddisfaccia le sue sozze voglie senza mercè di denaro, senza rischio per la salute; dirai tu forse : non volle sposarmi perchè l'animo delicato gli ripugnava dall'offrirmi una fortuna minore di quella dei miei genitori, sacrificò l'affetto al dovere, e si allontanò prima che il male fosse irrimediabile : credula e sciagurata creatura*

che presti fede alle inverecon de menzogne del damerino;
tu credi dunque che egli tremò allora d'esporti ad una
onorevole mediocrità di fortuna, egli che oggi non trema
di scolpire sulla tua fronte l'impronta del disonore! e tu
a lui t'abbandoni e ti tieni amata!! »

(Op. cit., p. 55.)

(*nnn*) A ce sujet l'on ne saurait assez avoir présent à
l'esprit ce qui suit :

« Celui qui aime son fils, dit la Sagesse divine, le châtie
souvent, afin qu'il en reçoive de la joie quand il sera grand,
et qu'il n'aille pas mendier aux portes des autres. Celui qui
instruit son fils y trouvera sa joie, et il se glorifiera en lui
parmi ses proches. Celui qui enseigne son fils rendra son
ennemi jaloux de son bonheur, et il se glorifiera en lui par
ses amis. Le père est mort, et il ne semble pas mort, parce
qu'il a laissé après lui un autre lui-même. Il a vu son fils
pendant sa vie, et il a mis sa joie en lui : il ne s'est point
affligé à la mort, et il n'a point rougi devant ses ennemis ;
car il a laissé à sa maison un fils qui la défendra contre
ceux qui la haïssent, et qui rendra à ses amis la reconnaissance qu'il leur doit. Le père bandera ses propres plaies
par le soin qu'il a de l'âme de ses enfants, et ses entrailles
seront émues à chaque parole. Le cheval indompté devient
intraitable, et l'enfant abandonné à sa volonté devient in-
solent. Flattez votre fils, et il vous causera de grandes
frayeurs ; jouez avec lui, et il vous attristera. Ne vous amu-
sez point à rire avec lui, de peur que vous n'en ayez de la
douleur, et qu'à la fin vous n'en grinciez les dents. Ne le
rendez point maître de lui-même dans sa jeunesse, et ne
négligez point ce qu'il fait et ce qu'il pense. Courbez-lui le
cou pendant qu'il est jeune, et chatiez-le de verges pendant
qu'il est enfant, de peur qu'il ne s'endurcisse, qu'il ne
veuille plus vous obéir, et que votre âme ne soit percée de

douleur. Instruisez votre fils, travaillez à le former, de peur qu'il ne vous déshonore par sa vie honteuse. »

(*Ecclésiastique*, ch. **XXX**, v. 1 et suiv.)

« *Io vorrei*, dit Mad. **A. B.** Palli à ce sujet, *ricondotti i bambini verso l'ubbidienza passiva. Gli umanitarii hanno considerata la dipendenza obbligatoria dei figli dalla volontà dei genitori come un crudele servaggio contrario alle leggi della natura; hanno esaltata la propria immaginazione enumerando i pericoli di cotesta dipendenza, ed hanno dimenticato di calcolarne i vantaggi. In grazia loro il senno dell'età adulta e quello della matura sono ridotti a dare ragione di se medesimi al criterio nascente, e spesso ancor lontano dal nascere di un giudice da 8 a 10 anni!... Confesso che i dialoghi fraterni fra genitori e figliuoli di cui sono ingemmate tante operette d'altronde pregievolissime, fanno una brutta impressione sopra di me!... e che io leggendoli vo dicendo meco stessa: come è possibile che il soldato e il cittadino obbediscano alle leggi, se sino dall'infanzia furono assuefatti a non obbedire senza aver prima esaminato il comando, senza aver prima dato il beneplacito della propria approvazione? Un povero bambino, cui il padre, la madre e i maestri parlano col tuono della uguaglianza e spesso anche colla soggezione dell'inferiorità, cui si rende ragione del perchè gli vien dato un cibo piuttosto che un altro, del perchè gli viene insegnata una cosa piuttosto che un'altra, e così via via del perchè dei perchè, è costretto a prendere da bel principio una opinione grandissima del proprio criterio e del proprio ingegno. Ma direte, fatto uomo, capirà quello che conviene e quello che non conviene di fare; e lo capirà meglio perchè assuefatto a discutere. Volesse il cielo che così fosse, ma ohimè! Donne cortesi, se i bambini hanno i loro capriccetti, le loro bizze e spesso anche i loro vizietti, gli uomini*

hanno i capricci, le bizze, i vizii e per di più le passioni;
sono dunque in condizione assai più pericolosa, perchè
le passioni vestono sempre agli occhi di chi è loro preda,
l'apparenza del diritto e della ragione, e perchè un uomo
dominato da una passione, benchè le prediche altrui pro-
curino persuaderlo, che fa male a lasciarsene dominare,
avrà almeno per 22 ore sulle 24 l'interna persuasione di
far bene o di non far poi tanto male quanto gli altri
vorrebbero dimostrargli ch'ei fa. Togliendo al bambino
il freno dell'autorità dei parenti, lasciandolo arriva-
re all'età delle passioni senza averlo assuefatto ad ar-
rendersi a una volontà superiore alla sua volontà, voi
distruggete l'impero della legge, voi spezzate il freno
del dovere, perchè il bambino diventato uomo si farà
giuoco dell'una e dell'altro, e dirà, io sono una persona
di sano criterio; mio padre, mia madre e i miei maestri
ne erano persuasi, giacchè non mi costringevano mai a
fare una cosa contro il mio genio; a che dunque mi ven-
gono ora ad annojare la legge e il dovere? a impormi
delle privazioni e dei sacrifizii? Io sento che il farli mi
peserebbe, io so che quello che mi piace di fare è ben
fatto; strillino dunque legge e dovere, io seguo il mio
istinto e li lascio strillare senza darmene per inteso.

» Or bene, cotesto discorso è perfettamente ragionato,
e due terzi degli uomini della società attuale ponno farlo
a coscienza tranquilla. Perchè mai non starebbero a
fronte alta in faccia alla legge e al dovere coloro cui
l'infanzia fu maestra d'indipendenza da qualunque siasi
obbligo di obbedire alla volontà altrui? »

(Op. cit., p. 124 et seg.)

Le prince Albert paraît partager l'opinion de Mad. A. B.
Palli, à ce sujet, d'après l'anecdote suivante que j'emprunte au *Constitutionnel* du 24 avril 1853 :

« On écrit de Londres........

» Le petit prince de Galles était, un certain jour, debout dans sa chambre du château royal, près d'une fenêtre dont les carreaux descendent jusqu'au parquet. Il devait apprendre sa leçon par cœur, mais, au lieu de s'acquitter de ce devoir, il s'amusait à regarder dans le jardin en tambourinant des doigts sur les vitres. Sa gouvernante, Miss Hilliard, s'en aperçut et le pria de s'occuper de sa leçon. « Je ne veux pas, répondit le petit prince. — Alors, je serai obligée, reprit la gouvernante, de vous mettre en pénitence. — Je ne veux pas apprendre, répliqua l'enfant et vous ne me mettrez pas en pénitence, car je suis le prince de Galles, » et, en répondant, il brisa une vitre d'un coup de pied. Miss Hilliard se leva de son siège. « Prince, lui dit-elle, il faut apprendre votre leçon ou je vous mets en pénitence. — Je ne veux pas », répond de nouveau l'enfant, en brisant une seconde vitre.

» La gouvernante sonne alors le valet de chambre, et fait prier le prince Albert de vouloir bien venir un instant dans l'appartement de son fils. Le père arrive aussitôt et se fait raconter ce qui venait de se passer. S'adressant alors à son enfant : « Assieds-toi sur ce tabouret, et restes-y jusqu'à mon retour. » Quelques instants après, le prince Albert revient avec une Bible qu'il était allé chercher dans son cabinet : « Écoute, dit-il alors au jeune prince, les paroles qu'adresse l'apôtre St-Paul à toi et aux enfants de ton âge : « Je vous le dis, aussi longtemps que l'héritier est
» un enfant, il n'y a pas de différence entre lui et un servi-
» teur, quoiqu'il soit le maître de tous les biens ; mais il
» reste soumis à ses supérieurs jusqu'au temps fixé par le
» père. »

» Il est vrai, continua le prince Albert, que tu es le prince de Galles, et si tu te conduis convenablement, tu deviendras un homme distingué et roi d'Angleterre, après

la mort de ta mère, que le Ciel nous conserve encore de longues années! Mais aujourd'hui tu n'es qu'un enfant qui doit obéissance à ses supérieurs. Je dois te faire connaître encore une autre parole du sage roi Salomon : « Quicon-
» que craint la verge, hait son fils: mais quiconque aime
» son fils le châtie aussitôt. »

» En disant ces paroles, le prince tira de sa poche une verge d'une taille respectable et fustigea vigoureusement le futur héritier d'un des plus puissants empires de la chrétienté, le mit ensuite lui-même en pénitence et ajouta : « Tu resteras là à apprendre ta leçon jusqu'à ce que Miss Hilliard te permette de quitter cette place, et n'oublie plus à l'avenir que tu es maintenant sous l'obéissance de tes supérieurs, comme tu seras à l'avenir sous l'empire de la loi. »

TABLE DES MATIÈRES.

Livre Quatrième.

FONCTION D'INNERVATION OU DE RELATION.

Livre Cinquième.

DE LA REPRODUCTION.

www.ingramcontent.com/pod-product-compliance
Lightning Source LLC
Chambersburg PA
CBHW060519220326

41599CB00022B/3361